K. Handrich · S. Kobe

Amorphe Ferro- und Ferrimagnetika

K. HANDRICH · S. KOBE

Amorphe Ferro- und Ferrimagnetika

Mit 117 Abbildungen und 23 Tabellen

AKADEMIE-VERLAG · BERLIN
1980

Autoren:

Dozent Dr. sc. nat. Klaus Handrich
Technische Hochschule Merseburg, Sektion Physik
Dr. rer. nat. Sigismund Kobe
Technische Universität Dresden, Sektion Physik

Erschienen im Akademie-Verlag, DDR-108 Berlin, Leipziger Straße 3–4
Lektor: Renate Trautmann

Lizenznummer: 202 · 100/520/80
Gesamtherstellung: VEB Druckerei „Thomas Müntzer“, 582 Bad Langensalza
Bestellnummer: 762 707 0 (6543) · LSV 1185
Printed in GDR
DDR 32,– M

VORWORT

Amorphe Ferro- und Ferrimagnete haben dank ihrer hervorragenden und teilweise überraschenden Eigenschaften großes Aufsehen erregt und sind seit 1973 ein fester und gewichtiger Bestandteil der Programme internationaler Magnetismus-Tagungen. Beschäftigten sich zunächst nur wenige Enthusiasten mit diesen Materialien, so nahm die Zahl der Physiker und Ingenieure, die aktiv auf diesem Gebiet arbeiten, in den letzten Jahren sprunghaft zu. Sowohl zahlreiche reizvolle physikalische Fragestellungen als auch interessante Anwendungsmöglichkeiten, die sich aus den günstigen magnetischen, elektrischen, mechanischen und chemischen Eigenschaften sowie den geringen Herstellungskosten ergeben, sind die Ursachen dafür. Unter anderem sind amorphe Ferromagnete als Weichmagnete und amorphe Ferrimagnete als Bubble-Speicher in ihren Eigenschaften den kristallinen Konkurrenten teilweise überlegen. Gegenwärtig gibt es mehr als 1500 Veröffentlichungen über amorphe Ferro- und Ferrimagnete.

Dieses Buch ist der erste Versuch einer Gesamtdarstellung des vorhandenen experimentellen und theoretischen Erkenntnisstandes über amorphe Magnetika. Obwohl es Monographiecharakter trägt, richtet es sich an einen breiten Leserkreis. In erster Linie wendet es sich aber an den Physiker und den Ingenieur, der mit magnetischen Materialien arbeitet.

Jeder der sechs Teile beginnt mit einer kurzen Darstellung der Aufgaben- und Zielstellung und schließt mit einer kurzen Zusammenfassung und Wertung der wichtigsten Ergebnisse, um eine Orientierung zu erleichtern.

Physikalische Ideen und mögliche Anwendungen bilden den Schwerpunkt. Gleichzeitig wird versucht, insbesondere mit Hilfe von zahlreichen Abbildungen, möglichst umfassend zu informieren. Dabei sind in der Regel wenige für den behandelten Fragenkomplex typische Beispiele ausführlicher und analoge Probleme und Resultate kurz abgehandelt. Weniger bekannte physikalische Effekte werden erläutert, bevor sie an den amorphen Materialien diskutiert werden. Auch eine Reihe von Fragen, die zur Zeit noch ungeklärt sind, wie die Existenz flüssiger Ferromagnete und amorpher Antiferromagnete, wird betrachtet.

Wir hoffen, daß durch dieses Buch die Eigenschaften amorpher Ferro- und Ferrimagnete einem breiteren Kreis bekannt gemacht werden. Zugleich soll es den Spezialisten sowie Physikern und Ingenieuren, die auf diesem Gebiet neu beginnen, als Orientierungshilfe dienen. Aus diesem Grunde wurde auch ein ausführliches Literaturverzeichnis angefertigt, das Veröffentlichungen bis Anfang 1978 berücksichtigt.

Wir haben uns entschlossen, die in den Originalarbeiten durchgängig üblichen physikalischen Einheiten zu verwenden. Da einige davon jedoch nicht den SI-Einheiten entsprechen, geben wir als Anhang eine Umrechnungstabelle an.

Zum Abschluß möchten wir bemerken, daß die Konzeption des gesamten Buches von K. Handrich erarbeitet wurde. Die Kapitel 4.1. bis 4.3. wurden gemeinsam verfaßt, Kapitel 5.2. von S. Kobe und die übrigen Kapitel von K. Handrich. Das Manuskript wurde gemeinsam durchgesprochen.

Den Herren Professoren W. Andrä und W. Haubenreisser danken wir für die kritische Durchsicht des Manuskriptes und für eine Reihe von wertvollen Hinweisen. Den Mitarbeitern des Akademie-Verlages, insbesondere Frau R. Trautmann, möchten wir für die gute Zusammenarbeit unseren Dank aussprechen.

Dresden, März 1978

K. Handrich
S. Kobe

Inhaltsverzeichnis

Einleitung

Der Ferromagnetismus ist seit über 2000 Jahren bekannt. Er fand eine seiner intelligentesten Anwendungen bereits im 2. und 3. Jahrhundert in Form der Kompaßnadel im alten China. Heute sind ferro- und ferrimagnetische Materialien aus der Elektrotechnik, Elektronik und Computertechnik nicht mehr wegzudenken, und ihre Eigenschaften wurden in den letzten Jahrzehnten intensiv untersucht, ständig verbessert und verfeinert. Voraussetzung dafür ist ein vertieftes physikalisches Verständnis der Ursachen des ferro- und ferrimagnetischen Zustands.

Die Grundlage bildet die Entdeckung der Austauschenergie durch HEISENBERG, die bekanntlich kein klassisches Analogon besitzt, sondern nur innerhalb der Quantenmechanik erhalten werden kann. Sie führte HEISENBERG und parallel dazu DIRAC 1928 zu dem bekannten HEISENBERG-Modell des Ferromagnetismus, in dem die spontane Magnetisierung eine Folge der Austauschenergie und damit der elektrostatischen COULOMB-Wechselwirkung ist. Dieses Modell und das später hinzukommende Bandmodell waren sehr erfolgreich bei der Beschreibung des Ferromagnetismus und stellen bis heute die Grundlage für die Theorie des Ferro- und Ferrimagnetismus dar.

Die sehr effektiven Methoden, die zur Beschreibung von Kristallen in der Festkörpertheorie entwickelt wurden, fanden auch in der Theorie des Ferromagnetismus ihre Anwendung. Da sie entscheidend auf der Translationsinvarianz der Kristalle aufbauen, war man der festen Überzeugung, daß der Ferromagnetismus an eine kristalline Struktur gebunden sei. Dieser Fehlschluß, der auch in zahlreiche Lehrbücher Eingang fand, verhinderte längere Zeit die Entdeckung amorpher Ferromagnetika (im folgenden verwenden wir häufig kurz den Begriff „amorphe Ferromagnete“[1]) und bildete bis Anfang der siebziger Jahre die Quelle von Zweifeln an den bereits vorhan-

[1]) Unter dem Begriff „amorphe Ferromagnete“ verstehen wir Ferro-(und Ferri-)magnete mit struktureller (positioneller) Unordnung, wobei in amorphen Legierungen noch die chemische Unordnung hinzutritt. Sie bilden den Gegenstand dieses Buches. Systeme, in denen nur eine chemische Unordnung vorhanden ist, bezeichnen wir als „ungeordnete kristalline Ferromagnete“. In einer Reihe von Veröffentlichungen werden beide Arten etwas unscharf unter dem Begriff „amorpher Magnetismus“ zusammengefaßt.

denen experimentellen und theoretischen Ergebnissen. Immer wieder wurde auf die mögliche Existenz kleiner kristalliner Bereiche in den amorphen Ferromagneten als eigentliche Träger des Ferromagnetismus verwiesen. Aus dieser Sicht kommt der Arbeit von GUBANOW [1] aus dem Jahre 1960 eine große Bedeutung zu. Darin wurde zum ersten Mal auf die mögliche Existenz amorpher Ferromagnete auf der Grundlage eines theoretischen Modells überzeugend hingewiesen. Seitdem vergingen aber noch mehr als zehn Jahre, bis zweifelsfrei feststand und auch allgemein akzeptiert wurde, daß amorphe Ferro- und Ferrimagnete existieren können. Diese Erkenntnis wurde durch die Verbesserung der Herstellungsmethoden und die Verfeinerung der Strukturaufklärung ermöglicht.

Metalle lassen sich im Unterschied zu den gewöhnlichen Gläsern nur relativ schwer im amorphen Zustand herstellen. Will man zum Beispiel amorphe Metalle aus der Schmelze erhalten, so muß man Abkühlgeschwindigkeiten von 10^5—10^8 K/s erreichen, um eine Kristallisation zu verhindern.

Einen Überblick über die gegenwärtig verwendeten Herstellungsverfahren, mit denen man eine große Zahl von amorphen metallischen Legierungen erhalten hat, vermittelt Teil 1. Hier wird bereits ein ganz entscheidender Vorzug des amorphen Zustands gegenüber dem kristallinen erkennbar. Während man homogene Mischkristalle im allgemeinen nur für bestimmte stöchiometrische Zusammensetzungen herstellen kann, läßt sich das Mischungsverhältnis der Legierungskomponenten im amorphen Zustand in bestimmten Grenzen kontinuierlich variieren. Man kann daher die physikalischen Eigenschaften stetig ändern. Dabei ist die strukturelle Homogenität deutlich besser als für übliche Kristalle

Der 2. Teil ist der Beschreibung und experimentellen Aufklärung der amorphen Struktur sowie den existierenden Strukturmodellen gewidmet. Die wesentlichen Eigenschaften des Strukturfaktors und der radialen Verteilungsfunktion werden durch das Modell der dichten stochastischen Packung (DSP) wiedergegeben, von dem mehrere Varianten existieren.

Im 3. Teil werden die experimentell erhaltenen magnetischen, elektrischen, mechanischen und chemischen Eigenschaften amorpher Ferromagnete dargestellt und ihre Anwendungsmöglichkeiten diskutiert. Schwerpunkt bilden die grundlegenden magnetischen Größen: magnetisches Moment, CURIE-Temperatur, spontane Magnetisierung, magnetische Anisotropie, Magnetostriktion und Koerzitivfeldstärke. Das Auftreten einer makroskopischen magnetischen Anisotropie im amorphen Zustand war zunächst sehr überraschend. Ihre möglichen Ursachen werden ausführlich erläutert. Der Nachweis von Spinwellen und das kritische Verhalten werden diskutiert.

Dank ihrer günstigen weichmagnetischen Eigenschaften (kleine Koerzitivfeldstärke, hohe Permeabilität), die denen einiger kommerzieller kristalliner Materialien überlegen sind, kommen amorphe Ferromagnete als Materialien für Transformatorkerne und elektronische Bauelemente (z. B. magnetische Schalter und Verstärker) in Betracht. Einige amorphe Ferromagnete besitzen sehr gute Invar- und Elinvar-Eigenschaften. Der elektrische Widerstand ist im amorphen Zustand ca. 2—4mal größer als im kristallinen. Die zwei existierenden Modelle zur Erklärung des Widerstandsminimums werden dargelegt.

Den Abschluß dieses Teils bilden die ungewöhnlichen und für Anwendungszwecke äußerst günstigen mechanischen Eigenschaften (große Festigkeit und Härte bei gleichzeitig hoher Duktilität und Verformbarkeit) sowie die chemischen Eigenschaften. Einige amorphe Metalle weisen eine extrem hohe Korrosionsbeständigkeit auf.

Der Teil 4 ist den amorphen Ferrimagneten gewidmet. Nach einigen Bemerkungen über die magnetische Struktur, die hier eine größere Vielfalt aufweist, werden — analog zum Vorgehen im Teil 3 — die grundlegenden magnetischen Größen: magnetisches Moment, CURIE-Temperatur, spontane Magnetisierung und Kompensationstemperatur, magnetische Anisotropie, Koerzitivfeldstärke und Magnetostriktion, behandelt. Die bemerkenswert große *makroskopische* magnetische *Anisotropie* ist physikalisch und praktisch von großem Interesse. Sie ermöglicht die Anwendung dieser Materialien als magnetische Bubble-Speicher mit einer hohen Speicherdichte sowie den Einsatz zur thermomagnetischen Aufzeichnung und zum magnetischen Kontaktkopieren. In den letzten beiden Fällen ist das Signal-Rausch-Verhältnis wesentlich günstiger als bei kristallinen Materialien.

Im Teil 5 wird die Frage untersucht, ob flüssige Ferromagnete und amorphe Antiferromagnete möglich sind, und die Existenz eines Spinglas-Zustands in amorphen Systemen diskutiert.

Im Teil 6 wird die Theorie amorpher Ferromagnete und im geringeren Umfang die Theorie amorpher Antiferromagnete und Spingläser behandelt. Es werden die wichtigsten Modelle zur Beschreibung der Struktur und Näherungen zur Behandlung amorpher Ferromagnete dargestellt. Mit Effektiv-Feld-Methoden, allgemeinen statistischen Betrachtungen (Ungleichungen) und mit Hilfe der GREENschen Funktionen, letztere in Verbindung mit der CPA, sowie mit der Flüssigkeitsnäherung und Computerrechnungen ist man in der Lage, eine Reihe von allgemeinen und konkreten Resultaten im Rahmen des HEISENBERG- und ISING-Modells zu erhalten, die zum tieferen physikalischen Verständnis der amorphen Ferromagnete beitragen.

Die Ursachen rotonenähnlicher Anregungen werden diskutiert und die Rotonen-Gap-Energie halbquantitativ berechnet. Eine mögliche Deutung der Diskrepanzen beim Tieftemperaturverhalten der Magnetisierung wird vorgeschlagen.

Es folgen einige Ergebnisse, die innerhalb des Bandmodells erhalten wurden. Zum Abschluß werden kurz einige Resultate über kritische Eigenschaften, über amorphe Antiferromagnete und Spingläser dargestellt.

1. Herstellungsverfahren

Bevor wir uns mit der Struktur und den magnetischen Eigenschaften befassen, soll kurz einiges über die verschiedenen Herstellungsverfahren amorpher Metalle gesagt werden.

Man verwendet gegenwärtig vier verschiedene Methoden:

1. Aufdampfen auf ein gekühltes Substrat;
2. Abschrecken aus der Schmelze;
3. elektrolytische bzw. chemische Abscheidung;
4. Kathodenzerstäubung (Sputtern).

Alle amorphen Proben werden in Form von Schichten erhalten, wobei Schichtdicken von etwa 100 Å bis zu einigen Millimetern in Abhängigkeit vom Herstellungsverfahren und der chemischen Zusammensetzung erreicht werden können. Mit diesen Verfahren hat man Übergangsmetalle (Fe, Co, Ni, Mn) und Legierungen zwischen verschiedenen Übergangsmetallen, Übergangsmetalle mit sogenannten Glasbildnern (B, P, C, Si, Ge, ...) und Legierungen zwischen Übergangsmetallen und seltenen Erden (Gd, Tb, Ho, Y, Sm, Dy, Er, Eu) in einem weiten Konzentrationsbereich im amorphen Zustand herstellen können. In einigen Fällen wurden einfache Metalle wie Au, Ag und Mo zulegiert. Seit kurzem untersucht man auch verstärkt vielkomponentige amorphe magnetische Legierungen (z. B. Gd–Co–Mo).

Die thermische Stabilität des metastabilen amorphen Zustandes ist sehr unterschiedlich. Sie kann am einfachsten durch die Kristallisationstemperatur T_k, bei der nahezu sprunghaft der Übergang von der amorphen in die thermodynamisch stabile kristalline Phase vor sich geht, charakterisiert werden. In Abhängigkeit von der chemischen Zusammensetzung, wobei auch unbeabsichtigte Verunreinigungen unbedingt berücksichtigt werden müssen, findet man Kristallisationstemperaturen von einigen 10 K bis zu einigen 100 °C (s. u.).

Eine befriedigende Reproduzierbarkeit der verschiedenen physikalischen Eigenschaften, insbesondere der Kristallisationstemperatur innerhalb der einzelnen Herstellungsverfahren, ist erst seit etwa fünf Jahren erreicht worden, nachdem man den Einfluß von Verunreinigungen und anderen relevanten Herstellungsparametern erkannt hatte und diese auch hinreichend zuverlässig kontrollieren und fixieren konnte.

Über das Langzeitverhalten (Altern), d. h., die mögliche Änderung der metastabilen Struktur und anderer physikalischer Eigenschaften im Verlauf von mehreren Jahren, ist noch wenig bekannt. Allgemein nimmt man jedoch an, daß sich die Eigenschaften auch über große Zeiträume praktisch nicht ändern, wenn die Probentemperatur 2/3 T_k nicht überschreitet.

1.1. Aufdampfen auf ein gekühltes Substrat

Die ersten amorphen ferromagnetischen Proben wurden durch Aufdampfen auf ein gekühltes Substrat hergestellt [2—6]. Felsch [6] untersuchte erstmals systematisch, unter welchen Versuchsbedingungen amorphe Eisenschichten durch Aufdampfen auf ein tiefgekühltes Substrat entstehen (vgl. auch [7]).

Die Substanz wird mittels einer konventionellen Heizquelle oder durch einen Elektronenstrahl im Hoch- bzw. Ultrahochvakuum von 10^{-4} bis 10^{-10} Torr verdampft und kondensiert auf einem Substrat, das mit flüssigem Stickstoff, flüssigem Wasserstoff oder flüssigem Helium gekühlt wird. Die niedrigen Substrattemperaturen bewirken, daß die auftreffenden Atome ihre kinetische Energie sehr schnell an die bereits aufgedampfte Schicht bzw. das Substrat abgeben. Dadurch wird die Migration und Diffusion, die eine Voraussetzung für den „richtigen" Einbau — die Kristallbildung — der neu hinzukommenden Atome sind, weitgehend unterdrückt.

Entsteht eine amorphe Schicht, so hängt ihre Kristallisationstemperatur wesentlich von der betrachteten Substanz, dem Restgasdruck im Hochvakuum und der Art des Restgases sowie von der Aufdampfrate und möglichen weiteren Verunreinigungen, die in der Ausgangssubstanz bereits enthalten sind oder von der Heizquelle herrühren können, ab. Zusätzliche Verunreinigungen z. B. infolge eines teilweisen Einbaus des Restgases bei schlechtem Vakuum und niedrige Aufdampfraten (etwa 5 Å/s) begünstigen die Entstehung einer amorphen Schicht. In der Regel bildet das Restgas ein Gemisch aus O_2, N_2, CO, CO_2 und H_2O [7]. In Tabelle 1.1 ist nach Felsch [8] die Kristallisationstemperatur T_k in Abhängigkeit von der Konzentration kontrolliert eingebauter Verunreinigungen für eine amorphe Eisenschicht wiedergegeben. Die Schichtdicken lagen dabei zwischen 200 und 500 Å. Die Substrattemperatur bei der Herstellung betrug 20 K, das Vakuum 10^{-6} Torr und die Aufdampfrate ca. 5 Å/s. T_k wurde aus der nahezu sprunghaften Abnahme des elektrischen Widerstandes beim Übergang aus der amorphen in die kristalline Phase bestimmt.

Analoge Resultate für amorphe Kobaltschichten nach Felsch [9] sind in Tabelle 1.2 wiedergegeben. Wright [7] hat eine Reihe von Daten über die

Tabelle 1.1.

Kristallisationstemperatur T_k für amorphe Eisenschichten mit Verunreinigungen nach FELSCH [8]

Si-Verunreinigung

At.-%	0,2	0,3	0,4	0,5	0,6	0,8	1,0	2,0	4,0	6,0	8,0
T_k in K	30	37	45	55	70	80	110	130	155	180	210

Ge-Verunreinigung

At.-%	0,7	0,8	1,0	2,0	3,0	5,0	6,0	7,0	10,0	15,0
T_k in K	32	50	58	70	80	92	105	110	130	150

O-Verunreinigung

At.-%	1,5	2,1	2,3	2,9	4,2	5,6	6,8	8,0	10,4	12,5
T_k in K	30	40	50	60	70	75	85	90	102	110

Tabelle 1.2.

Kristallisationstemperatur T_k für amorphe Kobaltschichten mit Si-Verunreinigungen nach FELSCH [9]

At.-%	1	2	3	4	5	6
T_k in K	67	125	170	210	235	242

Kristallisationstemperaturen T_k reiner oder nahezu reiner Übergangsmetalle zusammengestellt, die durch Aufdampfen im Ultrahochvakuum bei Substrattemperaturen von 4 K hergestellt wurden (s. Tab. 1.3).

NOSÉ [10] stellte amorphe Ni–Fe-Schichten und GRUDNY u. a. [11] stellten Ni–Fe- und Ni–Co-Schichten bei verschiedenen Konzentrationen von Fe und Co her. T_k liegt bei diesen Legierungen höher als bei den reinen Übergangsmetallen und wächst ebenfalls bei Einschluß zusätzlicher Verunreinigungen.

Die ersten amorphen Fe_xGd_{1-x}-Schichten mit $x = 0{,}15 \ldots 0{,}94$ wurden von OREHOTSKY und SCHRÖDER [12] durch Aufdampfen bei $2 \cdot 10^{-9}$ Torr und einer Substrattemperatur von 77 K präpariert. Sie sind bis Zimmertemperatur thermisch stabil.

Tabelle 1.3.
Kristallisationstemperatur reiner Übergangsmetalle nach WRIGHT [7] [1])

ÜM	T_k in K	Bemerkungen
Co	38	T_k wächst mit dem Verunreinigungsgrad (vgl. Tab. 1.2).
Fe	4	Bei einer Schichtdicke von 150 Å; für größere Schichtdicken kristallin. T_k wächst mit abnehmender Schichtdicke, z. B. T_k = 50 K bei 25 Å. Zusätzliche Verunreinigungen stabilisieren den amorphen Zustand auch bei größeren Schichtdicken (vgl. Tab. 1.1).
	(bei 4 K kristallin)	Reines Ni kann oberhalb 4 K nicht im amorphen Zustand eingefroren werden.
Ni	70	Bei Einschluß von einigen At.-% Gasverunreinigungen.
	400	Vermutlich mit einem bestimmten Anteil von Verunreinigungen.
Mn	400	Hier beträgt bei den reinsten Schichten der Verunreinigungsgrad ca. 0,5 At.-%.
Cr	50	—

[1]) T_k wurde entweder direkt für reine ÜM (Verunreinigungskonzentration $\lesseqgtr$ 0,04 At.-%) bestimmt oder aus dem Verlauf von T_k als Funktion der Verunreinigungskonzentration extrapoliert.

LEE und HEIMAN [13] stellten zweikomponentige amorphe Legierungen aus verschiedenen Übergangsmetallen (Co, Fe, Ni, Mn) und seltenen Erden (Gd, Ho, Tb, Y) in einem weiten Konzentrationsbereich her. Diese Proben, deren Schichtdicken zwischen 0,07 und 1,0 μm lagen, waren bis zu einigen 100 °C thermisch stabil.

Zusammenfassend kann man feststellen, daß durch Aufdampfen auf ein tiefgekühltes Substrat sowohl eine große Zahl amorpher magnetischer Legierungen als auch einige (nahezu) reine Übergangsmetalle hergestellt werden können, wobei die thermische Stabilität des amorphen Zustandes von den Versuchsbedingungen wie Güte des Vakuums, Anteil der Verunreinigungen, Substrattemperatur, Aufdampfrate und Schichtdicke sowie von der Legierungszusammensetzung abhängt. Viele der dargestellten Resultate gelten in gleicher Weise auch für nichtmagnetische amorphe metallische Legierungen.

1.2. Abschrecken aus der Schmelze

Das Grundprinzip dieses Verfahrens besteht darin, eine dünne Flüssigkeitsschicht möglichst schnell in einen guten Wärmekontakt mit einem kühlen Substrat zu bringen, das ein sehr guter Wärmeleiter sein muß, um die Flüssigkeit schnell zu unterkühlen und einzufrieren, bevor der thermodynamisch stabile kristalline Zustand entstehen kann. Zur Erreichung dieses Zieles wurde eine Reihe von Verfahren entwickelt, von denen die wichtigsten im folgenden kurz beschrieben werden sollen.

Bei dem von Duwez [14] entwickelten Gun-Verfahren („Kanonen"-Verfahren) wird ein kleiner Flüssigkeitstropfen mit Hilfe einer Stoßwelle auf einige hundert Meter pro Sekunde beschleunigt und unter einem kleinen Winkel auf ein Kupfersubstrat geschleudert. Es entsteht eine Folie unterschiedlicher Dicke und etwa ovaler Form.

Beim Hammer–Amboß-Verfahren, auch Klatschkokillen-Verfahren genannt, fällt der Flüssigkeitstropfen zwischen zwei „Puffer", von denen der eine sich schnell auf den anderen zubewegt, wenn sich der Flüssigkeitstropfen zwischen beiden befindet. Die Bewegung des Puffers wird durch eine Fotozelle, an welcher der Tropfen vorbeifällt, im richtigen Moment ausgelöst (s. Abb. 1.1).

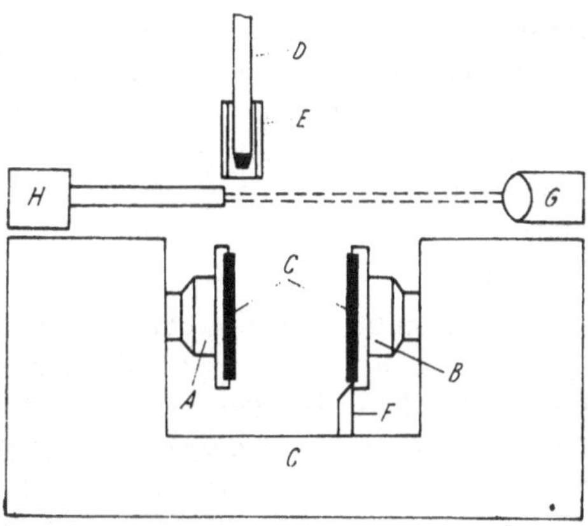

Abb. 1.1. Hammer-Amboß-Verfahren: Der Flüssigkeitstropfen fällt infolge der Schwerkraft vom Quarzröhrchen E ab, unterbricht den Lichtstrahl von der Lichtquelle H zur Fotozelle G, die die Sperre F auslöst, und der Puffer B bewegt sich mit großer Geschwindigkeit auf A zu (nach [14])

Beim Plasmastrahl-Verfahren wird ein Flüssigkeitstropfen in eine Plasmaflamme gespritzt und danach auf einer Kupferplatte abgeschreckt [15].

Die Größe und Form der entstehenden Proben ist bei den drei bisher genannten Verfahren weitgehend zufällig. Dieser Nachteil tritt bei den folgenden Verfahren nicht mehr auf.

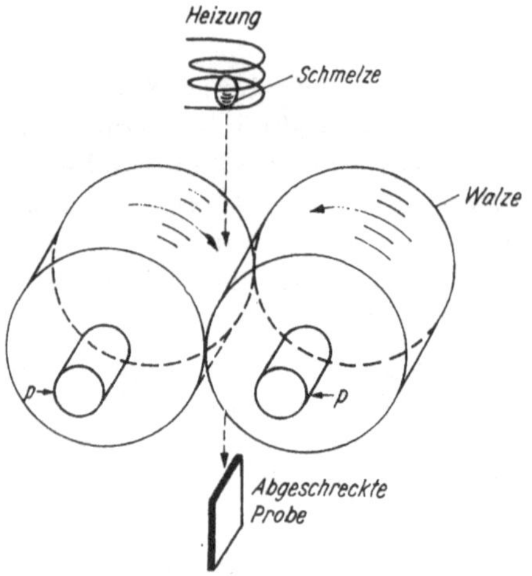

Abb. 1.2. Walz-Abschreck-Verfahren: Die Walzen mit einem Durchmesser von 5 cm und einer Breite von 5 cm werden durch einen Druck p aneinandergepreßt. Ihre Rotationsgeschwindigkeit beträgt 100 bis 5000 Umdrehungen pro Minute (nach [17])

Bandförmige Proben mit relativ einheitlicher Dicke und Breite erhält man, wenn man die Flüssigkeit auf die Innenseite eines schnell rotierenden metallischen Hohlzylinders aufbringt. Sie wird infolge der Zentrifugalkraft angedrückt und schnell abgekühlt [16]. Beim Walz–Abschreck-Verfahren (roller quenching) wird die Schmelze zwischen zwei schnell rotierende metallische Walzen gebracht (s. Abb. 1.2). Mit dieser Methode kann man in kurzer Zeit im kontinuierlichen Regime lange Streifen definierter Dicke und Breite herstellen [17]. Das ist für praktische Anwendungen von großer Bedeutung. Die Schichtdicke nimmt dabei mit wachsender Rotationsgeschwindigkeit und wachsendem Walzendruck ab. Eine weitere Verbesserung erreicht man durch flache kastenförmige Einschnitte in den Walzen. Dadurch können Breite und Dicke der Bänder genau festgelegt werden.

Bei den aufgezählten Verfahren werden Abkühlraten von etwa 10^6 K/s, lokal sogar bis zu 10^{10} K/s, erzielt. Sie reichen in bestimmten Fällen aus, die Diffusion hinreichend stark zu unterdrücken. Es gelingt mit diesen Verfahren, amorphe ferromagnetische Legierungen aus Übergangsmetallen mit ca. 20 Atom-% (At.-%) sogenannten Glasbildnern (B, P, C, Si, Ge, ...) herzustellen (s. z. B. [18, 19]), die bis zu einigen 100 °C stabil sind. Flüssige metallische Legierungen mit etwa 20 At.-% Glasbildnern kommen der eutektischen Zusammensetzung sehr nahe und haben daher einen niedrigen Schmelzpunkt. Eine mikroskopische Erklärung für die relativ hohe Stabilität dieser amorphen Legierungen liefern die Strukturmodelle (s. u.), welche die amorphe Struktur in befriedigender Weise beschreiben. Bezüglich weiterer Details über die Herstellungsverfahren verweisen wir auf [20].

Seit 1973 werden von der amerikanischen Firma Allied Chemicals Corporation bandförmige amorphe Metalle serienmäßig hergestellt und unter der Bezeichnung „Metglas" (metallisches Glas) vertrieben.

1.3. Elektrolytische Abscheidung (electrodeposition) und chemische Abscheidung

Sehr wahrscheinlich sind amorphe ferromagnetische Proben mittels elektrolytischer Abscheidung bereits 1950 durch BRENNER und Mitarbeiter [21] hergestellt worden. Leider wurde in dieser Arbeit jedoch den magnetischen Eigenschaften keine Aufmerksamkeit gewidmet. Die späteren Arbeiten [22—27], in denen die elektrolytische Abscheidung zur Präparation von amorphen Ferromagneten verwendet wurde, stützen sich wesentlich auf die Pionierarbeit [21].

Man benutzt eine Anode aus reinem Co oder Ni und als Kathode einen Kupferstab oder eine Kupferplatte. Beide Elektroden befinden sich in einem geeignet zusammengesetzten Bad (s. Tab. 1.4), dessen Temperatur bei etwa 75 °C liegt. Die verwendeten Stromdichten betragen etwa 100 mA/cm^2. Die Probenzusammensetzung hängt hauptsächlich von der Zusammensetzung des Bades und der Stromstärke ab [25]. Bisher hat man mittels elektrolytischer Abscheidung amorphe Co–P-Proben mit 17 bis 25 At.-% Phosphor [22, 23, 25, 26], amorphe Ni–P-Proben mit 12 bis 23 At.-% Phosphor [24] mit Schichdicken von einigen µm bis 0,1 mm sowie amorphes Co–Ni–P mit ca. 24 At.-% Phosphor und bis 26 At.-% Nickel [27] hergestellt.

Tabelle 1.4.

Elektrolytische Bäder, Probenzusammensetzung und Dichte bei der Herstellung amorpher Co–P-Schichten (nach [22])

Probe	elektrolytisches Bad in g/l				amorphe Schicht	
	H_3PO_3	$CoCO_3$	$CoCl_2 \cdot 6H_2O$	H_3PO	Zusammensetzung[1]) At.-% P	Dichte in g/cm^3
A	65	39,4	181	50	23,6 ± 1,0	7,90 ± 0,4
B	60	37,5	182	50	22,0	7,89
C	55	35,6	184	50	20,3	7,94
D	50	33,7	185	50	19,0	7,97

[1]) Hier sind die in [23] korrigierten Zusammensetzungen angegeben.

Auch die chemische oder stromlose Abscheidung geht auf BRENNER und Mitarbeiter [28] zurück. Hierbei handelt es sich um einen kontrollierten autokatalytischen Prozeß ohne Stromzufuhr. Man muß dabei unbedingt für einen konstanten pH-Wert und eine konstante Temperatur des Bades sorgen. SIMPSON und BRAMBLEY [29] stellten durch fortgesetzte chemische Abscheidung über mehrere Tage amorphe Co–P-Schichten mit einem Phosphorgehalt von 5 bis 9 At.-% und einer Dicke von 0,2 mm her. Es handelt sich hier um die größte Schichtdicke, die für Übergangsmetalle mit Glasbildnern bisher erreicht wurde. Bezüglich des verwendeten Bades und der Versuchsanordnung verweisen wir den Leser auf die Arbeit [29] (s. auch [28, 30]). Die amorphe Struktur der durch elektrolytische oder chemische Abscheidung hergestellten Ni–P- und Co–P-Proben ist für Phosphorkonzentrationen in der Nähe von 20 At.-% ebenfalls bis zu einigen 100 °C thermisch stabil.

Es ist bemerkenswert, daß der in [30] nachgewiesene Ferromagnetismus als Beweis für zahlreiche kleine kristalline Anteile gewertet wurde, obwohl die RÖNTGEN- und Elektronenbeugungsbilder einen amorphen Zustand anzeigten.

1.4. Kathodenzerstäubung (Sputtern)

Die Kathodenzerstäubung wird seit 1972 sehr erfolgreich zur Herstellung amorpher magnetischer Legierungen aus seltenen Erden und Übergangsmetallen verwendet. Dabei ist es möglich, amorphe Schichten bis zu einigen Millimetern Dicke ohne Beimengungen von Glasbildnern in einem weiten Konzentrationsbereich zu erhalten, die bis oberhalb Zimmertemperatur thermisch stabil sind.

Man verwendet die Wechselstrom- und seltener die Gleichstromkathodenzerstäubung mit Argon oder Krypton als Sputtergas. Die Kathodenzerstäubung wird schon seit langem zur Herstellung kristalliner Schichten eingesetzt. Amorphe Schichten entstehen, wenn die Sputterrate hinreichend groß ist und das Substrat mit Wasser gekühlt wird.

Nach Zündung der Sputterdiode folgen die Sputtergasionen dem elektrischen Feld zwischen Substrat (Anode) und Target (Kathode), bombardieren letzteres und schlagen aus ihm Atome heraus, die sich dann auf dem Substrat niederschlagen. Typische Aufdampfraten sind 30 bis 50 Å/min.

In Abbildung 1.3 ist eine Sputteranlage nach CUOMO und GAMBINO [31] wiedergegeben. Zuerst muß man sich ein möglichst homogenes Target der gewünschten Zusammensetzung beschaffen. Das kann man trotz der im allgemeinen schlechten Mischbarkeit zwischen seltenen Erden und Übergangsmetallen durch mehrfaches Schmelzen in einem Lichtbogen erreichen. Häufig

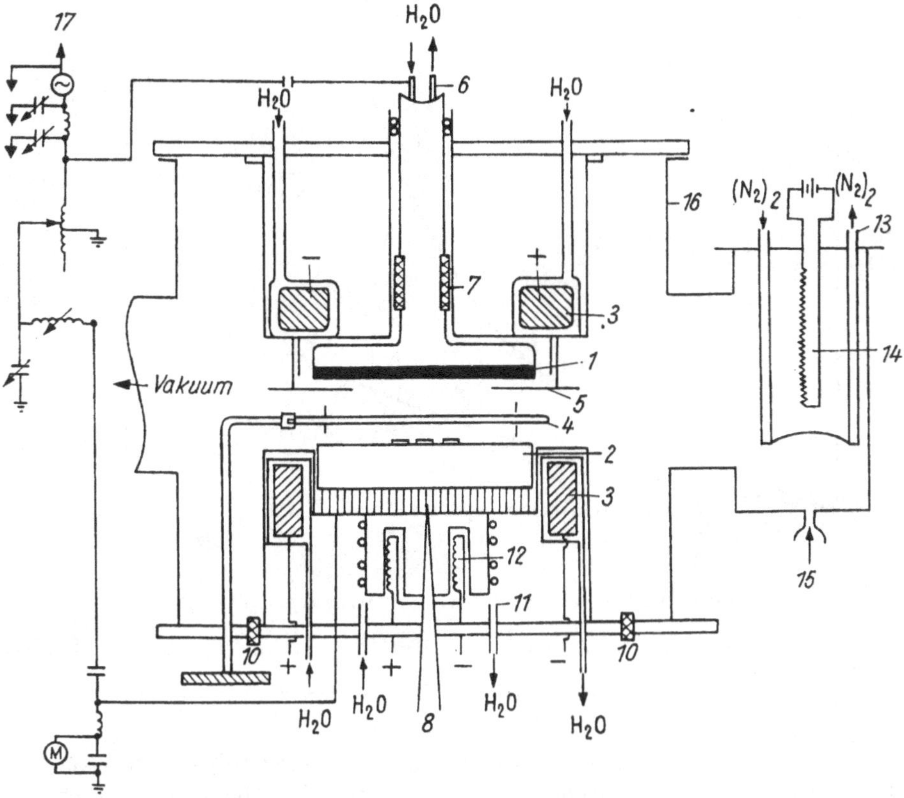

Abb. 1.3. Sputteranlage nach Cuomo und Gambino [31]. Die Bestandteile sind die folgenden: (1) Target (Kathode), (2) Substrat (Anode), (3) Magnete mit Wasserkühlung, (4) Shutter, (5) Kathodenabschirmung, (6) Kathodenwasserkühlung, (7) Kathodenisolation, (8) thermische Kopplung zur Messung der Substrattemperatur, (9) und (10) Anodenisolation, (11) Substratkühlung, (12) Substraterwärmung, (13) Kühlung mit flüssigem Stickstoff, (14) Titansublimator, (15) Einlaß des Sputtergases, (16) Vakuumkammer, (17) Elektrische Schaltung zur Erzeugung einer konstanten Vorspannung und einer Hochfrequenzwechselspannung zwischen Target und Substrat

verwendet man auch ein ebenes Target aus dem betreffenden Übergangsmetall und legt darauf möglichst gleichmäßig verteilt kleine Stücke der seltenen Erde. In diesem Fall befindet sich das Target unterhalb des Substrates.

Bevor das Sputtergas eingelassen wird, schafft man ein möglichst gutes Hochvakuum von 10^{-6} bis 10^{-8} Torr. Danach sputtert man etwa eine halbe

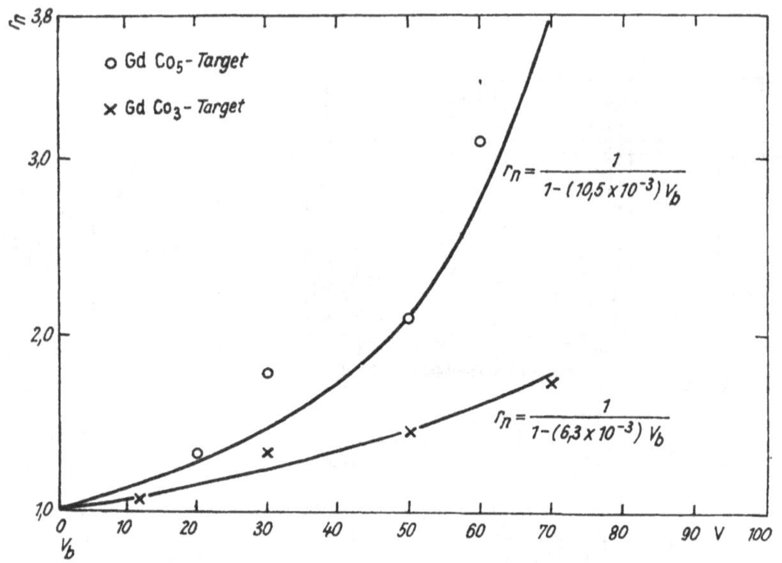

Abb. 1.4. Genormtes Co/Gd-Verhältnis gesputterter amorpher Proben $r_n = \frac{(\mathrm{Gd/Co})_{\mathrm{Probe}}}{(\mathrm{Gd/Co})_{\mathrm{Target}}}$ in Abhängigkeit von der Vorspannung V_b für zwei Targets mit der Zusammensetzung $GdCo_5$ und $GdCo_3$ (nach [31])

Stunde mit einem zwischen Target und Substrat eingeführtem Shutter, um das Target zu reinigen. Erst dann beginnt der eigentliche Sputtervorgang (bei entferntem Shutter). Der Gleichstromvorspannung zwischen Target und Substrat wird in der Regel eine Hochfrequenzwechselspannung überlagert. Über die Vorspannung V_b kann man bei gegebenem Target in einfacher Weise die Zusammensetzung der amorphen Legierung regeln. In Abbildung 1.4 ist das Gd/Co-Verhältnis r_n, bezogen auf die Targetzusammensetzung, in Abhängigkeit von der Vorspannung V_b nach [31] wiedergegeben. Mit wachsender Vorspannung nimmt der Co-Anteil in der amorphen Schicht zu. In der gleichen Arbeit ist die Zusammensetzung amorpher Gd–Co–Mo-Proben in Abhängigkeit von der Targetspannung V_t, dem Plasmapotential V_p, der angelegten Vorspannung V_a ($V_b = V_a - V_p$), einem angelegten axialen Magnetfeld H_z und dem Abstand zwischen Target und Substrat S angegeben (vgl. Tab. 1.5). Die Autoren haben auch halbempirische Formeln für diese Abhängigkeiten hergeleitet. Mit dieser Arbeit wurde der Einfluß der wesentlichen Versuchsparameter aufgeklärt. Damit ist man der Reproduzierbarkeit amorpher Proben mittels Kathodenzerstäubung einen entscheidenden

Tabelle 1.5.

Einfluß einiger Herstellungsparameter beim Sputtern auf die Zusammensetzung einer amorphen Gd–Co–Mo-Probe nach [31] (↑, ↓ bedeuten Zunahme bzw. Abnahme (der betr. Konzentration))

Systemparameter		Gd	Co[1])	Mo[1])
Targetspannung V_t	↑	↑	↓	↓
Angelegte Vorspannung V_a	↑	↓	↑	↑
Axiales Magnetfeld H_z	↑	↓	↑	↑
Abstand S	↑	↓	↑	↑
Plasmapotential V_p (Argondruck)	↑	↓	↑	↑

[1]) Der Trend der Co- und Mo-Konzentration ist relativ zum Gd-Anteil gemeint.

Schritt nähergekommen. Neben Gd–Co-, Gd–Co–Mo- und Gd–Co–Au-Proben [31] konnte man auch Gd–Fe [32], Tb–Fe [33], Gd–Ag, Co–Ag und Ni–Ag [34] u. a. im amorphen Zustand herstellen.

Es ist im Prinzip möglich, die Versuchsbedingungen so einzurichten, daß die Zusammensetzung der Proben in guter Näherung homogen ist. Die Zusammensetzung kann praktisch lokal („punktweise") mit Hilfe der Elektronenstrahlmikroprobenanalyse untersucht werden, bei der aus den Intensitäten der für die jeweiligen Elemente charakteristischen Röntgen-Strahlung die Konzentration eines jeden Elements relativ genau bestimmt werden kann.

1.5. Schlußbemerkungen

Mit allen genannten Herstellungsverfahren lassen sich amorphe magnetische Schichten auf der Basis von Übergangsmetallen und seltenen Erden herstellen, die zum großen Teil Kristallisationstemperaturen (manchmal sogar erheblich) oberhalb Zimmertemperatur besitzen. Im Vergleich zu den entsprechenden kristallinen Modifikationen kann der Mischungsbereich dank dieser Verfahren im amorphen Zustand wesentlich erweitert werden, wodurch eine größere Variabilität der physikalischen, insbesondere der magnetischen Eigenschaften möglich wird. Dieser Umstand ist für Legierungen aus Übergangsmetallen und seltenen Erden besonders wichtig, da diese im kristallinen Zustand nur sehr enge Mischungsbereiche bei bestimmten stöchiometrischen Zusammensetzungen besitzen. Es ist interessant, daß Duwez [14] durch schnelles Abschrecken aus der Schmelze ursprünglich in erster Linie diesen Mischungsbereich erweitern wollte und nicht eine gezielte Herstellung amorpher Legierungen im Auge hatte. Ähnlich verhielt es sich bei den Arbeiten von Brenner u. a. [21] zur elektrolytischen und chemischen Abscheidung von Co–P und Ni–P.

Bei der Kathodenzerstäubung, der elektrolytischen und chemischen Abscheidung ist die Schichtdicke prinzipiell weder nach oben noch nach unten durch das Herstellungsverfahren begrenzt. Mittels Abschreckens aus der Schmelze erhält man nur Schichtdicken zwischen 10 und 100 µm, d. h., sie sind nach oben und nach unten beschränkt. Beim Aufdampfen auf ein gekühltes Substrat ist die Schichtdicke häufig aus Stabilitätsgründen nach oben begrenzt (vgl. z. B. amorphe Fe-Schichten in Tab. 1.3). Dabei sind Werte von 100 Å bis zu einigen 1000 Å typisch.

Die physikalischen und dabei insbesondere die kinetischen Prozesse, die für die Bildung der amorphen Strukturen verantwortlich sind, beherrscht man gegenwärtig in einem noch unzureichenden Maße. Speziell über die Rolle der großen Temperaturgradienten und der entstehenden mechanischen Spannungen z. B. beim Abschrecken aus der Schmelze hat man noch zu geringe Kenntnisse.

Die Ausführungen dieses Teils gelten auch für viele nichtmagnetische amorphe Metalle.

2. Struktur

Die konkrete Struktur eines Festkörpers hat einen wesentlichen Einfluß auf die physikalischen (mechanischen, elektrischen, magnetischen u. a.) Eigenschaften. Es ist daher verständlich, daß große Anstrengungen unternommen werden, um die Struktur amorpher Festkörper sowohl experimentell als auch theoretisch immer genauer aufzuklären.

Im Vergleich zu kristallinen treten in amorphen Festkörpern solche Inhomogenitäten wie Phasengrenzen, Risse, Hohlräume, mechanische Spannungen, Versetzungen usw., deren charakteristische Längen sehr groß sind gegenüber dem mittleren atomaren Abstand, wesentlich seltener auf. Sie können mittels Elektronenmikroskopie und Kleinwinkelstreuung aufgeklärt werden. Obwohl diese Inhomogenitäten einige physikalische Eigenschaften mitbestimmen, sind sie bis jetzt relativ wenig untersucht worden. Man hat sich fast ausschließlich auf die Untersuchung der chemischen und strukturellen (positionellen) Nahordnung in amorphen Stoffen beschränkt, durch welche die meisten grundlegenden physikalischen Größen (z. B. mittleres atomares magnetisches Moment, Curie-Temperatur) weitgehend festgelegt werden.

Eine Probe soll dann als amorph bezeichnet werden, wenn die strukturelle Ordnung höchstens über einige wenige mittlere Atomabstände reicht, d. h., wenn nur eine strukturelle Nahordnung und keine strukturelle Fernordnung auftritt.[1])

Die Überzeugung, daß eine ferromagnetische Phase (spontane magnetische Fernordnung) nur in Kristallen, d. h. bei Vorhandensein einer strukturellen Fernordnung, möglich ist, war besonders bei den theoretischen Physikern tief verwurzelt. Daher wurde lange Zeit das Auftreten von Ferromagnetismus in nichtkristallinen Materialien immer wieder mit der möglichen Existenz von kleinsten kristallinen Bereichen in Zusammenhang gebracht. Der Grund

[1]) Eine exakte Definition des Begriffes „amorph“ (griechisch: gestaltlos) ist problematisch. Sie kann nur qualitativ gegeben werden und bedeutet in erster Linie eine Abgrenzung gegenüber dem Begriff „kristallin“. Unsere Definition stellt bereits eine Verschärfung des Begriffes „amorph“ dar. Als Synonyme für „amorph“ werden in der Literatur auch häufig „glasähnlich“, „nichtkristallin“ und seltener „flüssigkeitsähnlich“ verwendet.

dafür dürfte im theoretisch-methodischen Bereich zu suchen sein, denn bei den modernen Theorien, z. B. der Spinwellennäherung oder bei der Methode der GREENschen Funktionen sowohl innerhalb des HEISENBERG-Modells als auch innerhalb des Bandmodells wird stets von der Translationsinvarianz, d. h. der Kristallstruktur, wesentlich Gebrauch gemacht. Aus dieser Sicht kommt der Arbeit von GUBANOW [1], der als erster mit einem einfachen theoretischen Modell plausibel gemacht hat, daß das Auftreten von Ferromagnetismus nicht an eine kristalline Struktur gebunden ist, eine nicht zu unterschätzende Bedeutung zu. Seit einigen Jahren weiß man mit Bestimmtheit, daß Ferro- und Ferrimagnetismus in amorphen Metallen existieren kann und keine kristallinen Bereiche notwendig sind, sondern lediglich eine Nahordnung, ähnlich wie sie auch in Flüssigkeiten vorhanden ist.

Zur Klärung dieser Frage war ein eindeutiger Nachweis der amorphen Struktur in metallischen Systemen eine unabdingbare Voraussetzung. Man konzentrierte sich dazu vorwiegend auf die Untersuchung der räumlichen und chemischen Nahordnung, die experimentell durch RÖNTGEN-, Elektronen- und Neutronenstreuung bestimmt wird. Die Elektronenstreuung ist auf Schichten mit Dicken kleiner als 1000 Å beschränkt. Für eine erfolgreiche Anwendung der Neutronenstreuung benötigt man andererseits große Probenvolumina, um meßbare Streuintensitäten zu erhalten. Die Atomformfaktoren bei der Elektronen-, RÖNTGEN- und Neutronenstreuung sind verschieden, da für die Streuung jeweils die Verteilung des elektrischen Potentials, die Elektronendichten und die Atomkerne (einschließlich Kernspin) verantwortlich sind. Bei der Neutronenstreuung ist zu beachten, daß die inelastischen Anteile besonders groß sein können.

Weitere direkte Informationen über die Struktur amorpher Systeme kann man aus elektronenmikroskopischen Aufnahmen gewinnen. Es lassen sich zum Beispiel eventuell auftretende Mikrophasen, mikrokristalline Bereiche, Kornbildung bzw. ihre Abwesenheit nachweisen. Auch die Kleinwinkelstreuung mittels Neutronen [35] oder RÖNTGEN-Strahlung [36] wurde in letzter Zeit zu diesem Zweck eingesetzt. Der MÖSSBAUER-Effekt und die NMR-Spektroskopie erlauben Rückschlüsse auf die chemische und räumliche Nahordnung.

Von nicht zu unterschätzender Bedeutung sind auch die indirekten Methoden, bei denen man zum Beispiel aus den magnetischen und elektrischen Eigenschaften Aussagen über die vorliegende Struktur und besonders über auftretende Strukturänderungen erhalten kann.

Versucht man die Struktur amorpher Systeme theoretisch auf der Grundlage von ersten Prinzipien („first principles") zu beschreiben, so stößt man sofort auf große Schwierigkeiten. Die Struktur von Systemen, die sich im thermodynamischen Gleichgewicht befinden (z. B. Gase, Flüssigkeiten), läßt sich mit Ein-, Zwei-, ...-Teilchenverteilungsfunktionen beschreiben, die man im Prinzip aus den Hierarchiegleichungen bestimmen kann, wenn man von den rechentechnischen Problemen absieht. Demgegenüber fehlt bis heute ein systematischer Zugang zur theoretischen Beschreibung der Struktur metastabiler Systeme, d. h. solcher Systeme, die sich nicht im thermodynamischen Gleichgewicht befinden. Amorphe Festkörper sind Systeme im Nichtgleichgewicht, deren metastabiler „Endzustand" infolge des starken Anwachsens der Relaxationszeiten einfriert. Beim Abschrecken aus der Schmelze müßte man zum Beispiel die Hierarchie der kinetischen Gleichungen mit den durch die Versuchsbedingungen vorgegebenen Anfangs- und Randbedingungen untersuchen. Der metastabile Endzustand wäre dann aus der Forderung zu bestimmen, daß die Relaxationszeiten für die Strukturänderungen groß, jedoch nicht unendlich sind gegenüber den charakteristischen Zeiten der Versuchsparameter. Dieses äußerst komplizierte Problem der Nichtgleichgewichtsstatistik bzw. -kinetik läßt sich zur Zeit nicht lösen. Daher ist man zur Einführung geeigneter Strukturmodelle gezwungen, die sich auf möglichst plausible physikalisch-intuitive Annahmen stützen.

Am besten wird die räumliche und chemische Nahordnung durch das Modell der dichten stochastischen Packung (s. 2.3.) beschrieben, von dem zahlreiche Varianten existieren. Es stellte sich heraus, daß verschiedene reine amorphe Metalle praktisch die gleiche Struktur besitzen. In entsprechend modifizierter Weise gilt das auch für die amorphen metallischen Legierungen. Die mittlere Zahl der nächsten Nachbarn z liegt bei amorphen Metallen zwischen 11 und 13 und kommt damit der Koordinationszahl für fcc- (kubisch-flächenzentrierte) Gitter sehr nahe. Ihre Dichte ist in der Regel um ca. 2% geringer als für die kristalline Phase. Insbesondere die Zahl der nächsten Nachbarn wird von diesen Strukturmodellen gut reproduziert. Charakteristisch für nahezu alle amorphen metallischen Systeme ist darüber hinaus die Aufspaltung des zweiten Peaks der radialen Verteilungsfunktion.

Wichtig ist die Tatsache, daß ein Strukturmodell nicht allein aus experimentellen Messungen erschlossen werden kann, da verschiedene Strukturmodelle zu den gleichen experimentellen Streukurven führen können. Erst das Zusammenspiel von plausiblen theoretischen Strukturmodellen mit den experimentellen Resultaten erlaubt eine relativ zuverlässige Strukturbestimmung. Auf diesem Wege hat man in den letzten Jahren beachtliche Fortschritte erzielen können.

In diesem Kapitel führen wir zunächst die radiale Verteilungsfunktion und daraus abgeleitete Funktionen für reine amorphe Metalle ein und verallgemeinern diese dann auf amorphe Legierungen. Danach geben wir einige experimentelle Resultate wieder und beschreiben eine Reihe von wichtigen

Strukturmodellen. Bei der folgenden Darstellung lehnen wir uns eng an die beiden ausgezeichneten zusammenfassenden Arbeiten von CARGILL [37, 38] an, in denen der Leser auch ein umfangreiches Literaturverzeichnis finden kann.

2.1. Strukturbeschreibung (Definitionen)

In diesem Kapitel führen wir die Atomverteilungsfunktion $\varrho(\boldsymbol{r})$, die radiale Verteilungsfunktion $4\pi r^2\varrho(r)$, die Streufunktion $\mathcal{J}(K)$ und andere damit zusammenhängende Funktionen ein, die in der Literatur zur Beschreibung amorpher Systeme verwendet werden.

Zu Beginn betrachten wir reine amorphe Metalle aus einem Element. Wir gehen von der *Dichtefunktion*

$$q'_N(\boldsymbol{r}) = \sum_{l=1}^{N} \delta[\boldsymbol{r} - (\boldsymbol{r}_l - \boldsymbol{r}_m)] \quad (m \text{ fest})$$

aus, welche die Zahl der Teilchen pro Volumen im Abstand $\boldsymbol{r} = \boldsymbol{r}_l - \boldsymbol{r}_m$ vom Teilchen m darstellt, das sich im Koordinatenursprung $\boldsymbol{r} = 0$ befindet. $\boldsymbol{r}_l$ und $\boldsymbol{r}_m$ bezeichnen die Atomschwerpunkte, $\delta(\boldsymbol{R})$ ist die DIRACsche δ-Funktion. Summiert man über alle Teilchen m, d. h., jedes der insgesamt N Teilchen befindet sich einmal in der Rolle des Zentralteilchens ($r = 0$), so wird man auf die Dichtefunktion

$$q_N(\boldsymbol{r}) = \frac{1}{N} \sum_{m=1}^{N} \sum_{l=1}^{N} \delta[\boldsymbol{r} - (\boldsymbol{r}_l - \boldsymbol{r}_m)] \tag{2.1}$$

geführt, in der kein Teilchen mehr ausgezeichnet ist. Diese Funktion ist im Sinne der Statistik für das gesamte System der N Teilchen charakteristisch. Die Operation $\frac{1}{N} \sum_{m=1}^{N}$ bewirkt eine statistische Mittelwertbildung. Spaltet man den Beitrag für $m = l$ in der Doppelsumme ab, so folgt aus (2.1)

$$q_N(\boldsymbol{r}) = \varrho_N(\boldsymbol{r}) + \delta(\boldsymbol{r}) \tag{2.2}$$

mit

$$\varrho_N(\boldsymbol{r}) = \frac{1}{N} \sum_{\substack{m \neq l \\ 1}}^{N} \delta[\boldsymbol{r} - (\boldsymbol{r}_l - \boldsymbol{r}_m)] \,. \tag{2.3}$$

Für hinreichend große Systeme können wir formal den Grenzübergang $N \to \infty$ durchführen und erhalten die (Atom-) Verteilungsfunktion oder *Paarverteilung*

$$\varrho(\boldsymbol{r}) = \lim_{N \to \infty} \sum_{\substack{l \neq m \\ 1}}^{N} \delta[\boldsymbol{r} - (\boldsymbol{r}_l - \boldsymbol{r}_m)] \,. \tag{2.4}$$

Sie hat nach der obigen Einführung folgende Bedeutung: Befindet sich im Koordinatenursprung mit Gewißheit ein Teilchen, so ist $\varrho(\boldsymbol{r})\mathrm{d}^3r$ gleich der mittleren Zahl von Teilchen im Volumenelement d^3r mit dem Radiusvektor $\boldsymbol{r}$.

Für makroskopisch isotrope Systeme kann man über den winkelabhängigen Anteil des Volumenelements unmittelbar integrieren, und $\varrho(\boldsymbol{r})\mathrm{d}^3r$ geht in $4\pi\varrho(r)r^2\mathrm{d}r$ über. Dieser Ausdruck ist gleich der mittleren Teilchenzahl in der Kugelschale zwischen r und $r + \mathrm{d}r$, wenn sich im Koordinatenursprung mit Gewißheit ein Teilchen befindet. Die Funktion

$$4\pi\varrho(r)\, r^2 \tag{2.5}$$

wird als *radiale Verteilungsfunktion* bezeichnet.

Mit wachsendem Abstand r muß die mittlere Teilchendichte $\varrho(\boldsymbol{r})$ unabhängig davon werden, ob sich bei $r = 0$ ein Teilchen befindet oder nicht, da die Korrelationen allmählich abklingen. $\varrho(\boldsymbol{r})$ strebt daher für $r \to \infty$ gegen die mittlere Teilchendichte $\varrho_0 = \frac{N}{V}$. Man verwendet deshalb häufig anstelle von $\varrho(\boldsymbol{r})$ auch die Funktion

$$\varrho(\boldsymbol{r}) - \varrho_0 \tag{2.6}$$

bzw. die (*normierte*) *Paarverteilungsfunktion*

$$W(\boldsymbol{r}) = \frac{\varrho(\boldsymbol{r})}{\varrho_0} = g(\boldsymbol{r})\,, \tag{2.7}$$

die häufig ebenfalls als radiale Verteilungsfunktion bezeichnet wird.

Bei Streuexperimenten können nicht die im Ortsraum definierten Verteilungsfunktionen direkt gemessen werden, sondern nur ihre FOURIER-Transformierten.

Die kohärente *Streuintensität*, die man aus der Intensitätsverteilung zum Beispiel bei RÖNTGEN-Streuung erhält, ist durch

$$\mathcal{J}_N(\boldsymbol{K}) = N\,|f(K)|^2 \int q_N(\boldsymbol{r})\, \mathrm{e}^{-i\boldsymbol{K}\boldsymbol{r}}\, \mathrm{d}^3r \tag{2.8}$$

gegeben. Dabei bedeutet $\boldsymbol{K} = \boldsymbol{k} - \boldsymbol{k}'$, und $\boldsymbol{k}$ bzw. $\boldsymbol{k}'$ sind die Wellenzahlvektoren der einfallenden bzw. gestreuten Welle. Weiterhin gilt

$$K = \frac{4\pi \sin \Theta}{\lambda}. \tag{2.9}$$

λ ist dabei die Wellenlänge der verwendeten RÖNTGEN-Strahlen (sie bleibt bei elastischer Streuung ungeändert), und Θ bezeichnet den Streuwinkel (2Θ ist der Winkel zwischen einfallendem und gestreutem Strahl, d. h. der

Winkel zwischen $\boldsymbol{k}$ und $\boldsymbol{k}'$). $f(K)$ ist der FOURIER-transformierte Atomformfaktor. Setzt man in (2.8) die Definition (2.1) für $q_N(\boldsymbol{r})$ ein, so erhält man einen einfachen Zusammenhang zwischen $\mathcal{J}_N(\boldsymbol{K})$ und den Atomkoordinaten $\boldsymbol{r}_l, \boldsymbol{r}_m$:

$$\mathcal{J}_N(\boldsymbol{K}) = |f(K)|^2 \sum_{l,m} e^{i\boldsymbol{K}(\boldsymbol{r}_l - \boldsymbol{r}_m)} . \tag{2.10}$$

$\mathcal{J}_N(\boldsymbol{K})$ enthält keine inkohärenten und inelastischen Streuanteile. Auch die Beiträge der Vielfachstreuung gehen in $\mathcal{J}_N(\boldsymbol{K})$ nicht ein. Um Gleichung (2.8) für die Strukturbestimmung benutzen zu können, müssen erst die genannten Anteile und selbstverständlich auch die Beiträge des Substrates und der Untergrundstreuung aus den experimentell gewonnenen Streukurven eliminiert werden.

Subtrahiert man von Gleichung (2.8) noch die Volumenstreuung $N\,|f(K)|^2\,\varrho_0 \int \mathrm{d}r^3\,e^{-i\boldsymbol{K}\boldsymbol{r}}$, die nur Beiträge für $K = 0$ liefert und nicht beobachtbar ist, so erhält man für die experimentell meßbare *kohärente Streuintensität*

$$\mathcal{J}_{N,\exp}(\boldsymbol{K}) = N\,|f(K)|^2 \int \big(q(\boldsymbol{r}) - \varrho_0\big)\,e^{-i\boldsymbol{K}\boldsymbol{r}}\,\mathrm{d}^3r \tag{2.11}$$

und daraus mit (2.2)

$$\mathcal{J}_{N,\exp}(\boldsymbol{K}) = N\,|f(K)|^2 \left[1 + \int \big(\varrho(\boldsymbol{r}) - \varrho_0\big)\,e^{-i\boldsymbol{K}\boldsymbol{r}}\,\mathrm{d}^3r\right] . \tag{2.12}$$

Bei makroskopisch isotropen Systemen kann man auch in diesen Gleichungen die Winkelintegration durchführen und erhält

$$\mathcal{J}_{N,\exp}(K) = N\,|f(K)|^2 \frac{4\pi}{K} \int_0^\infty r\,\mathrm{d}r\,\big(q(r) - \varrho_0\big) \sin(Kr) \tag{2.13}$$

bzw.

$$\mathcal{J}_{N,\exp}(K) = N\,|f(K)|^2 \left[1 + \frac{4\pi}{K} \int_0^\infty r\,\mathrm{d}r\,\big(\varrho(r) - \varrho_0\big) \sin(Kr)\right] . \tag{2.14}$$

Anstelle der Streuintensitäten (2.11 – 2.14) verwendet man häufig die *Interferenzfunktion* (oft auch *Strukturfaktor* genannt)

$$\mathcal{J}(\boldsymbol{K}) = \frac{\mathcal{J}_{N,\exp}(\boldsymbol{K})}{N\,|f(K)|^2} \tag{2.15}$$

bzw.

$$\mathcal{J}(K) = \frac{\mathcal{J}_{N,\exp}(K)}{N\,|f(K)|^2} \quad \text{(isotropes System)} , \tag{2.16}$$

die direkter mit der Struktur zusammenhängen. Damit erhält man aus (2.12) und (2.7)

$$\left.\begin{aligned}&\mathcal{J}(\boldsymbol{K}) - 1 = \frac{N}{V}\int \big(g(\boldsymbol{r}) - 1\big)\, \mathrm{e}^{-i\boldsymbol{K}\boldsymbol{r}}\, \mathrm{d}^3 r\\ &\text{bzw.}\\ &\mathcal{J}(K) - 1 = \frac{N}{V}\, 4\pi \int_0^\infty r^2\, \mathrm{d}r \big(g(r) - 1\big) \frac{\sin(Kr)}{Kr} \quad \text{(isotropes System)}.\end{aligned}\right\} \tag{2.17}$$

Aus den Gleichungen (2.14) und (2.16) folgt nach FOURIER-Transformation für die *reduzierte* radiale Verteilungsfunktion

$$G(r) \equiv 4\pi r\big(\varrho(r) - \varrho_0\big) = \frac{2}{\pi} \int_0^\infty \mathrm{d}K\, K[\mathcal{J}(K) - 1] \sin(Kr)\,. \tag{2.18}$$

Analog bezeichnet man

$$F(K) \equiv K[\mathcal{J}(K) - 1] \tag{2.19}$$

als reduzierte Interferenzfunktion.

Die radiale Verteilungsfunktion hängt in einfacher Weise mit der reduzierten radialen Verteilungsfunktion zusammen:

$$4\pi\, \varrho(r)\, r^2 = r\, G(r) + 4\pi\, r^2\, \varrho_0\,.$$

Es gilt daher

$$g(r) - 1 = \frac{V}{N} \frac{1}{2\pi^2 r} \int_0^\infty K\, \mathrm{d}K\, [\mathcal{J}(K) - 1] \sin(Kr)\,. \tag{2.20}$$

Der Leser möge die Fülle von Definitionen entschuldigen, von denen jede beim praktischen Gebrauch ihre Vor- und Nachteile besitzt. In der Literatur trifft man alle eingeführten Funktionen bei der Behandlung von Strukturproblemen amorpher Systeme an. Am wichtigsten sind jedoch die Interferenzfunktion $\mathcal{J}(\boldsymbol{K})$ (2.16), die radiale Verteilungsfunktion (2.5) sowie die Paarverteilungsfunktionen $\varrho(\boldsymbol{r})$ und $W(\boldsymbol{r}) = g(\boldsymbol{r})$ (2.7).

Wir müssen uns jetzt noch der Mühe unterziehen, einige dieser Funktionen auf den Fall amorpher Legierungen zu verallgemeinern, bevor wir die experimentellen Resultate darstellen können.

Zur Beschreibung einer *amorphen Legierung*, die sich aus n verschiedenen Atomsorten zusammensetzt, benötigt man n^2 Atomverteilungsfunktionen

$$\varrho_{ij}(\boldsymbol{r})\,, \quad i, j = 1, 2, \ldots n\,, \tag{2.21}$$

welche die mittlere Teilchenzahldichte der Sorte j im Volumenelement d^3r bei $\boldsymbol{r}$ angeben, wenn sich bei $r = 0$ ein Teilchen der Sorte i befindet. Für isotrope Systeme hat die entsprechende radiale Verteilungsfunktion die Gestalt

$$4\pi r^2 \varrho_{ij}(r) \,. \tag{2.22}$$

Bei der Durchführung eines einzigen Streuexperiments kann man nur die *totale* Verteilungsfunktion

$$\varrho(\boldsymbol{r}) = \sum_{i=1}^{n} \sum_{j=1}^{n} W_{ij}\, \varrho_{ij}(\boldsymbol{r}) \tag{2.23}$$

bzw. die totale radiale Verteilungsfunktion

$$4\pi r^2 \varrho(r) = 4\pi r^2 \sum_{i=1}^{n} \sum_{j=1}^{n} W_{ij}\, \varrho_{ij}(r) \tag{2.24}$$

bestimmen, in welche die einzelnen Verteilungsfunktionen mit bestimmten Gewichten W_{ij} (s. u.) eingehen.

Für die experimentell meßbare kohärente Streuintensität (wir beschränken uns im weiteren auf isotrope Systeme) folgt

$$\mathcal{I}_{N,\mathrm{exp}}(K) = \sum_{i=1}^{n} \sum_{j=1}^{n} N_i f_i(K)\, f_j^*(K) \frac{4\pi}{K} \int_0^\infty r \,\mathrm{d}r \big(q_{ij}(r) - \varrho_{0,j}\big) \sin{(Kr)}$$

mit $\varrho_{0,j} = \dfrac{N_j}{N} \varrho_0$

bzw.

$$\mathcal{I}_{N,\mathrm{exp}}(K) = \sum_{i=1}^{n} N_i\, |f_i(K)|^2 + \sum_{i=1}^{n} \sum_{j=1}^{n} N_i f_i(K)\, f_j^*(K)$$
$$\times \frac{4\pi}{K} \int_0^\infty r \,\mathrm{d}r \left(\varrho_{ij}(r) - \varrho_{0,j}\right) \sin{(Kr)}.[1] \tag{2.25}$$

Die totale Interferenzfunktion läßt sich in der Form

$$\mathcal{I}(K) = 1 + \sum_{i=1}^{n} \sum_{j=1}^{n} W_{ij}(K) \frac{4\pi}{K} \int_0^\infty r \,\mathrm{d}r \left[\frac{\varrho_{ij}(r)}{c_j} - \varrho_0\right] \sin{(Kr)} \tag{2.26}$$

schreiben, wobei die *Gewichtsfaktoren* durch

$$W_{ij}(K) = c_i c_j f_i(K)\, f_j^*(K) / |\langle f(K) \rangle|^2 \tag{2.27}$$

[1]) $f_j^*(K)$ bedeutet die konjugiert komplexe Funktion von $f_j(K)$.

gegeben sind. c_i sind die Konzentrationen der einzelnen Komponenten, und $\langle f(K)\rangle = \sum_i c_i f_i(K)$ ist der strukturgemittelte Atomformfaktor. Die einzelnen Summanden in (2.26) ohne Gewichtsfaktor nennt man auch *partielle* Interferenzfunktionen.

Analog zu den einkomponentigen Systemen führt man auch die totale reduzierte radiale Verteilungsfunktion

$$G(r) = 4\pi r \sum_{i=1}^{n} \sum_{j=1}^{n} W_{ij} \left[\frac{\varrho_{ij}(r)}{c_j} - \varrho_0\right] \tag{2.28}$$

bzw.

$$G(r) = \frac{2}{\pi} \int_0^\infty \mathrm{d}K\, K[\mathcal{J}(K) - 1] \sin(Kr) \tag{2.29}$$

ein.

Da die Streuintensitäten $\mathcal{J}(K)$ aus experimentellen Gründen nur bis

$$K_{\max} \approx 10 \dots 20\ \text{Å}^{-1} \tag{2.30}$$

gemessen werden können (bei größeren K-Werten sind die Intensitäten zu gering), treten bei der Berechnung der Verteilungsfunktionen für ein- und mehrkomponentige Systeme (s. z. B. (2.29)) zusätzliche Schwierigkeiten auf. Sie können teilweise durch die Einführung eines Konvergenzfaktors behoben werden, indem man näherungsweise

$$G(r) \approx \frac{2}{\pi} \int_0^{K_{\max}} \mathrm{d}K\, K[\mathcal{J}(K) - 1]\, \mathrm{e}^{-bK^2} \sin(Kr) \tag{2.31}$$

schreibt. Typische Größenordnungen für b sind 0,005 ... 0,02 Å^2. Eine gewisse Unsicherheit bleibt jedoch auch danach bei der Bestimmung der Verteilungsfunktionen bestehen. Den Einfluß von $K_{\max}$ und b auf die reduzierte radiale Verteilungsfunktion veranschaulicht Abbildung 2.1. Im Zusammenhang mit der Einführung des Konvergenzfaktors verwendet man auch häufig folgende Beziehungen, die wir ohne Beweis angeben (s. [37]):

$$G(r) = \sum_{i=1}^{n} \sum_{j=1}^{n} 4\pi \int_0^\infty r'\, \mathrm{d}r'\, P_{ij}(r - r') \left[\frac{\varrho_{ij}(r')}{c_j} - \varrho_0\right] \tag{2.32}$$

mit

$$P_{ij}(r) = \frac{1}{\pi} \int_0^{K_{\max}} \mathrm{d}K\, W_{ij}(K)\, \mathrm{e}^{-bK^2} \cos(Kr)\,. \tag{2.33}$$

Interessiert man sich für die radiale Verteilungsfunktion, so muß man noch die Kleinwinkelstreuanteile eliminieren, die von Inhomogenitäten mit charakteristischen Längen herrühren, die groß gegen den mittleren Atom-

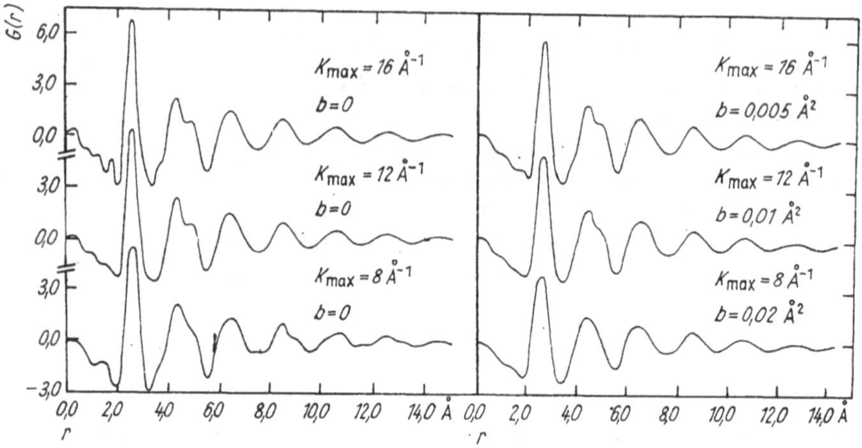

Abb. 2.1. Reduzierte radiale Verteilungsfunktion $G(r)$ für amorphes $Co_{78}P_{22}$ in Abhängigkeit von K_{max} und dem Konvergenzfaktor b nach CARGILL [37]

abstand sind. Das ist auch für reine Metalle notwendig. Zu diesem Zweck führt man in Gleichung (2.31) als untere Integrationsgrenze $K_{min} \approx 1 \dots 2 Å^{-1}$ ein. Eine genauere Diskussion dieser Probleme findet man in [37].

Als wesentliche neue Größen kommen bei amorphen Legierungen im Vergleich zu einkomponentigen Systemen die verschiedenen Atomverteilungsfunktionen $\varrho_{ij}(r)$ (2.21) und die Gewichtsfaktoren $W_{ij}(K)$ (2.27) bzw. $P_{ij}(r)$ (2.33) hinzu. Letztere bestimmen das Gewicht, mit dem die einzelnen Legierungskomponenten zur totalen Interferenzfunktion bzw. zur totalen reduzierten radialen Verteilungsfunktion beitragen.

Mit Hilfe der Kleinwinkelstreuung von Elektronen- und RÖNTGEN-Strahlen können zusätzlich chemische und strukturelle Inhomogenitäten im Bereich von 10 bis 10^4 Å aufgeklärt werden. Wir können jedoch auf diese Fragen hier nicht näher eingehen (s. z. B. [37]).

2.2. Struktur amorpher Ferromagnete (experimentelle Ergebnisse)

Wir gehen jetzt dazu über, einige experimentell gewonnene Daten über die Interferenzfunktionen und die Verteilungsfunktionen darzulegen. Dabei beginnen wir mit den reinen amorphen Übergangsmetallen Co, Fe, Ni, Cr, Mn, von denen wie im kristallinen Fall nur die ersten drei ferromagnetisch sind. Daran schließen sich Ergebnisse über amorphe ferromagnetische Legierungen aus Übergangsmetallen und Glasbildnern, die sogenannten Metall–Metalloid-

Legierungen, an. Den Abschluß bilden die amorphen ferrimagnetischen Legierungen aus Übergangsmetallen und seltenen Erden.

Die folgenden Kapitel zeigen, daß man bei der Strukturaufklärung amorpher ferromagnetischer Metalle sowohl auf experimentellem als auch theoretischem Gebiet beachtliche Erfolge erzielt hat. Der gegenwärtige Trend besteht in einer immer detaillierteren experimentellen Bestimmung und theoretischen Beschreibung der Struktur.

2.2.1. Reine amorphe Übergangsmetalle

Obwohl die Untersuchung reiner amorpher Übergangsmetalle sehr naheliegt, gibt es erst seit wenigen Jahren zuverlässige Strukturmessungen an diesen. Die Ursache dafür liegt in der relativ schwierigen Herstellung reiner amorpher Übergangsmetalle (s. 1.1.) und in ihrer geringen thermischen Stabilität. Die

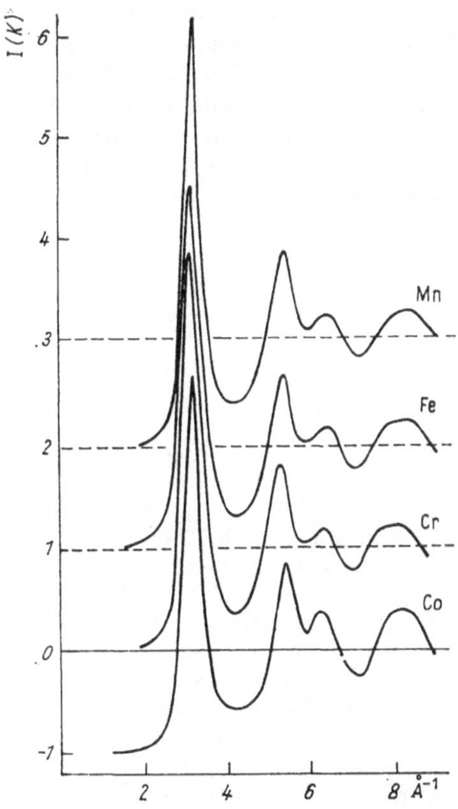

Abb. 2.2. Mittels Elektronenbeugung gemessene Interferenzfunktionen $\mathcal{J}(K)$ für reines amorphes Co, Fe, Cr und Mn nach LEUNG und WRIGHT [41]. Die Proben haben eine Schichtdicke von ca. 100 Å und wurden durch Aufdampfen auf ein mit flüssigem Helium gekühltes Substrat hergestellt

von FUJIME [39] bereits 1966/67 untersuchten amorphen Übergangsmetalle enthielten offensichtlich eine Reihe von Verunreinigungen.

Die bis heute wohl zuverlässigsten Strukturmessungen wurden von WRIGHT [7], LEUNG und WRIGHT [40, 41] und ICHIKAWA [42] mittels Elektronenstreuung an ca. 100 Å dicken Schichten durchgeführt. Reine amorphe Übergangsmetalle konnten nur durch Aufdampfen auf ein mit flüssigem Helium gekühltes Substrat im Ultrahochvakuum (10^{-9} Torr) hergestellt werden (vgl. Tab. 1.3). LEUNG und WRIGHT geben einen Verunreinigungsgrad von höchstens 0,04 At.-% an und bemerken, daß die gemessenen Streukurven an verschiedenen Proben reproduzierbar waren. Die Interferenzfunktionen $\mathcal{J}(K)$ für reines amorphes Co, Fe, Cr und Mn von LEUNG und WRIGHT [41] sind in Abbildung 2.2 wiedergegeben. Auffällig ist die sehr große Ähnlichkeit aller vier Kurven untereinander. Charakteristisch für die Interferenzfunktionen $\mathcal{J}(K)$ ist der große erste Peak und die deutlich erkennbare Aufspaltung des zweiten Peaks. Diese Grundeigenschaften treten weniger scharf ausgeprägt auch bei amorphen Übergangsmetallen mit geringen Verunreinigungen und bei amorphen Legierungen aus Übergangsmetallen mit Glasbildnern auf (s. u. und [37]). Leider sind in [41] die zugehörigen Verteilungsfunktionen nicht angegeben. Die große Ähnlichkeit der Interferenzfunktionen für die vier Übergangsmetalle überträgt sich aber natürlich unmittelbar auf die Verteilungsfunktionen. Daher kann man feststellen, daß die räumliche Nahordnung in allen betrachteten Fällen nahezu gleich ist.

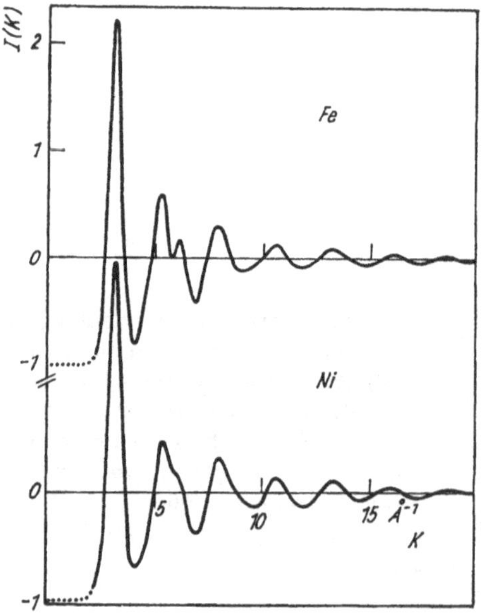

Abb. 2.3. Mittels Elektronenbeugung gemessene Interferenzfunktionen für amorphes Fe und Ni nach ICHIKAWA [42]. Die Proben haben eine Schichtdicke von ca. 100 Å und wurden durch Aufdampfen auf ein mit flüssigem Helium gekühltes Substrat hergestellt. Sie enthalten nach [41] einige nichtkontrollierte Verunreinigungen des Restgases

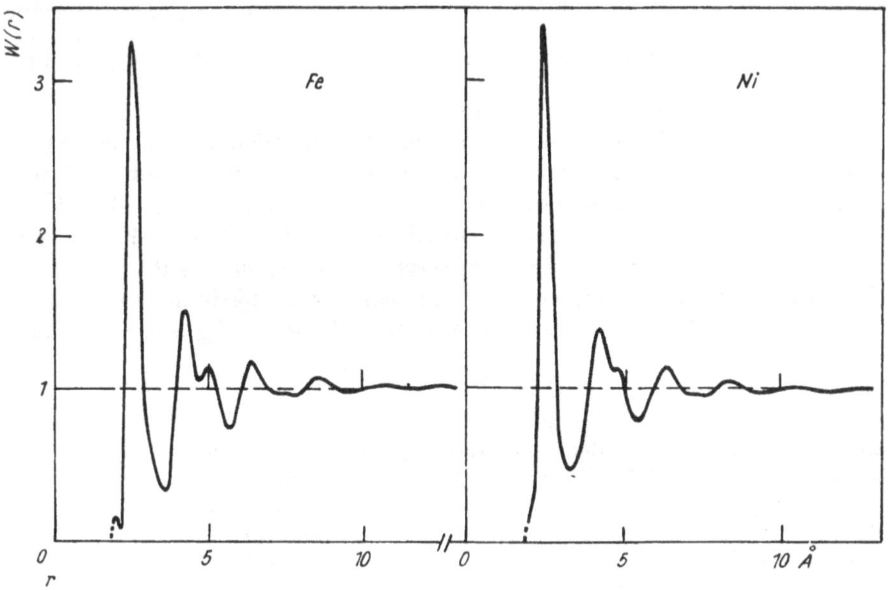

Abb. 2.4. Aus den Interferenzfunktionen in Abbildung 2.3 berechnete Atomverteilungsfunktionen $W(r) = \varrho(r)/\varrho_0$ für amorphes Fe und Ni nach Ichikawa [42]

Gemäß Tabelle 1.3 ist es nicht möglich, reines Nickel im amorphen Zustand zu erhalten. Ichikawa [42] hat die Interferenzfunktion für amorphes Fe und Ni gemessen, wobei die Proben offensichtlich einige Verunreinigungen enthielten (s. [41]). Wie an Abbildung 2.3 zu erkennen ist, stimmen die Interferenzfunktionen trotzdem recht gut mit denen in Abbildung 2.2 überein. Ichikawa berechnete daraus die Atomverteilungsfunktionen $W(r) = \frac{\varrho(r)}{\varrho_0}$. Sie sind in Abbildung 2.4 wiedergegeben. Gut ausgeprägt ist der erste Peak, der von der „ersten Koordinationssphäre" herrührt. Zugleich ist eine ausgeprägte Streuung für den Abstand der „nächsten Nachbarn" (Breite des ersten Peaks) zu erkennen. Der zweite Peak ist deutlich in zwei Subpeaks aufgespalten. Dieser Sachverhalt ist für fast alle amorphen Metalle und Legierungen typisch [7,37 – 42] und kann mit Hilfe der existierenden Strukturmodelle gedeutet werden (s. u.). Der erste Peak liegt für amorphes Co, Fe und Ni bei etwa $r_1 = 2{,}5$ Å, und seine mittlere Breite beträgt etwa $\Delta r_1 = 0{,}5$ Å [37]. Da bei dem letzten Wert die Verbreiterung infolge der Wärmebewegung bereits abgezogen ist, kann man allein aus der relativen, rein strukturbedingten Schwankung des Abstandes der nächsten Nachbarn von 20% (vgl. auch [19]) schließen, daß es sich tatsächlich um einen amorphen Zustand handelt. $\frac{\Delta r_1}{r_1}$ kann man als einfachstes quantitatives Maß der Amorphie (Amorphiegrad) betrachten.

In Tabelle 2.1 sind die Lagen der aufeinanderfolgenden Maxima der Atomverteilungsfunktion zusammengestellt. Auch diese Werte zeigen die große Ähnlichkeit der amorphen Struktur für alle Übergangsmetalle. Die Übereinstimmung zwischen den Werten von LEUNG und WRIGHT [41] einerseits und denen von ICHIKAWA [42] andererseits ist überraschend gut.

Von Interesse ist ein Vergleich der radialen Verteilungsfunktionen für den amorphen und flüssigen Zustand (s. Abb. 2.5). Es ist eine grobe Ähnlichkeit

Tabelle 2.1.
Experimentell bestimmte Lagen der Maxima für die aufeinanderfolgenden Peaks in der Atomverteilungsfunktion nach LEUNG und WRIGHT [41] (s. dort auch die Originalzitate)

Element	r_2/r_1	r_3/r_1	r_4/r_1	r_5/r_1	Literatur
Co	1,69	1,93	2,49	3,35	[41]
Fe	1,67	1,96	2,49	3,41	[41]
Cr	1,66	1,91	2,49	3,36	[41]
Mn	1,67	1,96	2,48	3,38	[41]
Fe	1,67	1,96	2,51	3,38	[42]
Ni	1,71	1,93	2,55	3,38	[42]

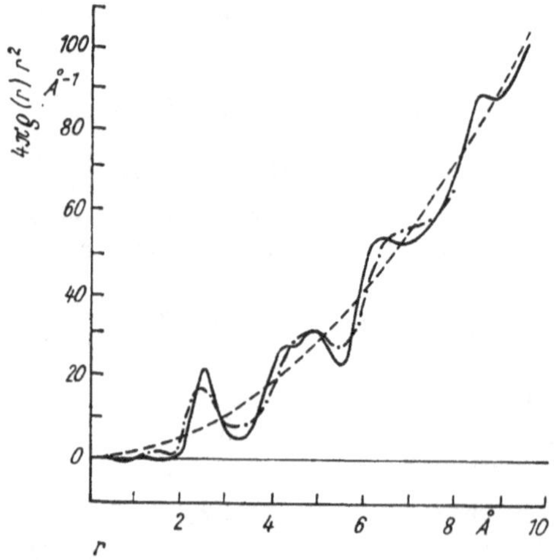

Abb. 2.5. Vergleich der radialen Verteilungsfunktionen $4\pi r^2\,\varrho(r)$ für amorphes (ausgezogene Kurve) und flüssiges Co (strichpunktierte Kurve) nach LEUNG und WRIGHT [41]

zwischen beiden Kurven zu erkennen. Jedoch ist der erste Peak für Co im flüssigen Zustand merklich flacher und breiter als im amorphen. Im flüssigen Zustand fehlt auch die für amorphe Substanzen charakteristische Aufspaltung des zweiten Peaks. LEUNG und WRIGHT [41] schließen daraus, daß die strukturelle Nahordnung im amorphen Zustand stärker ausgeprägt ist als im flüssigen. Der Sprachgebrauch, den amorphen Zustand als flüssigkeitsähnlich zu bezeichnen, ist daher nur bedingt zutreffend. Wir möchten jedoch bemerken, daß im flüssigen Zustand zur zeitlich gemittelten Struktur auch dynamische Prozesse wie Platzwechselvorgänge beitragen, die im amorphen Zustand fast vollkommen unterdrückt sind. Es könnte daher durchaus möglich sein, daß die Struktur der flüssigen Phase bei einer „Momentaufnahme" der amorphen Struktur ähnlicher ist als es in Abbildung 2.5 zum Ausdruck kommt.

2.2.2. Amorphe ferromagnetische Legierungen aus Übergangsmetallen und Glasbildnern

Die Zahl der bis jetzt hergestellten amorphen ferromagnetischen Legierungen auf der Grundlage von Übergangsmetallen und Glasbildnern (B, P, C, Si, Ge, ...) ist bereits sehr groß. Der amorphe Zustand ist für diese Klasse von Legierungen in der Regel bis zu einigen 100 °C thermisch stabil (vgl. 1.2. und 1.3.), und sie lassen sich im Vergleich mit reinen amorphen Übergangsmetallen relativ einfach durch Abschrecken aus der Schmelze (s. 1.2.) herstellen. Amorphe Co–P- und Ni–P-Legierungen kann man außerdem mittels elektrolytischer oder chemischer Abscheidung (s. 1.3.) erhalten.

Zur Strukturbestimmung verwendet man bei diesen Legierungen fast ausschließlich die RÖNTGEN-Streuung. Die Elektronenstreuung ist wegen der relativ großen Schichtdicken (10 bis 100 μm) ungeeignet.

Bei der RÖNTGEN-Streuung, auf die wir uns in diesem Abschnitt fast ausschließlich beschränken, sind die Gewichtsfaktoren $W_{ij}(K)$ (2.27), von denen

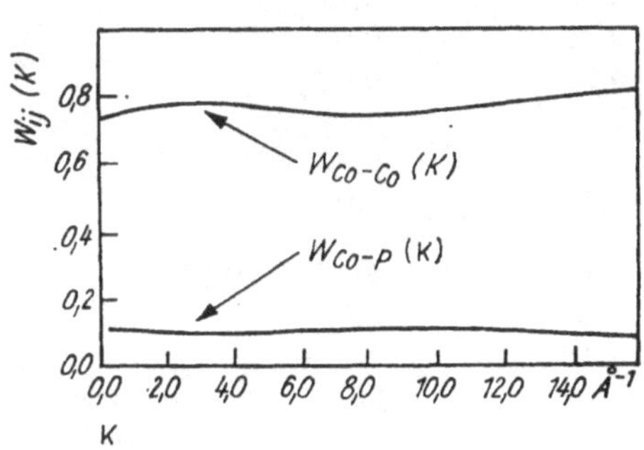

Abb. 2.6. $W_{ij}(K)$ einer amorphen $Co_{78}P_{22}$-Legierung für RÖNTGEN-Streuung nach CARGILL [37]

bei binären Legierungen vom Typ ÜM–GB (Übergangsmetall-Glasbildner) drei, nämlich $W_{ÜM\text{-}ÜM}(K)$, $W_{ÜM\text{-}GB}(K)$ und $W_{GB\text{-}GB}(K)$, auftreten, sehr verschieden. In Abbildung 2.6 sind $W_{Co\text{-}Co}(K)$ und $W_{Co\text{-}P}(K)$ für eine amorphe $Co_{78}P_{22}$-Legierung wiedergegeben. Es ist zu sehen, daß nur eine schwache K-Abhängigkeit vorhanden ist. Man kann sich daher in vielen Fällen auf die Angabe von $W_{ij}(0)$ beschränken. Der Gewichtsfaktor $W_{ÜM\text{-}ÜM}(0)$ ist deutlich größer als $W_{ÜM\text{-}GB}(0)$, und dieser ist abermals deutlich größer als $W_{GB\text{-}GB}(0)$ (vgl. Tab. 2.2). Der Grund liegt darin, daß für RÖNTGEN-Strahlung der (FOURIER-transformierte) Atomformfaktor für Metalle bedeutend größer ist als für Glasbildner. Darüber hinaus ist die Konzentration der Metalle mit ca. 80 At.-% erheblich größer als die der Glasbildner (vgl. (2.27)). Somit tragen zur totalen Interferenzfunktion hauptsächlich die Übergangsmetallatome bei.

Wir können jetzt dazu übergehen, die Streufunktionen und radialen Verteilungsfunktionen zu betrachten. In Abbildung 2.7a ist die totale Streufunktion $\mathcal{J}(K)$ für vier verschiedene amorphe Legierungen wiedergegeben. Abbildung 2.7b zeigt die zugehörigen reduzierten radialen Verteilungsfunktionen (vgl. (2.29)) und Abbildung 2.7c die entsprechenden radialen Verteilungsfunktionen. Alle Kurven sind der Arbeit [37] entnommen. Dort sind auch weitere Quellenangaben zu finden. Wie im Falle reiner amorpher Übergangsmetalle sind die Streufunktionen und die (reduzierten) radialen

Tabelle 2.2.

Gewichtsfaktoren $W_{ij}(0)$ für RÖNTGEN-Streuung für einige amorphe Legierungen aus Übergangsmetallen und Glasbildnern nach CARGILL [37]

Legierung	$W_{ÜM\text{-}ÜM}(0)$	$2\,W_{ÜM\text{-}P}(0)$	$W_{P\text{-}P}(0)$
$Ni_{100-x}P_x$			
$x = 19$	0,79	0,20	0,01
21	0,77	0,22	0,01
23	0,74	0,24	0,02
24	0,73	0,25	0,02
26	0,71	0,26	0,02
$Co_{78}P_{22}$	0,75	0,23	0,02
$Fe_{80}P_{13}C_7$	0,81	0,15	$2\,W_{Fe\text{-}C}(0)$ 0,03
$Mn_{75}P_{15}C_{10}$	0,75	0,18	$2\,W_{Mn\text{-}C}(0)$ 0,05

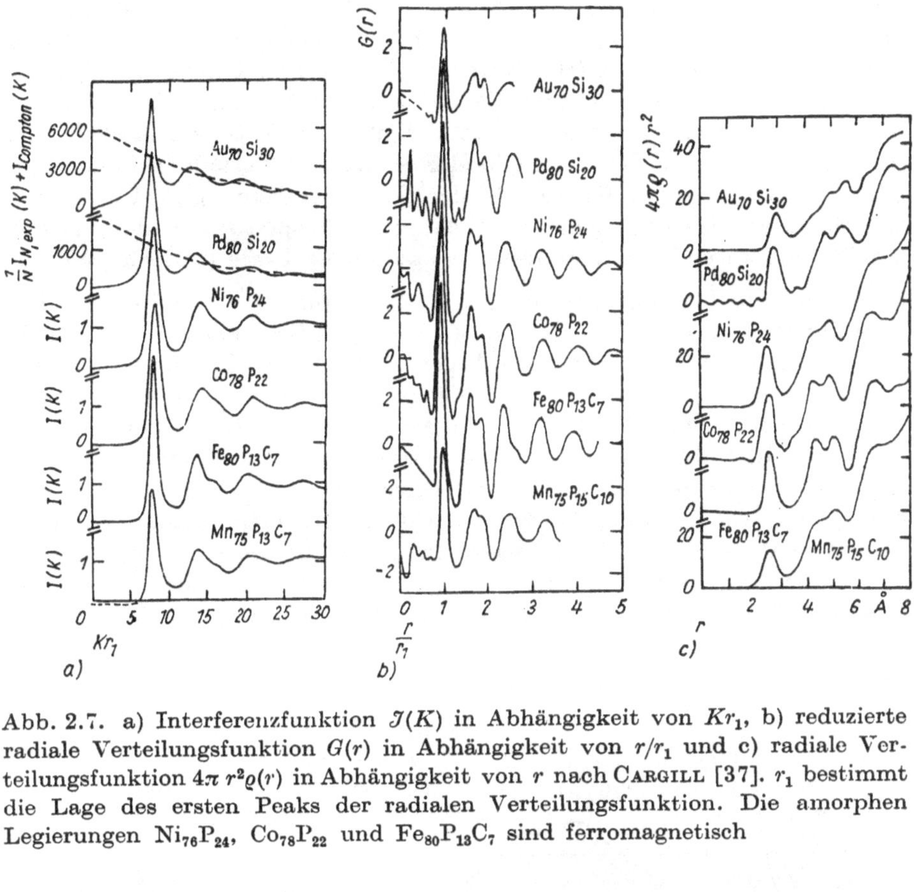

Abb. 2.7. a) Interferenzfunktion $\mathcal{J}(K)$ in Abhängigkeit von Kr_1, b) reduzierte radiale Verteilungsfunktion $G(r)$ in Abhängigkeit von r/r_1 und c) radiale Verteilungsfunktion $4\pi r^2\varrho(r)$ in Abhängigkeit von r nach CARGILL [37]. r_1 bestimmt die Lage des ersten Peaks der radialen Verteilungsfunktion. Die amorphen Legierungen $Ni_{76}P_{24}$, $Co_{78}P_{22}$ und $Fe_{80}P_{13}C_7$ sind ferromagnetisch

Verteilungsfunktionen für die verschiedenen amorphen Legierungen sehr ähnlich. Im Vergleich zu den reinen Übergangsmetallen (s. Abb. 2.2 und 2.5) ist die Aufspaltung des zweiten Peaks der Streufunktion in Abbildung 2.7a nicht so deutlich ausgeprägt.

Infolge der sehr unterschiedlichen Gewichtsfaktoren erhält man aus den Daten der RÖNTGEN-Streuung vorwiegend Informationen über die räumliche Anordnung der Metallatome. Das ist für magnetische Probleme günstig. Andererseits spielen die Glasbildneratome eine wichtige Rolle bei der thermischen Stabilisierung des amorphen Zustands. Deshalb und auch für ein vollständigeres Verständnis der Struktur ist eine Information über die Lage der Metalloidatome wünschenswert. DIXMIER u. a. [43] führten an amorphen Proben aus $Co_{78}P_{22}$ Streuexperimente mit nichtpolarisierten Neutronen durch.

In diesem Fall lauten die Gewichtsfaktoren $W_{Co-Co}(0) = 0{,}40$, $W_{Co-P}(0) = 0{,}46$ und $W_{P-P}(0) = 0{,}13$, während die entsprechenden Werte für RÖNTGEN-Streuung 0,75, 0,23 und 0,02 waren (vgl. Tab. 2.2). Offensichtlich gehen daher bei der Neutronenstreuung die Co–P-Paare mit einem größeren Gewicht zum Beispiel in die totale reduzierte Verteilungsfunktion ein (s. Abb. 2.8). Die Verschiebung des ersten Peaks der reduzierten Verteilungsfunktion zu kleineren Abständen r, die man bei der Neutronenstreuung im Unterschied zur RÖNTGEN-Streuung findet, muß daher so interpretiert werden, daß die Co–P-Paare enger beieinanderliegen als die Co–Co-Paare (s. auch [38]).

Mit drei unabhängigen Streuexperimenten kann man alle drei partiellen Streufunktionen $\mathcal{J}_{Co-Co}(K)$, $\mathcal{J}_{Co-P}(K)$ und $\mathcal{J}_{P-P}(K)$ bestimmen, wenn die Gewichtsfaktoren nicht zu ungünstig liegen. BLÉTRY und SADOC [44] erhielten für amorphes $Co_{83,4}P_{16,6}$ mittels polarisierter Neutronen die in Abbildung 2.9 angegebenen Kurven. WASEDA und TAMAKI [45] bestimmten für amorphes Ni–P mit 16,9 bis 26,9 At.-% P die partiellen Streufunktionen, indem sie RÖNTGEN-Streuexperimente mit drei verschiedenen Wellenlängen (Mo K_α, Co K_α und Cu K_α) durchführten. Die letzten beiden charakteristischen RÖNTGEN-Wellenlängen liegen nahe an der K-Absorptionskante von Ni. Der Atomformfaktor für Ni wird durch Dispersionskorrekturen modifiziert, wodurch für die drei Wellenlängen etwas verschiedene Gewichtsfaktoren W_{ij}

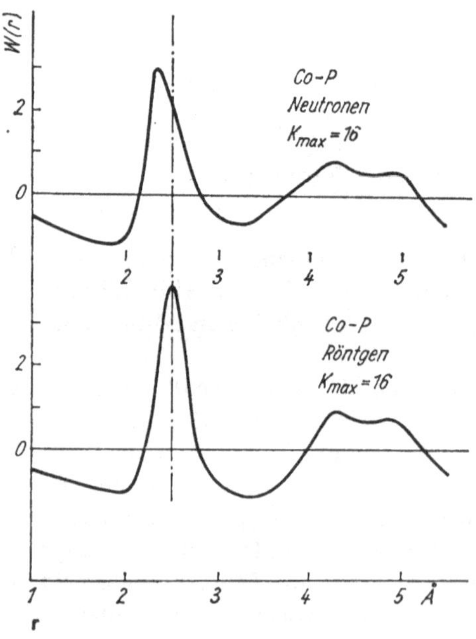

Abb. 2.8. Totale reduzierte radiale Verteilungsfunktionen für amorphes Co–P, die mit Neutronen- und RÖNTGEN-Streuung erhalten wurden. Aus der Verschiebung des ersten Peaks folgt, daß die Co–P-Paare enger zusammenliegen als die Co–Co-Paare (nach DIXMIER u. a. [43], vgl. auch [38])

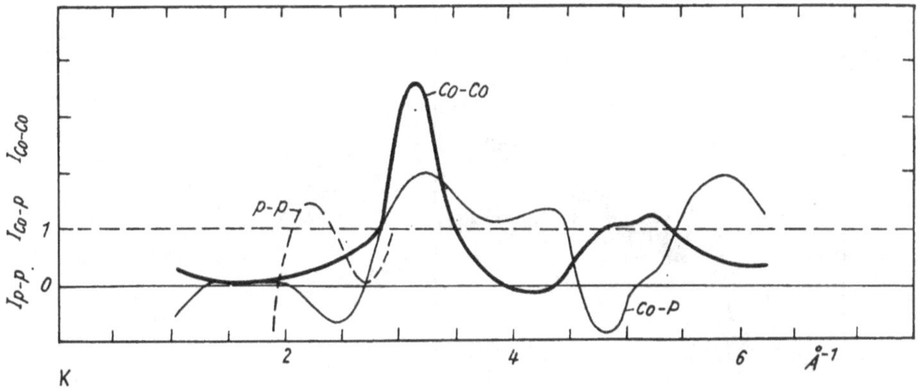

Abb. 2.9. Partielle Interferenzfunktionen $\mathcal{J}_{ij}(K)$ für amorphes $Co_{83,4}$ $P_{16,6}$, die mittels Streuung von polarisierten Neutronen erhalten wurden (nach Bétry und Sadoc [44], vgl. auch [38])

entstehen. Durch diese kleinen Differenzen hat man drei unabhängige Streudaten zur Verfügung und kann die partiellen Streukurven in Abbildung 2.10 erhalten, vgl. auch [38].

Die Übereinstimmung der partiellen Streufunktionen in den Abbildungen 2.9 und 2.10 ist erstaunlich gut. $\mathcal{J}_{Ni-Ni}(K)$ in Abbildung 2.10 hat einen Verlauf, der den Streufunktionen für reine Übergangsmetalle in Abbildung 2.2 überraschend nahekommt. Weniger befriedigend ist die Übereinstimmung für $\mathcal{J}_{Co-Co}(K)$ in den Abbildungen 2.9 und 2.2. Das erreichte K_{max} ist noch relativ klein, so daß zuverlässige Rückschlüsse auf die partiellen Verteilungsfunktionen zur Zeit kaum möglich sind (vgl. Abb. 2.1). Fortschritte in der eingeschlagenen Richtung sind in der nächsten Zeit sicherlich zu erwarten.

In der Übersichtsarbeit von Cargill [37] kann man für spezielle Legierungen weitere Angaben über die Abhängigkeit der totalen reduzierten Streufunktion und der totalen reduzierten Verteilungsfunktion von der Metalloidkonzentration finden. Darüber hinaus ist in [37] die Darstellung einer Reihe von Strukturdaten über amorphe Legierungen, die aus zwei verschiedenen Metallen und einem Glasbildner bestehen, wie Ni–Pd–P, Ni–Pt–P, enthalten und ebenso über amorphe Legierungen, ohne Übergangsmetallatome. Weiterhin findet man dort zahlreiche Angaben über die Lage der Peaks der radialen Verteilungsfunktionen.

Bis jetzt haben wir stillschweigend angenommen, daß die Struktur der amorphen Systeme isotrop ist, woraus $\mathcal{J}(\boldsymbol{K}) \to \mathcal{J}(K)$ und $\varrho(\boldsymbol{r}) \to \varrho(r)$ folgte. In Wirklichkeit besitzen die meisten amorphen metallischen Schichten überraschenderweise eine nicht unerhebliche makroskopische Anisotropie, die

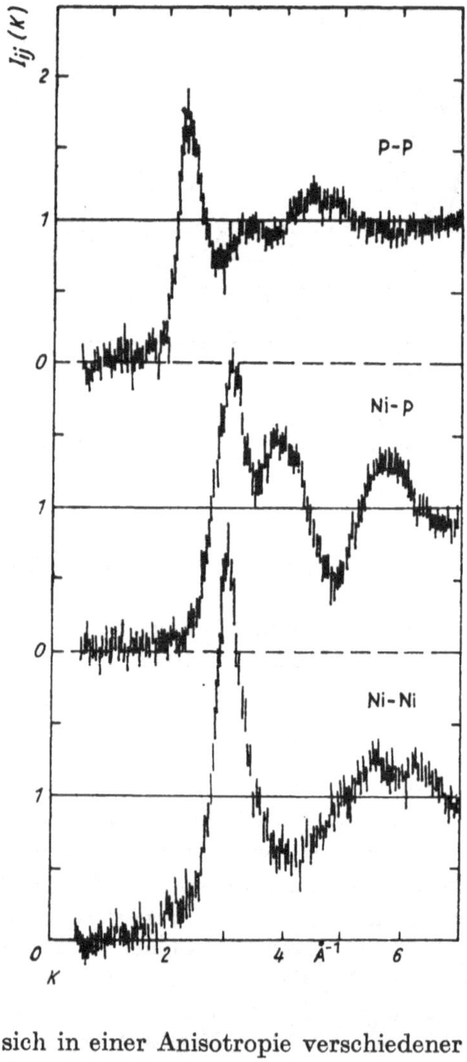

Abb. 2.10. Partielle Interferenzfunktionen $\mathcal{I}_{ij}(K)$ für amorphes Ni–P mit 16,9 bis 26,9 At.-% P, die durch RÖNTGEN-Streuung mit drei verschiedenen Wellenlängen über die Dispersionskorrektur der Atomformfaktoren erhalten wurden (nach WASEDA und TAMAKI [45], vgl. auch [38])

sich in einer Anisotropie verschiedener physikalischer Größen, besonders in der magnetischen Anisotropie (s. 3.5. und 4.4.), äußert. Wir gehen auf diesen interessanten Sachverhalt, der bis heute noch nicht vollkommen geklärt ist, in den folgenden Abschnitten näher ein. Hier wollen wir diesbezüglich noch einige experimentelle Resultate von CHI und CARGILL [38, 46] erwähnen. Sie fanden, daß die Streuintensität der RÖNTGEN-Kleinwinkelstreuung an einer amorphen Co–P-Schicht, die mittels elektrolytischer Abscheidung (s. 1.3.) angefertigt wurde, stark von dem Winkel zwischen einfallendem RÖNTGEN-

Strahl und der Schichtebene abhängt. Die Streudaten zeigten, daß anisotrope Konzentrationsinhomogenitäten in der Schichtebene mit einer charakteristischen Länge von 100 bis 300 Å und senkrecht zur Schichtebene mit einer charakteristischen Länge von $\gtrsim$ 2000 Å vorhanden sind. Diese Inhomogenitäten nehmen ab, wenn die Probe bei 200 °C getempert wird (s. a. 3.5.).
In [38, 46] wird dies durch einsetzende Diffusionsprozesse über wenige mittlere Atomabstände erklärt. Verschiedene Mikrophasen sind dabei nicht nachweisbar.

Waseda und Masumoto [47] stellten beim Tempern von amorphem $Fe_{80}P_{13}C_7$ bei 300 °C (500 bis 1300 Minuten) eine nachweisbare Änderung der atomaren Struktur fest, noch bevor die Kristallisation einsetzte. Sie äußert sich in einem Anwachsen der ersten beiden Peaks der Streufunktion. Da insbesondere der erste Peak in $\mathcal{I}(K)$ von einer weitreichenden quasiperiodischen Struktur herrührt (s. u.), bedeutet sein Anwachsen vermutlich eine bessere Ausprägung der „quasiperiodischen Kettenschichtstruktur", die bei einigen Strukturmodellen (s. u.) gefunden wurde.

Auch mechanische Deformationen, z. B. durch kaltes Walzen, führen zu nachweisbaren Strukturänderungen, die sich in einer Änderung des ersten Peaks der Streuintensität äußern (s. z. B. [38]), d. h., sie beeinflussen ebenfalls die weitreichende quasiperiodische Struktur.

Die Untersuchung der Anisotropie und der weitreichenden quasiperiodischen Struktur amorpher Metalle sowie der Einfluß von Temper- und Walzprozessen auf diese steht erst am Anfang. Der gezielten Strukturveränderung durch Tempern und mechanische Deformation kommt eine große praktische Bedeutung zu, da hierdurch in recht einfacher Weise die physikalischen Eigenschaften der Proben variiert werden können.

2.2.3. Amorphe ferrimagnetische Legierungen aus Übergangsmetallen und seltenen Erden (ÜM–SE)

Amorphe ÜM–SE-Legierungen werden vorwiegend durch Kathodenzerstäubung (s. 1.4.) und durch Aufdampfen auf ein gekühltes Substrat (s. 1.1.) hergestellt. In den meisten Fällen handelt es sich dabei um sogenannte amorphe Ferrimagnete, bei denen die atomaren Momente des Übergangsmetalles und der seltenen Erde überwiegend antiparallel orientiert sind (s. 4.1.). Der amorphe Zustand ist bei diesen Legierungen bis zu einigen 100 °C thermisch stabil.

Strukturuntersuchungen wurden an einigen dieser Legierungen mittels Röntgen- und Neutronenstreuung durchgeführt. Letztere Messungen sind möglich geworden, weil man mit der Kathodenzerstäubung hinreichend große amorphe Proben anfertigen konnte. Zahlreiche amorphe SE–ÜM-Legierungen zeigen eine starke magnetische Anisotropie. Speziell an amorphem $Tb_{33}Fe_{67}$ hat man mittels Neutronenstreuung die räumliche Magnetisierungsverteilung („magnetische radiale Verteilungsfunktion") gemessen (vgl. Abb. 4.1.).

In Abbildung 2.11 ist die reduzierte Streufunktion $F(K)$ und die reduzierte radiale Verteilungsfunktion $G(r)$ für zwei gesputterte amorphe Legierungen, die von Cargill [37] mittels Röntgen-Streuung ($K_{max} \approx 17$ Å^{-1}) erhalten wurden, wiedergegeben. Die größere Strukturiertheit des ersten Peaks von $G(r)$ rührt daher, daß im Gegensatz zu den Übergangsmetall-Metalloid-Legierungen alle drei Gewichtsfunktionen W_{ij} von gleicher Größenordnung sind (s. Tab. 2.3) und daher die unterschiedlichen Abstände der Gd–Gd-, Gd–Fe- bzw. Gd–Co- und Fe–Fe bzw. Co–Co-Paare merkliche Beiträge liefern. Durch Anpassung des ersten Peaks der radialen Verteilungsfunktion mit Hilfe von drei Gauss-Funktionen für die drei verschiedenen Paare ermittelte Cargill [37] die in Tab. 2.4 angeführten Paarabstände. Die zum Vergleich angegebenen Werte für die kristallinen Konfigurationen mit nahezu gleicher Zusammensetzung weichen zum Teil erheblich von diesen Werten ab. Daraus ergibt sich, daß die Nahordnung im amorphen und kristallinen Zustand deutlich voneinander verschieden ist.

Rhyne u. a. [48] bestimmten mittels Neutronenstreuung die reduzierte radiale Verteilungsfunktion für gesputtertes amorphes $Tb_{33}Fe_{67}$ (s. Abb. 4.1a).

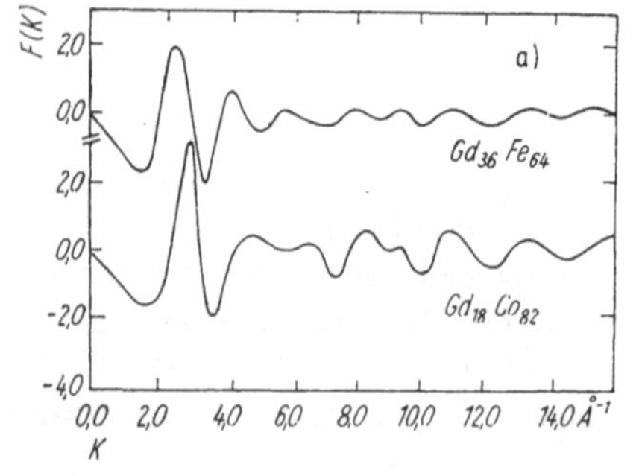

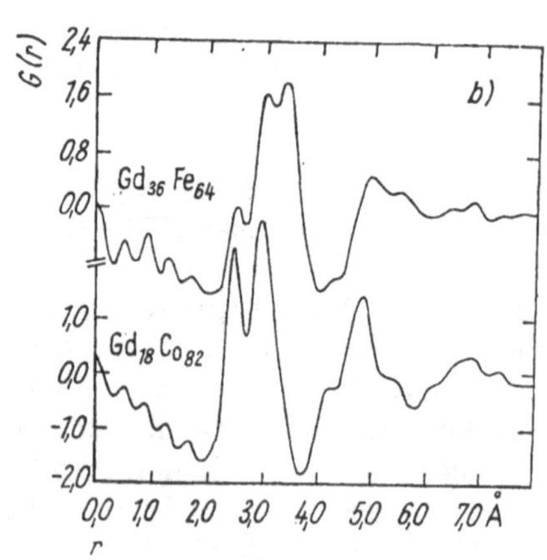

Abb. 2.11. a) Reduzierte Interferenzfunktion $F(K)$ und b) reduzierte radiale Verteilungsfunktion $G(r)$ für amorphes gesputtertes $Gd_{36}Fe_{64}$ und $Gd_{18}Co_{82}$ nach Cargill [37]

Tabelle 2.3.

Gewichtsfaktoren $W_{ij}(0)$ für einige gesputterte Legierungen aus seltenen Erden und Übergangsmetallen nach CARGILL [37]

Legierung	W_{SE-SE}	$2\,W_{SE-ÜM}$	$W_{ÜM-ÜM}$	
$Gd_{36}Fe_{64}$	0,33	0,49	0,18	für RÖNTGEN-Streuung
$Gd_{18}Co_{82}$	0,11	0,45	0,44	für RÖNTGEN-Streuung
$Tb_{33}Fe_{67}$	0,079	0,41	0,52	für Neutronenstreuung

Tabelle 2.4.

Paarabstände in einigen amorphen und kristallinen SE–ÜM-Legierungen nach CARGILL [37]

$Gd_{36}Fe_{64}$	(amorph)	$GdFe_2$ (kristallin)
Paare	Abstand in Å	Abstand in Å
Gd–Gd	3,47	3,20
Gd–Fe	3,04	3,06
Fe–Fe	2,54	2,61
$Gd_{18}Co_{82}$	(amorph)	$GdCo_5$ (kristallin)
Gd–Gd	≈ 3,4	–
Gd–Co	2,97	2,87
		3,18
Co–Co	2,47	2,45
		2,49
$Tb_{33}Fe_{67}$[1])	(amorph)	$TbFe_2$ (kristallin)
Tb–Tb	≈ 3,5	3,18
Tb–Fe	≈ 2,9	3,05
Fe–Fe	≈ 2,6	2,60

[1]) Die Werte wurden von RHYNE u. a. [48] mittels Neutronenstreuung bestimmt.

Aus der Differenz der Streufunktionen bei 4 K (maximale magnetische Ordnung) und bei 433 K (oberhalb der CURIE-Temperatur, d. h. ohne magnetische Ordnung) berechneten sie die magnetische radiale Verteilungsfunktion oder Spinkorrelationsfunktion (s. Abb. 4.1b). Dieses Experiment zeigt in klarer Weise, daß es sich hier um einen amorphen Ferrimagneten handelt. NANDRA und GRUNDY [49] veröffentlichten experimentelle Ergebnisse über totale Streuintensitäten und totale reduzierte radiale Verteilungsfunktionen $G(r)$, die an aufgedampften amorphen Gd–Co- und Ho–Co-Legierungen mittels Elektronenbeugung gewonnen wurden. Ein Vergleich mit den entsprechenden Größen für gesputterte Legierungen aus Elektronen- und Röntgen-Streudaten liefert eine nur unbefriedigende Übereinstimmung.

Wie bereits erwähnt, tritt auch bei zahlreichen amorphen ÜM–SE-Legierungen eine makroskopische einachsige magnetische Anisotropie senkrecht zur Schichtebene auf, die bei einigen Legierungen (z. B. Co–Gd, Co–Fe) überraschend große Werte annehmen kann. Die Ursachen für diese Anisotropie, die in der chemischen und geometrischen Struktur gesucht werden müssen, sind noch weitgehend ungeklärt. Cronemeyer [50] vermutet, daß ein geringer Überschuß an ÜM–ÜM-Paaren in der Schichtebene (1% würde bereits ausreichen) die Ursache für die starke magnetische Anisotropie ist. Leider liegt die Nachweisgrenze für einen Unterschied der Zahl der ÜM–ÜM-Paare in der Schichtebene und senkrecht zu ihr mittels Streuexperimenten bei einigen Prozent. Aus diesem Grunde konnte die Vermutung von Cronemeyer bis jetzt noch nicht explizit bestätigt werden. Weitere Ausführungen über die Anisotropie amorpher Metalle folgen im nächsten Kapitel und in den Kapiteln 3.5. und 4.4. über die magnetische Anisotropie.

2.3. Strukturmodelle

In diesem Kapitel werden die wichtigsten Modelle kurz dargestellt, die gegenwärtig zur Beschreibung der Struktur amorpher Metalle verwendet werden. Dabei gehen wir besonders auf die Konzeptionen ein, die den in der Literatur am häufigsten benutzten Modellen zugrunde liegen und versuchen, ihre Brauchbarkeit zur Deutung der experimentell gewonnenen Strukturinformationen einzuschätzen.

Wie bereits erläutert wurde, ist es gegenwärtig nicht möglich, die Struktur amorpher Metalle auf der Grundlage von „first principles“ zu berechnen. Man ist daher gezwungen, ad hoc oder durch physikalisch plausible Argumente begründbare einfache Postulate oder Rechenvorschriften einzuführen, die eine Strukturberechnung ermöglichen. Durch Vergleich mit den experimentellen Strukturdaten — vorwiegend mit den reduzierten Interferenzfunktionen, Paarverteilungsfunktionen und daraus abgeleiteten Größen — kann man dann Rückschlüsse auf die Güte des Strukturmodells ziehen. Hat man nach einem bestimmten Algorithmus einen endlichen amorphen Cluster erhalten, so bestimmt man z. B. nach Gleichung (2.4) die Paarverteilungsfunktion. Dabei schreibt man jedem Atom eine bestimmte Dichteverteilung zu, um von einer Summe von δ-Funktionen entweder zu einem Histogramm (bei konstanter Dichte in einem kleinen Bereich um $\boldsymbol{r}_l$, $\boldsymbol{r}_m$) oder zu einer glatten Funktion (z. B. bei einer GAUSS-förmigen Dichteverteilung um $\boldsymbol{r}_l$, $\boldsymbol{r}_m$) zu gelangen.

2.3.1. Mikrokristallite-Modell

CARGILL (s. z. B. [37]) versuchte, die gemessenen Interferenzfunktionen für eine Reihe von amorphen metallischen Legierungen mit Hilfe des sogenannten Mikrokristallite-Modells zu interpretieren. Bei diesem Modell wird angenommen, daß die meisten Atome in sehr kleinen wohldefinierten Kristallen (Mikrokristallen) angeordnet sind, die unterschiedliche Orientierungen haben. Zwischen den Mikrokristallen wird eine kontinuierliche flüssigkeitsähnliche stochastische Packung postuliert. Die Ergebnisse für die Interferenzfunktionen auf der Grundlage dieses Modells sind mit den experimentellen Kurven grundsätzlich nicht in Einklang zu bringen. Das Mikrokristallite-Modell ist daher zur Beschreibung amorpher Metalle zu verwerfen [37], oder positiv formuliert: Aus den experimentellen Interferenzfunktionen folgt die Abwesenheit von Mikrokristallen in amorphen Metallen.

2.3.2. Bennett-Modell

Alle Modelle, die heute erfolgreich zur Strukturbeschreibung amorpher Metalle verwendet werden, basieren auf dem Gedanken der dichten stochastischen (Kugel-) Packung (DSP). Die Grundidee der DSP kann man am einfachsten anhand des BENNETT-Modells [51] verstehen. Zu einem kleinen Anfangscluster aus 3 Atomen wird ein weiteres Atom so hinzugefügt, daß es einen dreifachen Kontakt mit den bereits vorhandenen Atomen findet. Jedes weitere Atom wird an die Stelle der jeweiligen Oberfläche gesetzt, die ebenfalls einen dreifachen Kontakt ermöglicht und dem augenblicklichen Schwerpunkt des bereits vorhandenen Clusters am nächsten liegt (globales Kriterium). BENNETT hat so mit Hilfe eines Rechners einen amorphen Cluster aus 3999 Atomen aufgebaut. Die Atome wurden dabei wie auch bei anderen DSP-Modellen als starre Kugeln betrachtet, deren Durchmesser gleich dem GOLDSCHMIDT-Durchmesser der betreffenden Metallatome ist.

ADAMS und MATHESON [52] benutzten den gleichen Algorithmus, starteten aber mit einem stochastischen Cluster aus 10 Atomen und erhielten einen amorphen Cluster aus 5402 starren Kugeln. Die berechneten Paarverteilungsfunktionen stimmen gut überein (s. Abb. 2.12). Der Endcluster hatte in

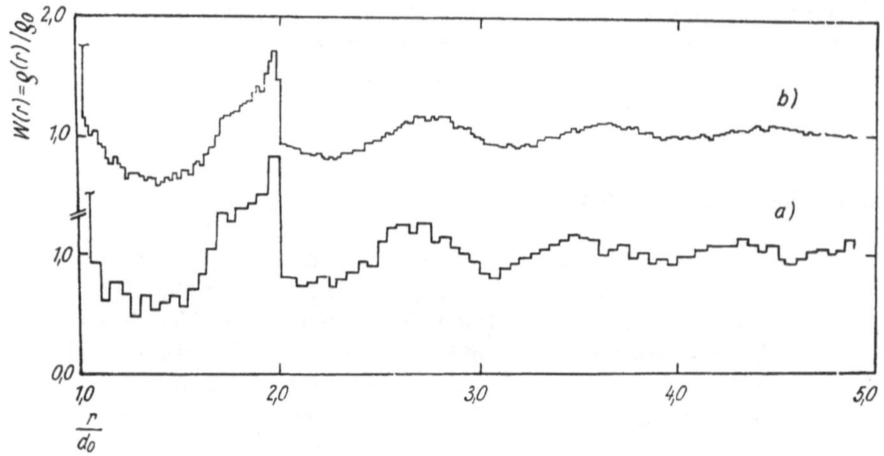

Abb. 2.12. Paarverteilungsfunktion $W(r) = \varrho(r)/\varrho_0$ einer DSP-Struktur aus einheitlichen starren Kugeln mit dem Durchmesser d_0 a) nach BENNETT [51], b) nach ADAMS und MATHESON [52] (entnommen aus [37])

beiden Fällen nahezu Kugelgestalt. Die Packungsdichte (Kugelvolumen/eingenommenes Volumen) nimmt vom Clusterzentrum nach außen wie R^{-1} (R ist der Clusterradius) ab und strebt dem Grenzwert 0,61 für $R \to \infty$ zu. Die mittlere Packungsdichte für die berechneten endlichen Cluster beträgt 0,62 bis 0,63.

2.3.3. Sadoc-Modell

SADOC u. a. [53] modifizierten den BENNETT-Algorithmus, indem sie auf der Oberfläche den Platz für das jeweilige zusätzliche Teilchen wählten, der an Kugeln mit der geringsten Zahl von nächsten Nachbarn angrenzt (lokales Kriterium).

2.3.4. Ichikawa-Modell

ICHIKAWA [54] läßt im Unterschied zu BENNETT nur diejenigen Plätze an der Oberfläche zur Auswahl zu, bei denen die 3 Kugeln enger zusammenliegen als kd_0 (d_0 = Kugeldurchmesser, k = 1,06 bis 2). Für k = 1 würden sich ideale Tetraeder ergeben. Je näher k bei 1 liegt, desto ausgeprägter wird die Tetraedernahordnung. Das zusätzliche Teilchen wird dort hinzugefügt, wo es den geringsten Abstand zum augenblicklichen Schwerpunkt des Clusters hat. Für $k = 2$ erhält Ichikawa [54] erwartungsgemäß gute Übereinstimmung mit den Ergebnissen von Bennett.

Auf diese Weise wird eine bessere Anpassung an die experimentellen Kurven für die radiale Verteilungsfunktion erzielt. Insbesondere ist im Unterschied zu Bennett der erste Subpeak des aufgespaltenen zweiten Peaks höher als der zweite Subpeak. Leider sind aber die zu geringen Packungsdichten ein ernster Mangel dieses Modells.

2.3.5. Bernal-Finney-Modelle

Das erste DSP-Modell wurde von Bernal [55] bereits 1959 aus Speichen und Kugeln gebastelt, wobei die Längen der Speichen einer Verteilung genügten, die der Längenverteilung der radialen Verteilungsfunktion für flüssiges Argon entsprachen. Bernal, Mason und vor allem Finney [56] (vgl. auch [57]) bauten weitere Modelle (Finney I). Finney [57] entwickelte in der Folgezeit einen Computeralgorithmus, der sich vom Bennett-Algorithmus unterscheidet. Er simulierte die Kompression eines Hartkugelgases unter freien Randbedingungen, indem er N Punkte innerhalb einer Kugel stochastisch festlegte. Jeder Punkt wird als Zentrum einer Kugel mit dem Radius r_1 betrachtet. Überlappen sich zwei Kugeln, so werden sie in Richtung der Verbindungslinie der beiden Mittelpunkte symmetrisch zu deren Zentrum so weit verschoben, bis sie sich gerade berühren unabhängig davon, ob dabei neue Überlappungen entstehen oder nicht. Diese Prozedur wird so lange wiederholt, bis alle Überlappungen der Kugeln aufgehoben sind. Dann wird der Radius r_1 um einen kleinen Betrag auf r_2 vergrößert und die obige Prozedur wiederholt. Insgesamt ergibt sich eine kollektive Umordnung der Atome. Die notwendige Rechenzeit und die endgültige Packungsdichte hängen von der Differenz $r_2 - r_1$ ab. Für einen Cluster aus 500 Kugeln erreichte Finney [57] eine Packungsdichte zwischen 0,65 und 0,66 (Finney II). Für einen unendlich großen Cluster liegt die erreichbare Packungsdichte bei 0,6366. Sie ist auf jeden Fall höher als beim Bennett-Modell.

2.3.6. Relaxationsmodell

Von Heimendahl [58] gelang eine deutliche Verbesserung der Strukturbeschreibung, indem er — ausgehend von einem Bennett-Cluster — eine weitere „Relaxation“ der Atome zuließ. Zu diesem Zweck betrachtete er die Atome nicht mehr als starre Kugeln, sondern beschrieb die Wechselwirkung

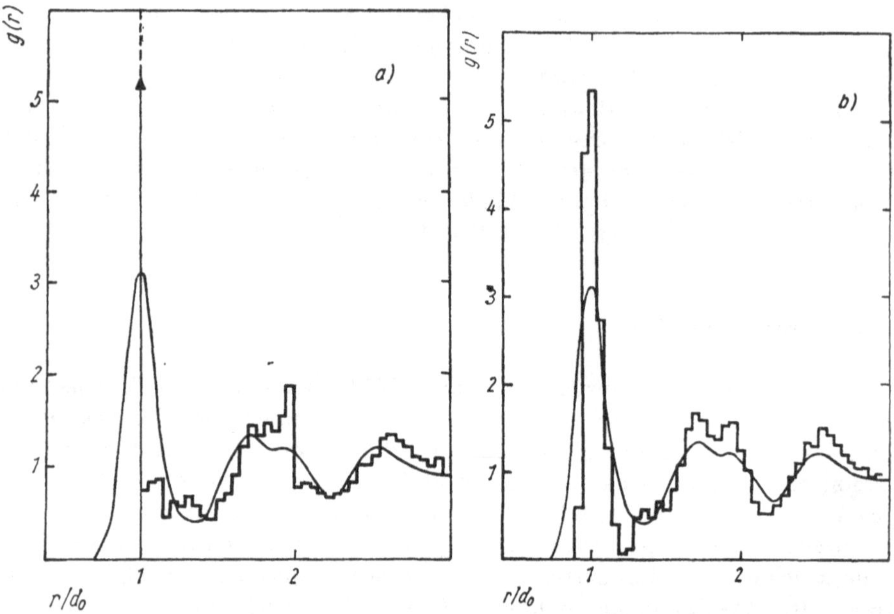

Abb. 2.13. Radiale Verteilungsfunktion $g(r)$ für a) 888 Atome aus dem Inneren eines BENNETT-Clusters von 3999 Atomen (Histogramm) und für einen bei 4 K aufgedampften amorphen Co-Film (ausgezogene Kurve nach [40], vgl. [58]); b) das relaxierte BENNETT-Modell aus 888 Atomen (Histogramm) verglichen mit der für Co wie in a) (nach VON HEIMENDAHL [58])

zwischen ihnen durch ein abstandsabhängiges Potential, z. B. durch das bekannte LENNARD-JONES-Potential. Es zeigte sich, daß die BENNETT-Struktur keinem Energieminimum entsprach. VON HEIMENDAHL verschob jedes Atom in „sein“ Energieminimum, das durch die Lage der restlichen Atome in einem BENNETT-Cluster bestimmt wird. Auch hier ergibt sich insgesamt eine kollektive Umordnung der Atome. Die Ergebnisse zeigen eine wesentlich bessere Anpassung der theoretischen Kurve für die radiale Verteilungsfunktion an die experimentellen Kurven (s. Abb. 2.13). Insbesondere ist der erste Subpeak des zweiten aufgespaltenen Peaks höher als der zweite Subpeak, d. h., es folgt eine ähnliche Verbesserung wie innerhalb des Modells von ICHIKAWA.

Auch für die Simulation von zweikomponentigen Legierungen, in [58] wurde speziell $Ni_{76}P_{24}$ betrachtet, folgt nach Relaxation eine deutlich bessere Übereinstimmung mit den experimentellen Kurven.

2.3.7. Strukturanisotropie

Lange Zeit war man davon überzeugt, daß die Struktur amorpher ferromagnetischer Metalle vollkommen isotrop sei. Die Entdeckung einer zum Teil sehr großen makroskopischen magnetischen Anisotropie (s. 3.5. und 4.4.) erzwang jedoch eine Überprüfung dieses Standpunktes und führte zu Versuchen, die Entstehung einer makroskopischen Strukturanisotropie in amorphen Metallen zu erklären.

Zunächst kann man ganz allgemein feststellen, daß während der Herstellung von amorphen Schichten durch das im allgemeinen ebene Substrat bei allen Herstellungsverfahren (s. 1.1. bis 1.4.) eine makroskopische Anisotropie aufgeprägt werden kann. Hinzu kommen das Schwerefeld und beim Aufdampfen die Auftreffgeschwindigkeit, beim Sputtern und bei der elektrolytischen Abscheidung elektrische Felder und beim Abschrecken aus der Schmelze starke Temperaturgradienten. Ganz offensichtlich zerstören diese Einflußfaktoren bereits bei der Herstellung der amorphen Proben die Isotropie und können zu einer makroskopischen Anisotropie führen.

Es gibt zwei originelle Computerexperimente, die eine amorphe Struktur mit makroskopischer Strukturanisotropie liefern:

1. Henderson, Brodsky und Chaudhari [59] simulierten mit einem Computer den Aufdampfprozeß auf ein stark gekühltes Substrat: Starre Kugeln mit endlichem Durchmesser fallen unter einem festen Winkel auf das Substrat, auf dem sich bereits eine stochastische einatomige Schicht befindet, so daß kein zusätzliches Atom das Substrat direkt berühren kann. Der Auftreffpunkt jedes zusätzlichen Atoms ist zufällig. Es geht in die nächstliegende stabile Lage über, in der es drei Berührungspunkte seitens der bereits vorhandenen Atome vorfindet. Dieser Prozeß simuliert in einfacher Weise die Energieabgabe. Durch Selbstabschattung (self-shadowing) entstehen kleine Löcher, und die resultierende amorphe Struktur besitzt eine Gesamtanisotropie, deren Richtung von dem Einfallswinkel der „aufgedampften" Atome abhängt. Ein Schnitt durch eine so erhaltene Schicht läßt gut eine „säulenförmige" Struktur und die durch Selbstabschattung verursachten Löcher erkennen (s. Abb. 2.14).

2. Alben, Cargill und Wenzel [60] zeigten in einer sehr interessanten Arbeit, daß in der Bennett-Struktur (2.3.2.) und in der Finney-I-Struktur [56] (2.3.5.) Anisotropien auftreten.

In Abbildung 2.15 ist die über alle Richtungen des Wellenzahlvektors $\boldsymbol{K}$ gemittelte Interferenzfunktion $\overline{\mathcal{J}}(|K|)$ für den zentralen Bereich der Bennett- bzw. Finney-I-Struktur wiedergegeben. Auffällig ist der erste große Peak bei $K = 7{,}7\, d_0^{-1}$ (d_0 = Durchmesser der starren Kugeln). Die starken

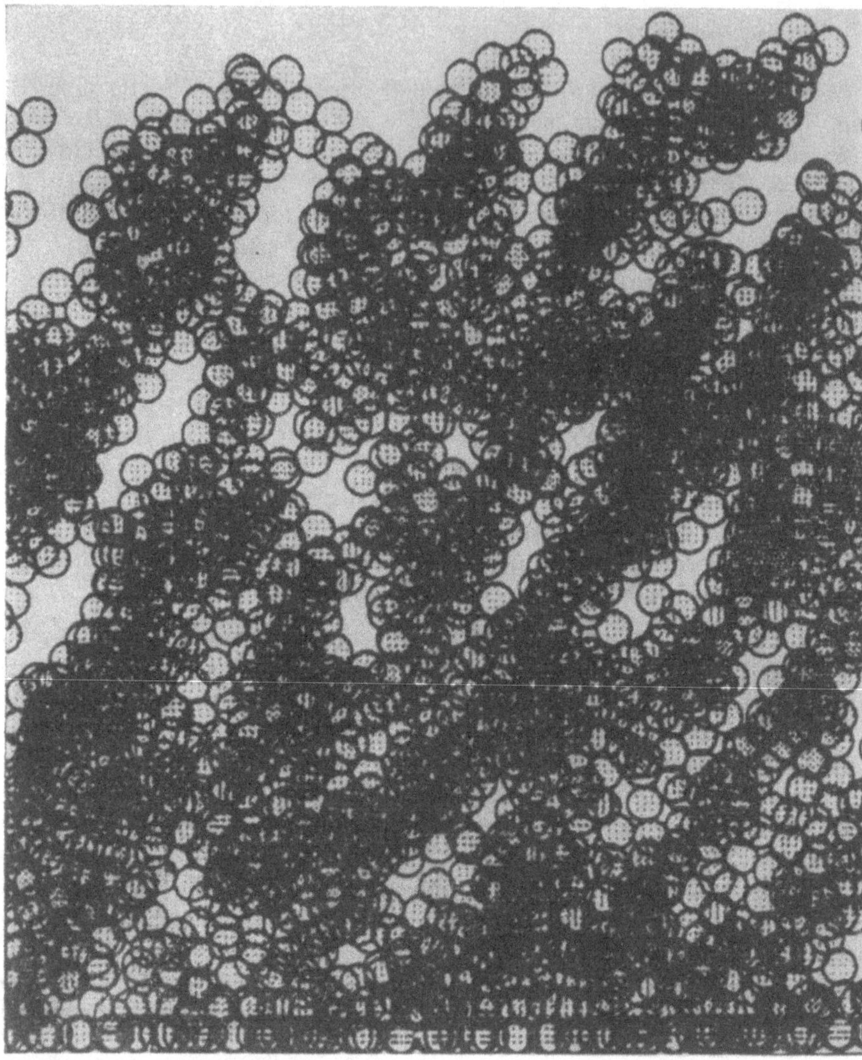

Abb. 2.14. Schnitt durch eine Schicht, bei der die „aufgedampften“ Atome unter dem Winkel $\Theta = 45°$ zur Schichtebene (unterer Bildrand) auftrafen (nach [59])

Oszillationen bei sehr kleinen K-Werten rühren von der Endlichkeit des betrachteten Zentralclusters aus 890 bzw. 996 Atomen her.

Ein hoher Peak bei kleinen K-Werten kann nur von einer über größere Raumbereiche quasiperiodischen Struktur herrühren. Eine Untersuchung von $\mathcal{J}(\boldsymbol{K})$ in Abhängigkeit von der $\boldsymbol{K}$-Richtung speziell für $K = 7{,}7\, d_0^{-1}$

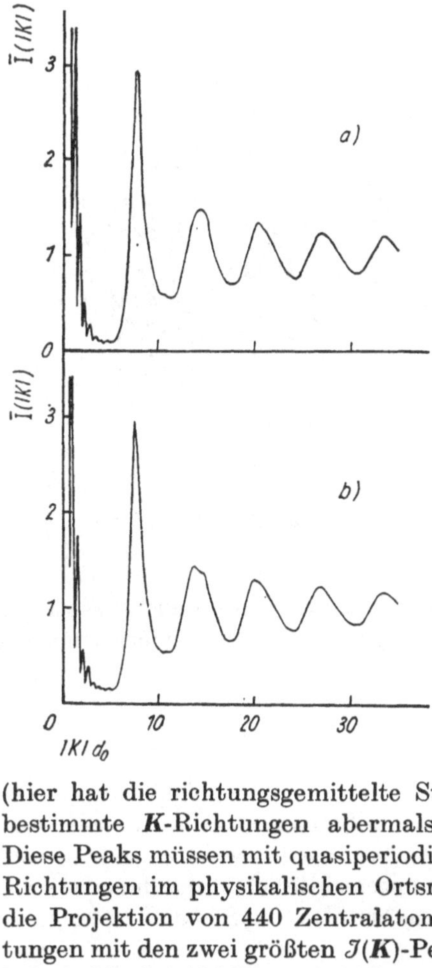

Abb. 2.15. Über alle $\boldsymbol{K}$-Richtungen gemittelte Streuintensität $\overline{\mathcal{I}}(|K|)$ nach [60]: a) für 890 Zentralatome der BENNETT-Struktur aus insgesamt 3999 Atomen [51]; b) für 996 Zentralatome der FINNEY-I-Struktur aus insgesamt 7934 Atomen [56]. d_0 ist der Durchmesser der starren Kugeln

(hier hat die richtungsgemittelte Streuintensität ihr Maximum) ergab für bestimmte $\boldsymbol{K}$-Richtungen abermals einige ausgeprägte Peaks für $\mathcal{I}(\boldsymbol{K})$. Diese Peaks müssen mit quasiperiodischen Strukturen in den entsprechenden Richtungen im physikalischen Ortsraum zusammenhängen. Abb. 2.16 zeigt die Projektion von 440 Zentralatomen auf die Ebene, welche die $\boldsymbol{K}$-Richtungen mit den zwei größten $\mathcal{I}(\boldsymbol{K})$-Peaks (für $K = 7{,}7\ d_0^{-1}$) enthält. Tatsächlich sind in der Abbildung jeweils zwei quasiperiodische Schichtstrukturen zu erkennen, von denen je drei aufeinanderfolgende durch Striche markiert sind.

Es ist somit zu sehen, daß auch die DSP-Strukturmodelle quasiperiodische Strukturen (Kettenschichtstrukturen) aufweisen, die eine große Kohärenzlänge besitzen. Sofern diese Modelle reale amorphe Metalle richtig beschreiben, könnten diese quasiperiodischen Strukturen die Ursache für eine resultierende makroskopische Anisotropie sein.

So überraschend originell die beiden kurz diskutierten Erklärungsversuche für die Entstehung einer makroskopischen Anisotropie in amorphen Strukturen auch sind, muß man doch einschätzen, daß dieses Phänomen noch

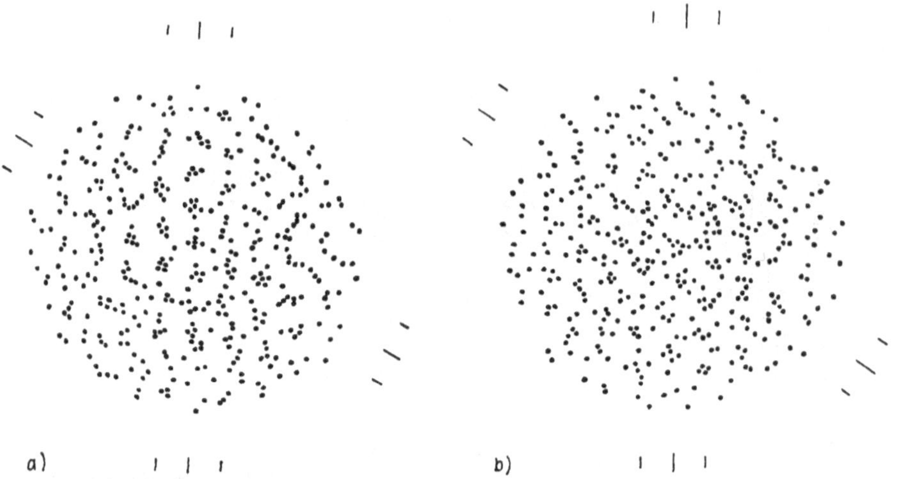

Abb. 2.16. Quasiperiodische Schichtstruktur a) für das BENNETT-Modell; b) für das FINNEY-I-Modell (s. Text, nach [60])

weitgehend ungeklärt ist. Sie zeigen aber, daß makroskopische Anisotropie und amorphe Struktur sich nicht gegenseitig ausschließen, sondern durchaus miteinander verträglich sind.

2.3.8. Amorphe Legierungen

Grundsätzlich können alle oben betrachteten Strukturmodelle zur Beschreibung amorpher metallischer Legierungen verwendet werden, indem zwei oder mehr verschiedene Atome (Kugeln unterschiedlicher Durchmesser) mit entsprechenden Konzentrationen zum Aufbau des amorphen Clusters zugelassen werden.

BERNAL [61] fand, daß der von ihm konstruierte amorphe Cluster aus fünf verschiedenen nahezu idealen Polyedern (s. Abb. 2.17) zusammengesetzt werden kann. Er bestimmte auch die Häufigkeit, mit der jedes dieser Polyeder auftritt. POLK [62] bemerkte, daß die inneren Plätze in den Polyedern a) bis c), die nur in amorphen Strukturen vorhanden sind, 21% aller Plätze ausmachen. Er nimmt an, daß sich die im Vergleich zu den Metallatomen kleineren Metalloidatome auf diesen inneren Plätzen befinden und diese Polyeder zusätzlich stabilisieren. Diese Annahme erklärt in zwangloser Weise, warum amorphe Metall–Metalloid-Legierungen mit ca. 20 At.-% Metalloid-Atomen thermisch besonders stabil sind (vgl. 1.2.).

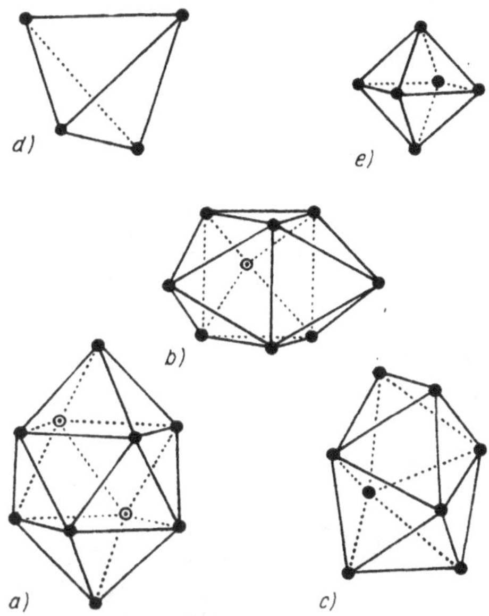

Abb. 2.17. Aus diesen fünf verschiedenen Polyedern kann eine amorphe BERNAL-Struktur aufgebaut werden. In kristallinen Strukturen treten nur die Polyeder d) (Tetraeder) und e) (Oktaeder) auf

SADOC u. a. [53] benutzten ihren Algorithmus (s. 2.3.3.) zur Berechnung der Interferenzfunktion und radialen Verteilungsfunktion, indem sie zwei Atomsorten mit einem Kugeldurchmesser von 2,5 bzw. 2,24 Å verwendeten, um die Struktur einer amorphen Metall–Metalloid-Legierung (Ni–P) zu simulieren (s. Abb. 2.18). Dabei schlossen sie aus, daß sich zwei Metalloidatome (mit den kleineren Durchmessern) berühren.

Die Berechnung der Struktur für eine amorphe $Pd_{80}Si_{20}$-Legierung bzw. amorphe ÜM–SE-Legierungen im Rahmen des ICHIKAWA-Modells kann man in [63, 64] finden.

Eine Anwendung des SADOC-Modells mit anschließender Relaxation für eine Reihe von ÜM-Metalloid-Legierungen wurde in [65] durchgeführt. Die Parameter des zur Relaxation benutzten LENNARD-JONES-Potentials wurden dabei an die kristallinen Parameter angepaßt, wodurch die Anzahl der offenen Parameter reduziert werden konnte.

2.4. Schlußbemerkungen

Wir haben eine Reihe Funktionen zur Strukturbeschreibung amorpher Metalle eingeführt. Die wichtigsten sind der Strukturfaktor (Interferenzfunktion) und die Paar- bzw. radiale Verteilungsfunktion.

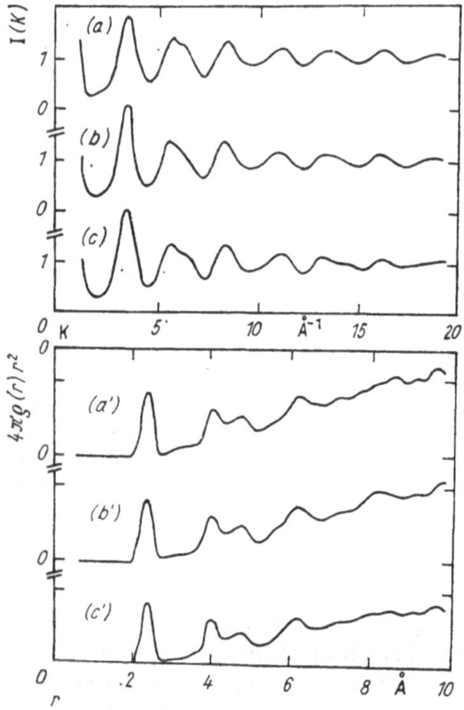

Abb. 2.18. Berechnete Interferenzfunktion $\mathcal{I}(K)$ (a – c) und radiale Verteilungsfunktion $4\pi\, r^2\, \varrho(r)$ (a'–c') für eine binäre DSP-Struktur mit 15 At.-% (a, a'), 20 At.-% (b, b') und 25 At.-% (c, c') der Metalloidatome für Ni–P (nach [53])

Die Streuexperimente mit RÖNTGEN-Strahlen, Elektronen und Neutronen liefern Aussagen über die strukturelle Nahordnung mit einer befriedigenden Genauigkeit. Die Abwesenheit kleiner kristalliner Bereiche konnte für amorphe Ferro- und Ferrimagnete überzeugend nachgewiesen werden. Die Nahordnung der amorphen Phase ähnelt einer aufgelockerten *fcc*-Struktur. Insbesondere liegt die mittlere Zahl der nächsten Nachbarn z zwischen 11 und 13. Über die partiellen radialen Verteilungsfunktionen in binären amorphen Legierungen liegen erste Ergebnisse vor.

Die Strukturaufklärung müßte noch verfeinert und erweitert werden, um weitere Hinweise auf die strukturellen Ursachen für die unterschiedlichen Werte der magnetischen Anisotropie, des elektrischen Widerstands und der mechanischen Eigenschaften (s. Teil 3) zu gewinnen. Die übliche Weitwinkelstreuung allein ist dafür offensichtlich unzureichend, da die totale radiale Verteilungsfunktion diese Unterschiede nicht wiedergibt. In diesem Zusammenhang ist die Bestimmung von partiellen radialen Verteilungsfunktionen wichtig. Auch MÖSSBAUER- und NMR-Experimente liefern wertvolle Informationen über die Nahordnung. Auf ihre Darstellung mußte jedoch hier weitgehend verzichtet werden.

Mit Hilfe des Modells der dichten stochastischen Packung (DSP) können viele Struktureigenschaften befriedigend beschrieben werden. Die wichtigsten grundsätzlichen Varianten der DSP-Modelle stellen das BENNETT- (2.3.2.) und das FINNEY-I-Modell (2.3.5.) dar. Eine wesentlich bessere Anpassung an die experimentellen Kurven erhält man durch nachträgliche Relaxation der BENNETT- oder FINNEY-I-Struktur nach VON HEIMENDAHL (2.3.6.). Beide Verbesserungen basieren auf physikalisch plausiblen Annahmen.

Die meisten Strukturmodelle einschließlich ihrer Verbesserungen werden auch bereits erfolgreich zur Strukturbeschreibung amorpher Metall–Metalloid- und amorpher SE–ÜM-Legierungen verwendet.

Trotz dieser bedeutenden Verbesserungen und Erweiterungen des Anwendungsbereiches der Strukturmodelle bleiben einige Probleme offen. Am schwerwiegendsten sind die bei fast allen Strukturmodellen (besonders beim ICHIKAWA-Modell) erhaltenen zu geringen Packungsdichten. Der wohl aussichtsreichste Ansatz, realistische Packungsdichten zu erzielen, stammt von FINNEY (II), bei dem ähnlich wie im Relaxationsmodell eine kollektive Umordnung der Atome zugelassen wird. Noch weitgehend ungeklärt sind die tatsächlichen Ursachen der makroskopischen Strukturanisotropie (2.3.7).

Viele physikalischen Eigenschaften werden nicht allein durch die strukturelle und chemische Nahordnung, sondern ebenso durch die semimikroskopische Struktur ($\approx$ 100 Å und darüber) mitbestimmt, über die man mittels Kleinwinkelstreuung und Elektronenmikroskopie Informationen erhalten kann.

Auch der indirekten Strukturaufklärung über strukturempfindliche Größen, wie die magnetische Anisotropie und den elektrischen Widerstand, kommt eine wachsende Bedeutung zu. Voraussetzung dafür ist jedoch die Kenntnis des (quantitativen) Zusammenhangs der Struktur mit diesen Größen. Hier liegt nach unserer Meinung ein Schwerpunkt der physikalischen Untersuchungen in der nächsten Zukunft.

3. Amorphe Ferromagnete (Experimente)

Träger des Ferromagnetismus amorpher Festkörper sind wie auch in Kristallen einige Übergangsmetalle (Co, Fe, Ni) mit nicht abgeschlossenen $3d$-Schalen.

Sind die Übergangsmetalle (ÜM) in normalen Metallen nur in sehr geringer Konzentration (weniger als 1 At.-%) enthalten, so besitzen sie keine lokalen Momente und zeigen nur den sogenannten PAULI-Paramagnetismus, bei dem eine temperaturunabhängige Suszeptibilität auftritt. Bei größeren Konzentrationen entstehen an den ÜM-Atomen lokale magnetische Momente, die zu einer temperaturabhängigen Suszeptibilität führen. Bei wesentlich höheren Konzentrationen (ab ca. 20 ... 40 At.-% ÜM) führt die Austauschwechselwirkung zwischen den lokalen magnetischen Momenten bei hinreichend tiefen Temperaturen zur Entstehung einer spontanen Magnetisierung, d. h. zum Ferromagnetismus. Wir beschäftigen uns in diesem Teil nur mit der ferromagnetischen Phase.

Träger der lokalen magnetischen Momente sind die $3d$-Elektronen, die bei ÜM ein schmales Band, das $3d$-Band, bilden. Prinzipiell müßte man daher von der Bandstruktur der $3d$-Elektronen (und im allgemeinen auch der s-Elektronen) unter Berücksichtigung aller wesentlichen Wechselwirkungen, insbesondere der verschiedenen möglichen Austauschwechselwirkungen zwischen den Elektronen, ausgehen. Dieses Programm ist aber bereits für kristalline Ferromagnete nur sehr bedingt durchführbar und führt auf das sogenannte Bandmodell des Ferromagnetismus.

Häufig verwendet man einfachere effektive HAMILTON-Operatoren, die den entscheidenden Teil des Anregungsspektrums in brauchbarer Näherung beschreiben.

Am verbreitesten ist der HEISENBERG-Operator

$$\hat{\mathcal{H}} = - \sum_{i,j} \mathrm{I}_{ij} \hat{\boldsymbol{S}}_i \hat{\boldsymbol{S}}_j - \mu_B g H \sum_i \hat{S}_z^i ; \tag{3.1}$$

hier bedeuten I_{ij} das Austauschintegral zwischen den Spins der Atome i und j, $\hat{\boldsymbol{S}}_i$ ist der Spinoperator des i-ten Atoms, μ_B ist das BOHRsche Magneton, g der LANDÉ-Faktor und H das äußere Magnetfeld (in z-Richtung).

Als Ausgangspunkt für das Bandmodell kann im einfachsten Fall der sogenannte HUBBARD-Operator

$$\hat{\mathcal{H}} = \sum_{i,\sigma} \varepsilon_i \hat{n}_{i\sigma} + \sum_{i,j,\sigma} t_{ij} \hat{c}_{i\sigma}^+ \hat{c}_{j\sigma} + \sum_i U_i \hat{n}_{i\sigma} \hat{n}_{i-\sigma} \tag{3.2}$$

verwendet werden. Hier bedeuten t_{ij} das sogenannte Hopping- oder Überlappungsintegral zwischen den WANNIER-Zuständen der Atome i und j, $\hat{c}_{i\sigma}^+$ bzw. $\hat{c}_{i\sigma}$ die Erzeugungs- bzw. Vernichtungsoperatoren für ein Elektron im WANNIER-Zustand beim Atom i mit der Spinprojektion σ, ε_i das Atomniveau und U_i die Korrelationsenergie innerhalb des Atoms i und $\hat{n}_{i\sigma} = \hat{c}_{i\sigma}^+ \hat{c}_{i\sigma}$ den Teilchenzahloperator. Behandelt man den Korrelationsterm in HARTREE-FOCK-Näherung, so wird man auf die einfache STONER-Theorie geführt.

Den theoretischen Untersuchungen über amorphe Ferromagnete ist aus methodischen Gründen ein extra Teil gewidmet (Teil 6). Auch die im allgemeinen noch schwache Korrelation zwischen Theorie und Experiment legt eine solche Einteilung nahe.

Im folgenden stellen wir eine Reihe wichtiger experimenteller Ergebnisse über amorphe Ferromagnete dar. Wir beginnen mit einer kurzen Charakterisierung der verschiedenen Substanzklassen und stellen einige Daten über die grundlegenden magnetischen Größen — mittleres atomares magnetisches Moment und CURIE-Temperatur — zusammen. Im weiteren diskutieren wir die Temperaturabhängigkeit der spontanen Magnetisierung, wobei wir dem Nachweis und den Eigenschaften von Spinwellen besondere Aufmerksamkeit widmen, sowie das kritische Verhalten in der Nähe der CURIE-Temperatur. Es schließen sich einige Angaben über die magnetische Anisotropie an, deren Ursachen noch nicht befriedigend aufgeklärt werden konnten, sowie über die Magnetostriktion und die Koerzitivfeldstärke. Letztere bestimmt wesentlich die Hystereseeigenschaften und ist daher aus der Sicht von möglichen Anwendungen sehr wichtig.

Ergänzend zu den magnetischen Eigenschaften werden noch kurz einige elektrische, mechanische und chemische Eigenschaften amorpher Ferromagnete betrachtet. Sie sind in Verbindung mit den magnetischen Anwendungen, die ebenfalls diskutiert werden, wesentlich.

3.1. Amorphe ferromagnetische Substanzen

Die ersten amorphen ferromagnetischen dünnen Schichten wurden — vermutlich angeregt durch die theoretische Arbeit von GUBANOW [1] — durch Aufdampfen von Fe-Atomen im Vakuum von GRIGSON, DOVE und STILWELL [2] im Jahre 1964 hergestellt. Da sich das Substrat auf Zimmertemperatur befand, war die amorphe Phase nur bei kleinen Schichtdicken (einigen 10 Å) stabil. Zur Stabilität trugen mit Sicherheit auch Einschlüsse des Restgases in der Schicht bei (vgl. 1.1.). 1965 stellten BAGLEY und TURNBULL [3] dünne amorphe ferromagnetische Co–P- und Ni–P-Schichten und MADER und NOWICK [4] Co–Au-Schichten durch Aufdampfen auf ein tiefgekühltes Substrat her. 1966 erhielten ELSCHNER und GÄRTNER [5] dünne Co–Au-, FELSCH [6] Fe- und TSUEI und DUWEZ [66] Fe–Pd-Schichten im amorphen ferromagnetischen Zustand.

Diese Pionierarbeiten waren naturgemäß zum Teil noch mit einer Reihe von Mängeln behaftet. Unter anderem war das Vakuum, in dem aufgedampft wurde, im allgemeinen nicht hoch genug, so daß zahlreiche Verunreinigungen durch das Restgas zu unterschiedlichen thermischen Stabilitäten der amorphen Proben führten. Daher waren die Reproduzierbarkeit und die Vergleichbarkeit der in den verschiedenen Laboratorien erhaltenen Ergebnisse in der Regel nicht möglich. Diese Anfangsschwierigkeiten sind seit einigen Jahren überwunden, und wir gehen daher nicht näher auf sie ein.

Interessant ist, daß BRENNER, COUCH und WILLIAMS [21] bereits 1950 mittels elektrolytischer Abscheidung offenbar amorphe ferromagnetische Co–P- und Ni–P-Schichten erhalten hatten (vgl. auch 1.3.). Leider schlossen die Autoren jedoch, daß diejenigen amorphen Schichten, welche ferromagnetisch waren, nicht zugleich amorph sein können (!), ohne die Struktur dieser vermutlich amorphen ferromagnetischen Schichten näher zu analysieren. Bereits 1947 hatte KÖNIG [67] durch Aufdampfen auf ein gekühltes Substrat gewonnene Fe-Schichten untersucht. Die ferromagnetischen Eigenschaften dieser Proben führte er auf die Existenz kleiner kristalliner Bereiche zurück, obwohl Elektronen-Beugungsaufnahmen auf das Vorliegen eines amorphen Zustands hindeuteten.

Seit etwa 1970 hat man die wichtigsten Herstellungsparameter bei den verschiedenen Präparationsverfahren herausgefunden und unter Kontrolle, so daß amorphe ferromagnetische Schichten mit reproduzierbaren Eigenschaften hergestellt werden können und auch zuverlässige Vergleiche zwischen Resultaten, die in verschiedenen Laboratorien erhalten wurden, möglich geworden sind.

Man ist heute in der Lage, amorphe ferromagnetische Schichten aus reinem Co und Fe herzustellen.[1]) Sehr groß ist die Zahl der amorphen ferromagnetischen Legierungen. Die wichtigsten Klassen sind:

— Übergangsmetall – Übergangsmetall (ÜM–ÜM),
  z. B. Fe–Ni, Fe–Cu, Ni–Cr;

[1]) Reines Ni konnte man bis jetzt noch nicht im amorphen Zustand herstellen (vgl. Tab. 1.3).

— Übergangsmetall(e) — normales Metall,
z. B. (Co, Fe, Ni)-Au, (Co, Ni)-Ag, (Fe, Ni)-Pd, (Fe, Ni)-Pt;
— Übergangsmetall(e) — Glasbildner (ÜM–GB),
z. B. (Co, Fe, Ni)-(B, P, C, Si, Ge);
— Übergangsmetall(e) — seltene Erde(n) (ÜM–SE),
z. B. (Co, Fe, Ni)-(Gd, Tb, Er, Ho, Nd, Pr, Sm, Y, Dy, Lu, Tm, Yb); diese Legierungen sind sogenannte amorphe Ferrimagnete, sie werden im Teil 4 behandelt.

Neben den angegebenen zweikomponentigen amorphen ferromagnetischen Legierungen, von denen die meisten Kombinationen bereits hergestellt wurden, gibt es auch eine Vielzahl von drei-, vier- und höherkomponentigen amorphen ferromagnetischen Legierungen (einschließlich Kombinationen von Elementen der verschiedenen Klassen). Eine vollständige Übersicht der bis 1975 untersuchten Substanzen kann man in [68] finden.

Die Übergangsmetalle Cr, Cu und Mn kommen wie auch im kristallinen Zustand als aktive Träger des Ferromagnetismus nicht in Betracht. (Cr und Mn sind im kristallinen Zustand antiferromagnetisch.)

Eine besondere Klasse bilden die Übergangsmetall-Halogenide (ÜM–Ha), z. B. $FeHa_2$ mit Ha = F, Cl, Br. Diese Verbindungen sind im kristallinen Zustand antiferromagnetisch; T_N liegt bei 78 K (FeF_2), 24 K ($FeCl_2$) bzw. 11 K ($FeBr_2$). Im amorphen Zustand wurde für alle drei Substanzen eine einheitliche magnetische Ordnungstemperatur (vermutlich ferromagnetisch) von etwa 21 K festgestellt (s. z. B. [69]).

Neben der oben vorgenommenen Einteilung der amorphen Legierungen in Substanzklassen in Abhängigkeit von den Arten der Legierungskomponenten ist es häufig nützlich, eine Einteilung nach der Konzentration der nichtmagnetischen Komponenten vorzunehmen. Man kann dann bedingt folgende Klassen von amorphen Ferromagneten unterscheiden:

I. reine Übergangsmetalle, Co, Fe, (Ni);

II. Übergangsmetall(e) mit geringen und mäßigen Konzentrationen nichtmagnetischer Verunreinigungen (bis ca. 10 At.-%), z. B. (Co, Fe, Ni) + Restgaseinschlüsse, Co–Ge, Fe–Ge, Co–P;

III. Übergangsmetall(e) mit größeren Konzentrationen (mehr als ca. 10 At.-%) nichtmagnetischer Komponenten, z. B. (Co, Fe, Ni)-Glasbildner.

Wir werden im folgenden beide Klassifizierungen verwenden, da sowohl die Art als auch die Konzentration der Legierungspartner der Übergangsmetalle die Eigenschaften der amorphen Ferromagnete mitbestimmen.

Einer der wichtigsten Vorzüge amorpher Legierungen im Unterschied zu kristallinen besteht in der kontinuierlichen Mischbarkeit von verschiedenen Komponenten in einem großen Konzentrationsbereich. Es können daher homogene Proben mit Zusammensetzungen erreicht werden, die für Kristalle aus thermodynamischen Gründen nicht möglich sind, da heterogene Phasengemische unterschiedlicher Zusammensetzung und Gitterstruktur entstehen. So bilden zum Beispiel die meisten Übergangsmetall–Glasbildner- und Übergangsmetall–seltene-Erde-Legierungen nur bei bestimmten (diskreten) stöchiometrischen Zusammensetzungen homogene Mischkristalle.

Wir halten also fest: Der Mischungsbereich kann im amorphen Zustand zum Teil erheblich erweitert werden. Damit kann man aber zugleich eine größere Variabilität der physikalischen einschließlich der mechanischen sowie der chemischen Eigenschaften erreichen.

Hinzu kommt, daß man durch vorsichtiges Tempern viele — im Prinzip unendlich viele — Zwischenzustände erhalten kann, die zwischen einem „vollständig amorphen" und dem kristallinen Zustand liegen. Die thermische Stabilität liegt dabei in Abhängigkeit von der Art und der Konzentration der einzelnen Komponenten im Temperaturbereich von einigen K bis zu mehreren 100 °C.

3.2. Mittleres magnetisches Moment $\bar{\mu}$ und Curie-Temperatur T_C

Zu den wichtigsten magnetischen Größen gehören das mittlere atomare magnetische Moment $\bar{\mu}$ und die Curie-Temperatur T_C, denn sie bestimmen entscheidend die magnetischen Eigenschaften.

3.2.1. Reine Übergangsmetalle

Die einfachsten amorphen ferromagnetischen Proben stellen die reinen Übergangsmetalle Co, Fe (und Ni) dar (s. a. Fußnote auf S. 54), die man durch Aufdampfen auf ein mit flüssigem He gekühltes Substrat im Ultrahochvakuum herstellen kann (s. 1.1.). Bei diesen einkomponentigen Proben tritt nur die strukturelle (positionelle) Unordnung auf, während sich bei den amorphen Legierungen der strukturellen Unordnung die chemische Unordnung überlagert, die auch in ungeordneten kristallinen Legierungen vorhanden ist. Letztere ist für das mittlere atomare magnetische Moment und die Curie-Temperatur im allgeminen mindestens ebenso wichtig wie die strukturelle Unordnung.

Obwohl aus den genannten Gründen die reinen Übergangsmetalle für das Verständnis der Rolle der strukturellen Unordnung so entscheidend sind, gibt es nur sehr wenig zuverlässige Resultate über die magnetischen Eigenschaften von amorphem Co, Fe (und Ni), da sie nur bei sehr tiefen Tempera-

Tabelle 3.1.
Magnetisches Moment $\bar{\mu}$ und CURIE-Temperatur T_C; nach [7]

	$\frac{\bar{\mu}\text{ (amorph)}}{\mu\text{ (kristallin)}}$	$\frac{T_C\text{ (amorph)}}{T_C\text{ (kristallin)}}$
Co	0,95 – 1,00	$<$ 1 (in Legierungen)[2])
Fe	0,2 – 0,6	$<$ 1 (in Legierungen)[2])
Ni[1])	0,3 – 0,6	0,6 – 0,8

[1]) Da reines Ni noch nicht im amorphen Zustand hergestellt werden konnte, müssen in diesen Proben zumindest einige Verunreinigungen vom Restgas enthalten sein.
[2]) Reines amorphes Co bzw. Fe ist nur bis zu 38 bzw. 4 K thermisch stabil (vgl. Tab. 1.3). Daher kann man die CURIE-Temperatur, die bei einigen 100 °C liegt, nicht bestimmen, so daß auf die thermisch wesentlich stabileren Legierungen mit wenigen At.-% Glasbildnern zurückgegriffen werden muß.

turen thermisch stabil sind (vgl. Tab. 1.3).

Die zuverlässigsten Daten über das mittlere atomare magnetische Moment und die CURIE-Temperatur hat WRIGHT [7] aus verschiedenen Literaturangaben zusammengestellt und diskutiert (s. Tab. 3.1). Dabei werden alle Daten mit den entsprechenden Daten im kristallinen Zustand verglichen. Die Werte der Tab. 3.1 zeigen, daß die strukturelle Unordnung das mittlere atomare magnetische Moment $\bar{\mu}$ von Co nicht oder nur unwesentlich beeinflußt, während es für Fe und Ni stark reduziert wird. Die CURIE-Temperatur T_C wird für Co, Fe und Ni verringert. Die große Streuung in den Daten ist eine Folge der in einigen Proben enthaltenen Restverunreinigungen, die schwer kontrollierbar sind, bzw. der Unsicherheit bei der Extrapolation auf verschwindende Verunreinigungskonzentration (vgl. auch 3.2.2.).

Eine befriedigende Deutung des Einflusses der strukturellen Unordnung auf $\bar{\mu}$ und T_C, die auf der Grundlage des Bandmodells möglich wäre, liegt zur Zeit noch nicht vor. BENNEMANN [70] versucht, die Änderung des magnetischen Moments allein mit der um ca. 2% geringeren Dichte im amorphen Zustand und der daraus folgenden Verschiebung der FERMI-Energie zu begründen. Dabei werden weder die Strukturfluktuationen noch die Änderung der strukturellen Nahordnung (veränderte Zahl der nächsten Nachbarn und ihrer mittleren Abstände) berücksichtigt. Bekanntlich wird aber die

Bandstruktur gerade durch die Nahordnung bereits wesentlich bestimmt, wobei die Strukturfluktuationen zu einer Bandverbreiterung und insbesondere zur Entstehung der sogenannten Bandschwänze (tails) führen. Hinzu kommt die empfindliche Abstandsabhängigkeit der effektiven Austauschenergie. In Kapitel 6.5. findet der Leser einen einfachen Versuch, die Änderung des magnetischen Moments und der CURIE-Temperatur allein auf der Basis der Strukturfluktuationen innerhalb des HUBBARD-Modells zu deuten. Die fundamentalen magnetischen Größen $\bar{\mu}$ und T_C für reines amorphes Co, Fe (und Ni) müssen noch weiter experimentell und theoretisch untersucht werden.

3.2.2. Übergangsmetalle mit weniger als 10 At.-% nichtmagnetischen Verunreinigungen

In diesem Abschnitt stellen wir einige Resultate über das mittlere atomare magnetische Moment $\bar{\mu}$ und, soweit vorhanden, über die CURIE-Temperatur T_C von amorphen Übergangsmetallen mit weniger als 10 At.-% Verunreinigungen zusammen, die man durch Aufdampfen auf ein tiefgekühltes Substrat im Ultrahochvakuum herstellen kann (vgl. auch 1.1.). Auch über diese Substanzklasse gibt es nur relativ wenige Angaben (vgl. [7, 38], s. auch 3.2.3.).

Die Abbildungen 3.1 bzw. 3.2 zeigen das mittlere magnetische Moment $\bar{\mu}$ pro Legierungsatom für amorphes Co–Si [9] bzw. Co–P [29] in Abhängigkeit von der Konzentration des Si- bzw. P-Gehaltes. Für kompaktes kristallines Co ist $\mu = 1{,}71\,\mu_B$. In beiden Fällen ergibt die Extrapolation auf reines amorphes Co mit guter Zuverlässigkeit etwa den kristallinen Wert für das atomare Moment (vgl. 3.2.1.). Mit zunehmender Si- bzw. P-Konzentration fällt es stärker ab, als es der Verdünnung durch die nichtmagnetischen Atome entspricht. Daraus kann man auf einen Elektronenübergang (Ladungsübergang) vom Si bzw. P in das $3d$-Band des Co schließen. Für Co–Si stimmt $\bar{\mu}$ im amorphen Zustand mit dem entsprechenden Wert im kristallinen Zustand innerhalb der Meßgenauigkeit von 3% überein. Auch eine Co–P-Legierung mit 9 At.-% P konnte als übersättigter Mischkristall durch Tempern der amorphen Phase erhalten werden. Speziell in diesem Fall ist $\bar{\mu}$ im amorphen Zustand um etwa 10% höher als im kristallinen [29]. Das kann mit einer Reduktion des Ladungsübergangs in der amorphen Phase erklärt werden (vgl. 4.2.).

FELSCH bestimmte auch das mittlere atomare magnetische Moment $\bar{\mu}$ pro Fe-Atom für amorphe und kristalline Fe–Si-, Fe–Ge-, Fe–O- [8] und Fe–Au-Schichten [71] in Abhängigkeit von der Konzentration der Verun-

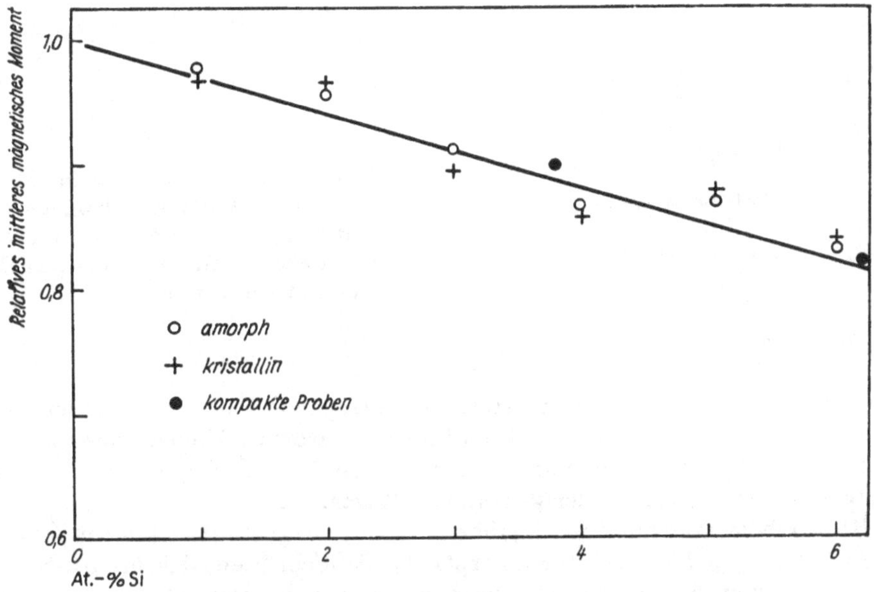

Abb. 3.1. Relatives mittleres magnetisches Moment pro Legierungsatom einer Co–Si-Schicht in Abhängigkeit von der Si-Konzentration; ○ gemessen im amorphen Zustand, + gemessen nach Temperung im kristallinen Zustand, ● für kompakte Proben (nach FELSCH [9])

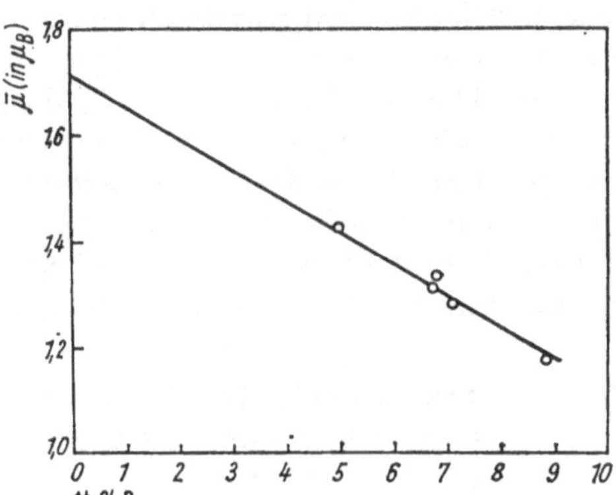

Abb. 3.2. Mittleres magnetisches Moment $\bar{\mu}$ pro Legierungsatom in μ_B für amorphe Co–P-Schichten in Abhängigkeit von der P-Konzentration (nach [29])

reinigungen. Einige der von ihm für amorphe Schichten erhaltenen Werte sind in Abbildung 3.3 nach [7] wiedergegeben. Für kompaktes kristallines Fe beträgt $\mu = 2{,}22\,\mu_B$ pro Fe-Atom. Dieser Wert wird bei amorphen Fe–Si-Schichten ab 1 At.-% Si, bei amorphen Fe–Ge-Schichten ab etwa 7 At.-%

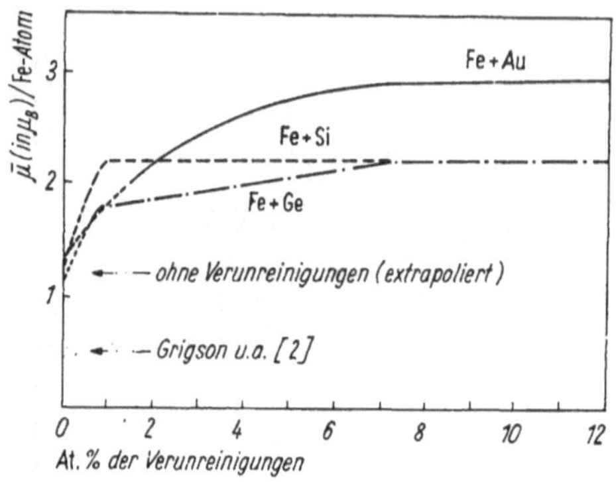

Abb. 3.3. Mittleres magnetisches Moment $\bar{\mu}$ pro Fe-Atom in Abhängigkeit von der Konzentration der nichtmagnetischen Verunreinigungen nach [8, 71] (entnommen aus [7])

Ge erreicht. In diesem Konzentrationsbereich ändert demnach weder die chemische noch die strukturelle Unordnung das atomare Moment des Eisens. Bei kleineren Verunreinigungskonzentrationen liegt $\bar{\mu}$ für die amorphen Proben jeweils unterhalb der kristallinen Werte.

Höchst bemerkenswert ist das hohe mittlere magnetische Moment $\bar{\mu}$ von etwa 2,9 μ_B pro Fe-Atom für amorphe Fe–Au-Schichten, das für Au-Konzentrationen größer als 5 At.-% angenommen wird (s. Abb. 3.3). Dieses hohe magnetische Moment pro Legierungsatom ist ein Rekordwert für Ferromagnete, der im kristallinen Zustand nicht erreicht werden kann (s. a. 3.2.3.)! Allerdings ist der amorphe Zustand nur bis etwa 100 K (für 7 At.-% Au) thermisch stabil.

Aus Abbildung 3.3 ist ersichtlich, wie unsicher die Extrapolation von $\bar{\mu}$ für reine amorphe Fe-Schichten ist. Gesichert ist aber der sehr steile Abfall von $\bar{\mu}$. Grigson u. a. [2] erhielten für „reine" amorphe Fe-Schichten $\bar{\mu} = 0{,}35\ \mu_B$, also nur etwa 1/6 des Wertes im kristallinen Fall. Daraus ergibt sich, daß sich die strukturelle Unordnung beim Eisen extrem stark auf das mittlere atomare magnetische Moment auswirkt. Für diesen Sachverhalt gibt es zur Zeit nur qualitative Deutungsversuche [7, 71]. Eisen kann zum Beispiel in Abhängigkeit von den Legierungspartnern im kristallinen Zustand drei verschiedene Modifikationen annehmen:

a) *bcc*-Struktur mit 2,22 μ_B/Fe-Atom und ferromagnetischer Kopplung,
b) *fcc*-Struktur mit 0,7 μ_B/Fe-Atom und antiferromagnetischer Kopplung,
c) *fcc*-Struktur mit 2,9 μ_B/Fe-Atom und ferromagnetischer Kopplung (vgl. Abb. 3.3).

Dabei ist die Gitterkonstante im Fall b) kleiner als im Fall c).

Da die Bandstruktur wesentlich durch die Nahordnung bestimmt wird, liegt die Annahme nahe, daß im amorphen Zustand zum Teil auch eine zum Fall b) ähnliche Nahordnung auftritt, d. h., eine Reihe von magnetischen

Momenten des Eisens wäre dann antiferromagnetisch gekoppelt, und es würde ein gemischter Ferromagnet mit ferro- und antiferromagnetischen Kopplungen auftreten [7]. Auf diese Weise könnte man das anomale Verhalten von $\bar{\mu}$ bei kleinen Verunreinigungskonzentrationen deuten. Zur Klärung dieser Frage sind weitere Struktur- und theoretische Untersuchungen notwendig.

Die CURIE-Temperaturen konnten für die angeführten Proben im allgemeinen nicht bestimmt werden, da sie wesentlich höher liegen als die Kristallisationstemperaturen, so daß auch die Extrapolation auf T_C aus der Temperaturabhängigkeit der spontanen Magnetisierung $M(T)$ nicht gut möglich ist.

TAMURA und ENDO [72] konnten die gesamte $M(T)$-Kurve für amorphes Ni, das wahrscheinlich einige unkontrollierte Verunreinigungen enthielt, messen (s. Abb. 3.12). Aus dieser Kurve erhält man für Ni (mit geringer Verunreinigungskonzentration)

$$\frac{\bar{\mu}\,(\text{amorph})}{\bar{\mu}\,(\text{kristallin})} \approx 0{,}6\,; \qquad \frac{T_C\,(\text{amorph})}{T_C\,(\text{kristallin})} \approx 0{,}8\,.$$

Abschließend sei bemerkt, daß NOSÉ [10] für eine Reihe amorpher Fe–Ni-Legierungen $\bar{\mu}$ und T_C bestimmte. Er fand in allen Fällen eine Reduktion beider Größen im amorphen Zustand im Vergleich zum kristallinen.

3.2.3. Übergangsmetalle mit mehr als 10 At.-% nichtmagnetischen Verunreinigungen

Über amorphe ÜM ohne bzw. mit geringen Verunreinigungen liegen noch relativ wenig Daten vor, so daß eine nahezu vollständige Darstellung möglich war. Im Unterschied dazu existieren viele Resultate über amorphe ferromagnetische Legierungen mit mehr als 10 At.-% nichtmagnetischer Verunreinigungen. Wir müssen uns daher in diesem Rahmen auf die Diskussion einiger wichtiger Ergebnisse beschränken. Die meisten dieser Legierungen bestehen aus Übergangsmetall(en) mit ca. 10 ... 30 At.-% Glasbildner(n) und werden durch schnelles Abschrecken aus der Schmelze hergestellt (vgl. 1.2.). Ihre Kristallisationstemperatur T_k liegt meist weit oberhalb der Zimmertemperatur. Wesentlich stimuliert wurde die Untersuchung dieser Substanzen, nachdem die amerikanische Firma Allied Chemical Corporation 1973 begonnen hatte, sie serienmäßig herzustellen. Bei dieser Substanzklasse kann neben $\bar{\mu}$ auch T_C bestimmt werden, da $T_C \lesseqgtr T_k$ ist.

Um die systematische Bestimmung und qualitative Deutung von $\bar{\mu}$ und T_C in Abhängigkeit von der chemischen Zusammensetzung einer Vielzahl amorpher ferromagnetischer Legierungen machten sich MIZOGUCHI u. a. verdient [18, 74—76]. Ehe wir jedoch auf diese Resultate eingehen, geben wir zunächst die von LUBORSKY [77] angefertigte exzellente Darstellung einer großen Zahl von Meßwerten wieder, die sich besser an den vorhergehenden Abschnitt anschließt.

In Abbildung 3.4 ist das mittlere atomare magnetische Moment pro ÜM-Atom und in Abbildung 3.5 die CURIE-Temperatur in Abhängigkeit von der Konzentration der nichtmagnetischen Atome für eine Reihe von amorphen ferromagnetischen Legierungen wiedergegeben, die nur ein ÜM (Co oder Fe) und nur einen Glasbildner Si, P oder B bzw. Al enthalten. (Abbildung 3.4 umfaßt teilweise auch den Konzentrationsbereich des vorigen Abschnitts.)

In Abbildung 3.6 bzw. 3.7 ist $\bar{\mu}$ bzw. T_C für einige amorphe Legierungen des Typs Fe-ÜM-GB(-GB) bei fester Konzentration der Glasbildner in Abhängigkeit von der Fe-Konzentration dargestellt.

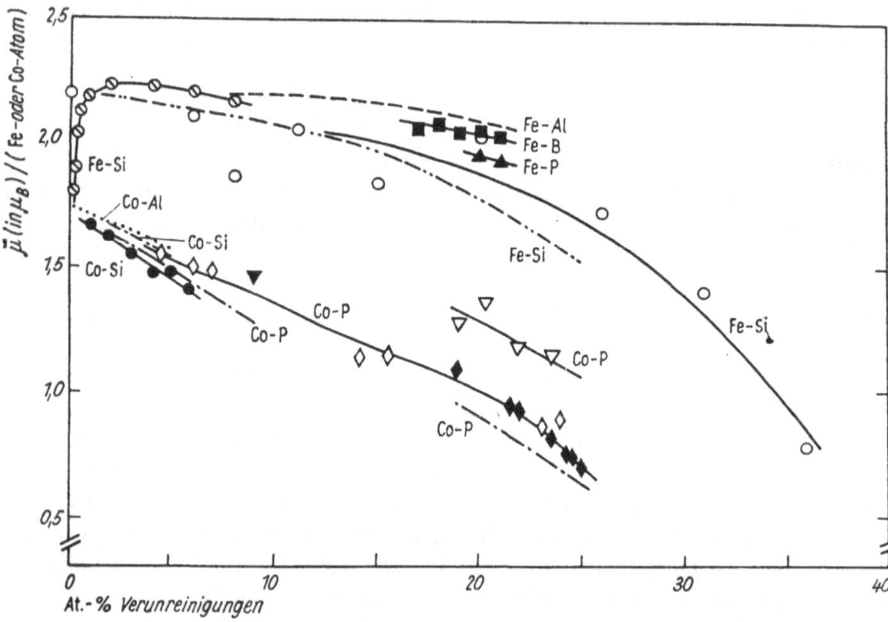

Abb. 3.4. Mittleres magnetisches Moment $\bar{\mu}$ pro ÜM-Atom in Abhängigkeit von der Konzentration einer nichtmagnetischen Komponente für einige ferromagnetische kristalline und amorphe Legierungen. Die Kurven ohne Meßpunkte entsprechen den kristallinen Legierungen: Fe–Al (--------), Co–Al (·········), Co–Si (—·—·) [78], Fe–Si (——··) [79] und Co–P (—·) [25, 81]. Die amorphen Legierungen sind durch ausgezogene Kurven mit Meßpunkten dargestellt: Fe–Si ○ [79] und ⊘ [71] (vgl. auch Abb. 3.3), Co–P ◇ [80], ◆ [25], ▽ [23], ▼ [29], Fe–B ■, Fe–P ▲ [81], Co–Si ● [71] (vgl. auch Abb. 3.3); (entnommen aus [77])

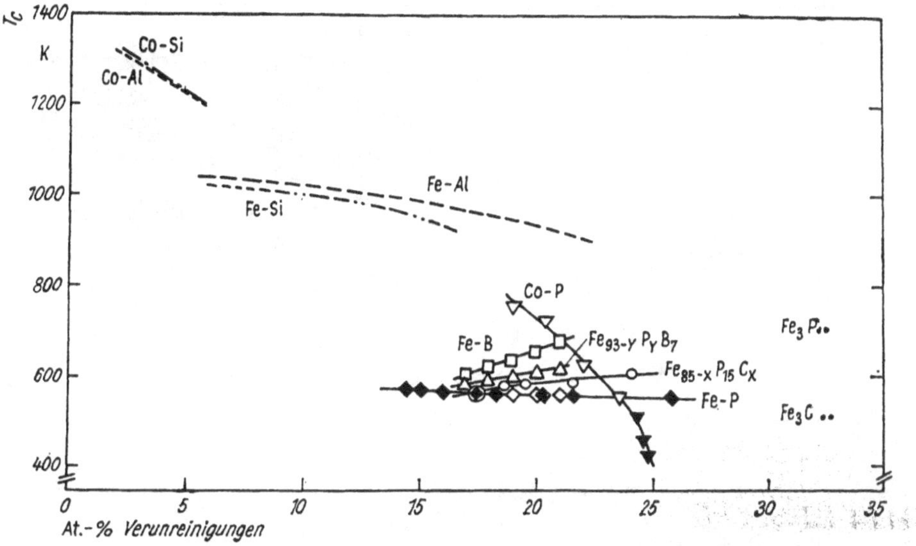

Abb. 3.5. CURIE-Temperatur T_C in Abhängigkeit von der Konzentration einer nichtmagnetischen Komponente für einige ferromagnetische kristalline und amorphe Legierungen. Die unterbrochenen Kurven ohne Meßpunkte entsprechen den kristallinen Legierungen: Fe–Al, Fe–Si, Co–Si [78], Fe_3P, Fe_3C [82]. Die amorphen Legierungen sind durch ausgezogene Kurven mit Meßpunkten dargestellt: Co–P ▼ [25], ▽ [23], Fe–B □ und Fe–P ◇ [83, 84], Fe–P ◆ [85], Fe–P–C ○ [82], Fe–P–B △ [81]; entnommen aus [77]

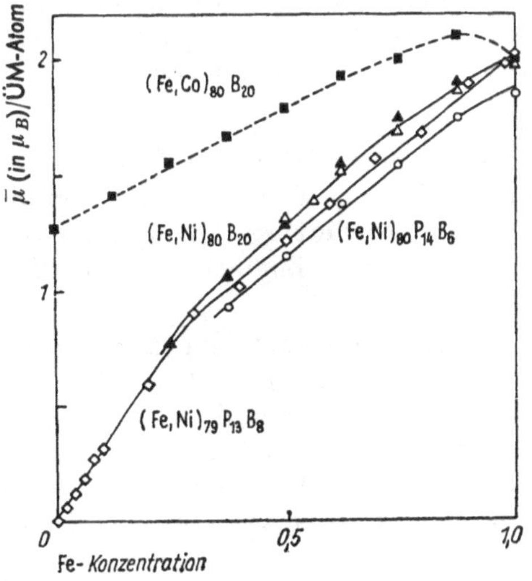

Abb. 3.6. Mittleres magnetisches Moment $\bar{\mu}$ pro ÜM-Atom für einige amorphe ferromagnetische Legierungen in Abhängigkeit von der Fe-Konzentration: $(Fe, Co)_{80}B_{20}$ ■ [86], $(Fe, Ni)_{80}B_{20}$ △ [87], ▲ [86], $(Fe, Ni)_{79}P_{13}B_8$ ◇ [83], $(Fe, Ni)_{80}P_{14}B_6$ ○ [87], entnommen aus [77]

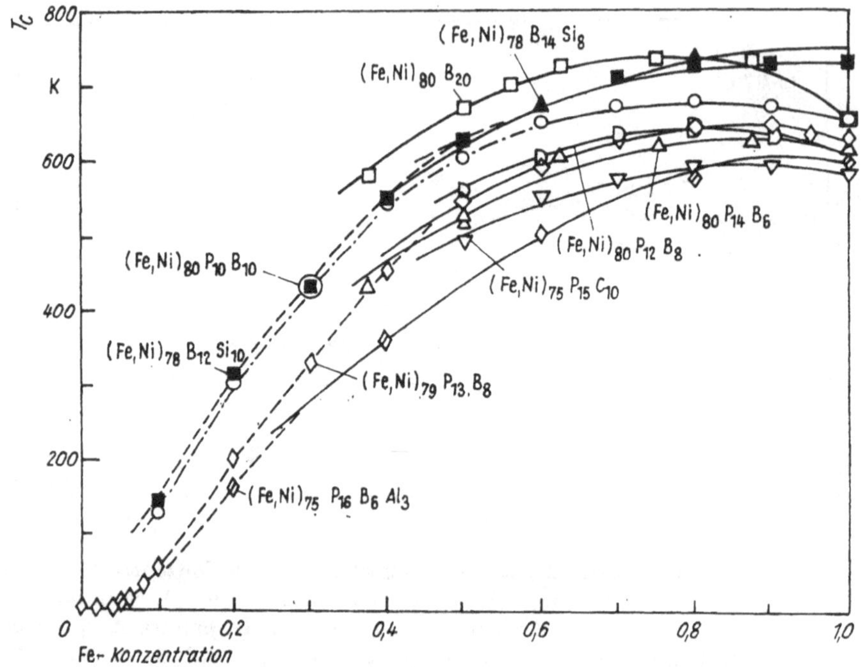

Abb. 3.7. CURIE-Temperatur T_C einiger amorpher ferromagnetischer Fe–Ni-Glasbildner-Legierungen in Abhängigkeit von der Fe-Konzentration. Die ausgezogenen Linien sind mit einer Molekularfeldnäherung für ungeordnete magnetische Legierungen nach KOUVEL [88] berechnet worden. Die unterbrochenen Kurven verbinden die Meßpunkte: Fe–Ni–B und Fe–Ni–P–B [73, 83, 87], Fe–Ni–Si–B [89], Fe–Ni–P–C [90], Fe–Ni–P–B–Al [91] (entnommen aus [77])

Aus den Abbildungen 3.4 bis 3.7 ist zu erkennen, daß $\tilde{\mu}$ und T_C nicht nur von der Konzentration der Glasbildner und des Eisens bzw. Kobalts abhängen, sondern auch von der Art der Glasbildner. Letzteres fanden WIESNER und SCHNEIDER [92] auch für die Magnetisierung bei Zimmertemperatur für amorphes $Fe_{83-x}P_{17}Ga_x$, $-As_x$ bzw. $-Ge_x$.

In Anlehnung an die SLATER-PAULING-Kurve für kristalline Legierungen stellten MIZOGUCHI u. a. [73—76] das mittlere atomare magnetische Moment $\bar{\mu}$ bzw. die CURIE-Temperatur T_C für verschiedene amorphe $(T_{1-x}M_x)_{80}B_{10}P_{10}$-Legierungen (T und M bedeuten ÜM) in Abhängigkeit von der Konzentration der s- und d-Elektronen der ÜM dar (Abb. 3.8 bzw. 3.9). Sie fanden, daß man auch für die amorphen Legierungen eine SLATER-PAULING-ähnliche Kurve angeben kann.

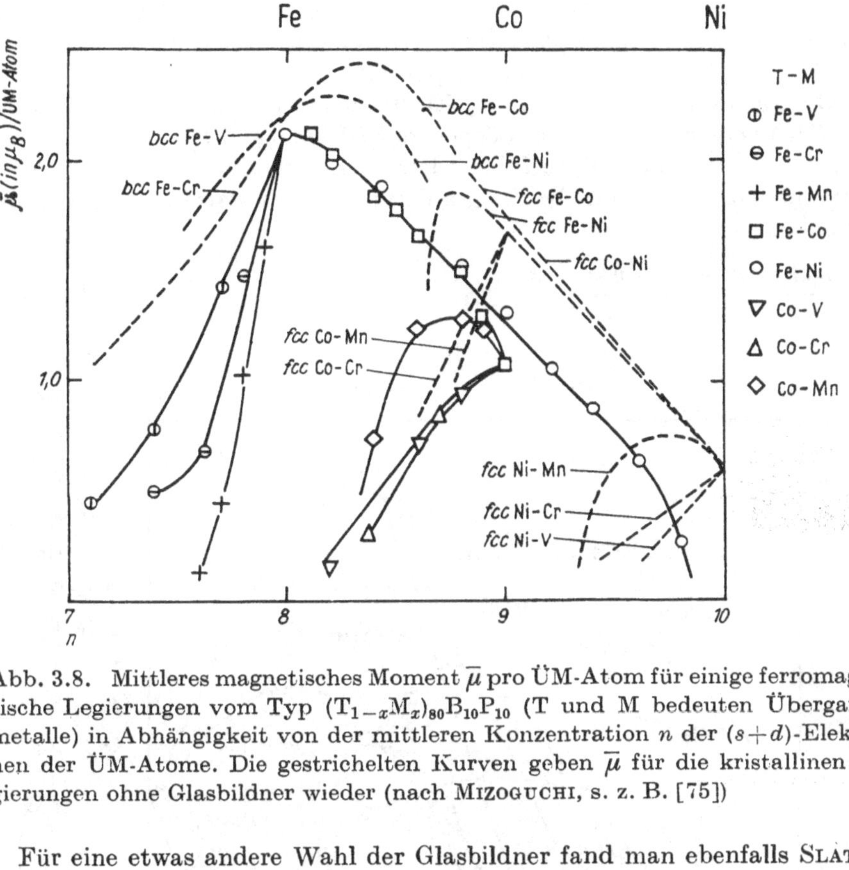

Abb. 3.8. Mittleres magnetisches Moment $\bar{\mu}$ pro ÜM-Atom für einige ferromagnetische Legierungen vom Typ $(T_{1-x}M_x)_{80}B_{10}P_{10}$ (T und M bedeuten Übergangsmetalle) in Abhängigkeit von der mittleren Konzentration n der $(s+d)$-Elektronen der ÜM-Atome. Die gestrichelten Kurven geben $\bar{\mu}$ für die kristallinen Legierungen ohne Glasbildner wieder (nach MIZOGUCHI, s. z. B. [75])

Für eine etwas andere Wahl der Glasbildner fand man ebenfalls SLATER-PAULING-ähnliche Kurven für $\bar{\mu}$, wobei die unterschiedlichen Glasbildner (B_{20} bzw. P_{20} anstelle von $B_{10}P_{10}$) zu einer (Parallel-) Verschiebung der $\bar{\mu}$-Kurven im Vergleich zu Abb. 3.8 [86] führten, d. h., auch hier wirken sich verschiedene Glasbildner unterschiedlich aus.

YAMAUCHI und MIZOGUCHI deuten das Verhalten von $\bar{\mu}$ innerhalb des sogenannten Modells starrer Bänder (rigid band model) [76], s. auch [75, 77]. Ausgangspunkt ist die mittels Strukturaufklärung und auch durch Strukturmodelle gestützte Tatsache, daß sich die relativ kleinen Metalloid-(Glasbildner-)Atome in den Zentren von Polyedern befinden und vollständig von ÜM-Atomen umgeben sind (s. 2.3.8. und 2.2.2.). Dabei ist der Abstand zwischen den Metalloid- und den ÜM-Atomen kleiner als aus den GOLDSCHMIDT-Radien folgen würde. Daher wird sich der Elektronenzustand durch Elektronenübergang von den Metalloid- zu den ÜM-Atomen stark verändern. Mit diesem Elektronenübergang wird auch die relativ hohe thermische Stabilität der amorphen ÜM–GB-Legierungen erklärt.

In [75, 76] wird für amorphe Legierungen vom Typ $ÜM_{1-x-y}G_xE_y$ die Annahme gemacht, daß n_G bzw. n_E Elektronen vom Glasbildner G bzw. E zum ÜM übergehen und die m Löcher im $3d$-Unterband mit nach unten gerichtetem Spin zum Teil auffüllen. Der Legierungseffekt der Glasbildner führt mit dieser Annahme bei Zugrundelegung eines starren Bandes zu der Beziehung

$$\bar{\mu} = \frac{m(1-x-y) - n_G x - n_E y}{1-x-y} \mu_B \tag{3.3}$$

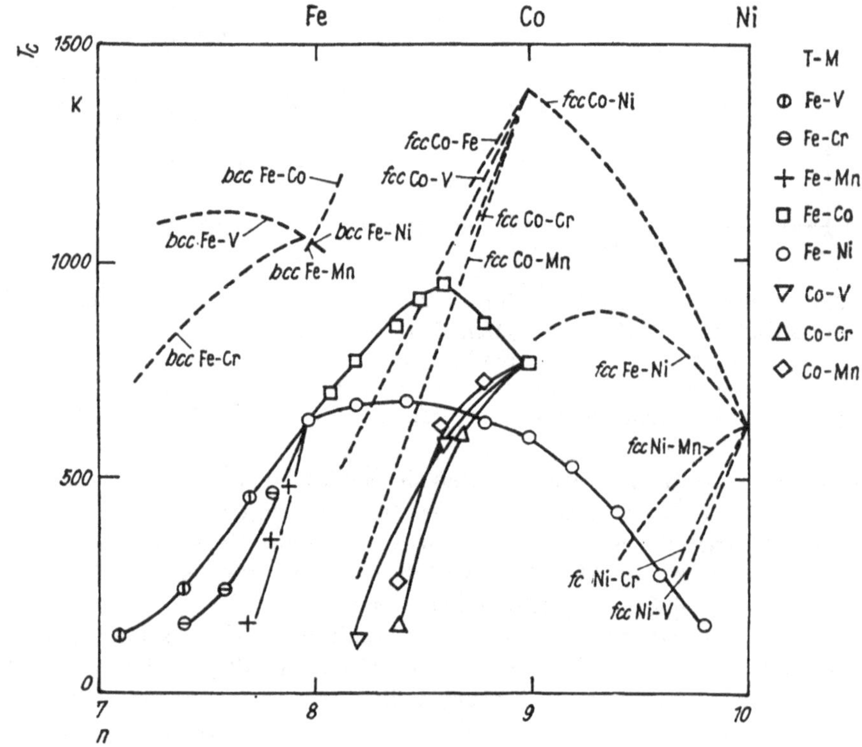

Abb. 3.9. CURIE-Temperatur T_C für die in Abbildung 3.8 dargestellten amorphen Legierungen vom Typ $(T_{1-x}M_x)_{80}B_{10}P_{10}$ in Abhängigkeit von der mittleren Konzentration n der $(s+d)$-Elektronen der ÜM-Atome. Die gestrichelten Kurven geben T_C für die kristallinen Legierungen ohne Glasbildner wieder (nach MIZOGUCHI, s. z. B. [75])

für das mittlere atomare Moment eines ÜM-Atoms. Nimmt man an, daß die Zahl der Löcher m im $3d$-Unterband für Ni 0,6, für Co 1,6 und für Fe 2,6 ist, so erhält man nach [76] eine relativ gute Übereinstimmung mit den experimentellen Kurven.

Die Werte für m entsprechen etwa denen für die jeweilige kristalline *fcc*-Struktur der reinen ÜM. Sie ist mit $z = 12$ als Ausgangspunkt naheliegend, denn auch im amorphen Zustand beträgt die mittlere Zahl der nächsten Nachbarn etwa 12. Allerdings sind die Abstände der nächsten Nachbarn im allgemeinen etwas verschieden für die kristalline und amorphe Modifikation. Die für m, n_G und n_E angenommenen Parameter sind für einige Elemente in Tabelle 3.2 nach [76] angegeben.

Tabelle 3.2.
Angenommene Werte für m, n_G und n_E (nach [76])

ÜM	m	Glasbildner	n_G, n_E
Fe	2,6	B	1
Co	1,6	C, Si	2
Ni	0,6	P	3

Bei Co (Abb. 3.4) nimmt $\bar{\mu}$ durchweg etwa linear mit der Glasbildnerkonzentration ab, jedoch ist der Abfall für Co–P und Co–Si etwa gleichgroß. Die Resultate für die Fe-Legierungen passen nicht zu diesem einfachen Modell, insbesondere nicht die Anomalie für kleine Si-Konzentrationen und der nahezu konstante Wert für $\bar{\mu}$ bis hin zu großen Konzentrationen der Glasbildner [77]. Der Verlauf von $\bar{\mu}$ für quasibinäre amorphe ÜM–ÜM-Legierungen in Abb. 3.6 stimmt besser mit dem Modell starrer Bänder überein [77].

Das Verhalten von $\bar{\mu}$ in Abbildung 3.8 kann man grob einerseits durch den Elektronenübergang gemäß (3.3) und andererseits durch die Annahme erklären, daß man näherungsweise den Übergangsmetallen die folgenden Momente zuschreibt:

Ni — 0, Co — μ_B, Fe — $2\mu_B$, Mn — $3\mu_B$, Cr — $4\mu_B$, V — $5\mu_B$ [73, 75]

(letztere drei koppeln antiferromagnetisch).

Ganz offensichtlich sind diese Interpretationsversuche noch sehr grob und nicht vollständig konsistent. Auch ist der Effekt der strukturellen Unordnung, der für diese Legierungen im allgemeinen nicht sehr groß sein dürfte (ausgenommen Fe bei geringer Glasbildnerkonzentration), nicht berücksichtigt.

Grundsätzlich richtig ist aber sicherlich die Annahme des Elektronenübergangs (Ladungsübergangs) von den Glasbildnern zu den Übergangsmetallen und die näherungsweise Additivität der magnetischen Momente der Übergangsmetallkomponenten. Auch der SLATER-PAULING-ähnliche Verlauf der $\bar{\mu}$-Kurven kann für amorphe ferromagnetische Legierungen als gesichert angesehen werden. Feinere Effekte und eine befriedigendere theoretische Deutung könnten nur über Bandberechnungen erzielt werden.

Die Erklärung des Verlaufs der CURIE-Temperatur (s. Abb. 3.5, 3.7 und 3.9) ist ebenfalls noch unbefriedigend. Sie wird wesentlich durch die aktuellen magnetischen Momente, die chemische und die strukturelle Unordnung bestimmt. Wichtig ist dabei, daß sich die Nahordnung (Zahl der nächsten Nachbarn und ihre Abstände) von der des Kristalls, z. B. von der *bcc*-Struktur mit $z = 8$, deutlich unterscheiden kann und dadurch die Austauschwechselwirkung geändert wird.

MIZOGUCHI [75] diskutiert T_C innerhalb einer sehr einfachen Molekularfeldnäherung anhand des Ausdruckes (vgl. 6.1.1.)

$$T_C = T_p = \frac{2S(S+1)}{3k_B} \sum_{(i,j)} I_{ij} ; \tag{3.4}$$

(i, j) bedeutet die Summe über nächste Nachbarn. Hierbei werden für S und I_{ij} strukturgemittelte Werte eingesetzt, d. h., der Effekt der Strukturfluktuationen wird vernachlässigt (Näherung des virtuellen Kristalls). Für reines kristallines Co folgt $S^{kr} = 0{,}86$. Für amorphes $Co_{80}B_{10}P_{10}$ ergibt sich $S^{am} = 0{,}5$. Da die Zahl der nächsten Nachbarn für kristallines *hcp*-Co und in der amorphen Phase etwa übereinstimmen ($z = 12$), findet man aus den gemessenen CURIE-Temperaturen mit (3.4) für Co

$$\sum_{(i,j)} I_{ij}^{am} \Big/ \sum_{(i,j)} I_{ij}^{kr} \approx \frac{I^{am}}{I^{kr}} \approx 1{,}1 \, . \tag{3.5 a}$$

Die Austauschwechselwirkung ist demnach nur unwesentlich geändert. Anders ist die Situation, wenn man kristallines *bcc*-Fe und amorphe Fe-Legierungen analog betrachtet. In diesem Fall findet man

$$\sum_{(i,j)} I_{ij}^{am} \Big/ \sum_{(i,j)} I_{ij}^{kr} \approx \frac{12\, I^{am}}{8\, I^{kr}} \approx 0{,}7 \, . \tag{3.5 b}$$

Das bedeutet, daß das Austauschintegral für Fe zwischen den nächsten Nachbarn im amorphen Fall auf etwa die Hälfte im Vergleich zur kristallinen *bcc*-Struktur gesunken ist. Auch diese Abschätzungen sind sehr grob, und weitere Verbesserungen sind unbedingt nötig, wobei eine genauere Berücksichtigung der chemischen und strukturellen Unordnung wünschenswert ist.

Für quasibinäre ÜM-Legierungen liefert eine einfache Molekularfeldnäherung nach KOUVEL [88] für ungeordnete kristalline Legierungen unter

Berücksichtigung der aktuellen atomaren Momente in einem bestimmten Konzentrationsbereich eine relativ gute Anpassung (s. Abb. 3.7).

Obwohl amorphe Ni–P-Legierungen schon seit längerer Zeit hergestellt werden können, liegen nur wenige Angaben über $\bar{\mu}$ und T_C vor (s. z. B. [93]).

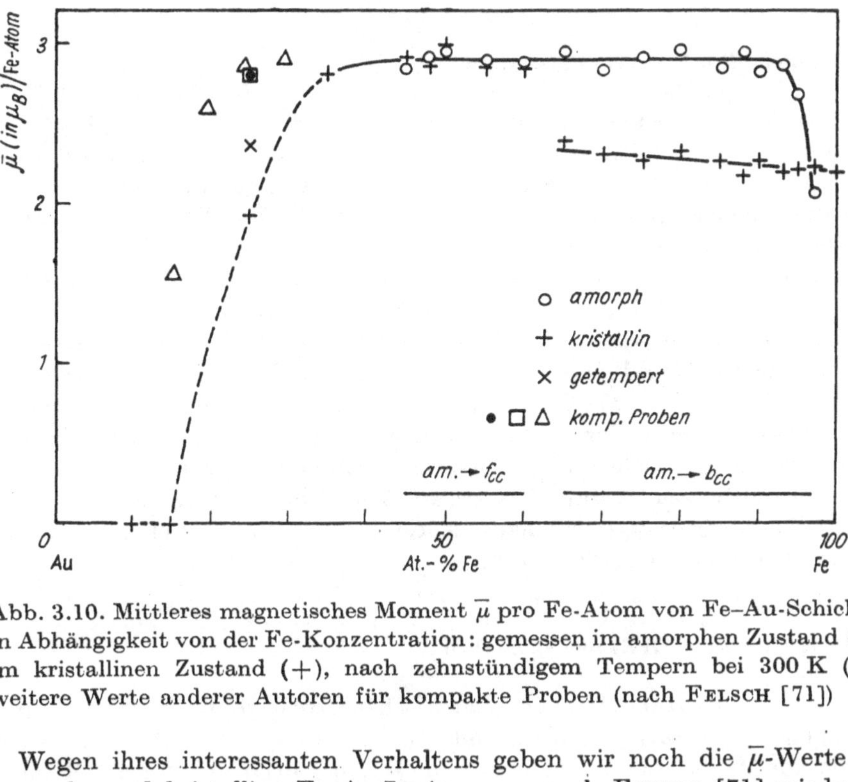

Abb. 3.10. Mittleres magnetisches Moment $\bar{\mu}$ pro Fe-Atom von Fe–Au-Schichten in Abhängigkeit von der Fe-Konzentration: gemessen im amorphen Zustand (○), im kristallinen Zustand (+), nach zehnstündigem Tempern bei 300 K (×); weitere Werte anderer Autoren für kompakte Proben (nach FELSCH [71])

Wegen ihres interessanten Verhaltens geben wir noch die $\bar{\mu}$-Werte für amorphe und kristalline Fe–Au-Legierungen nach FELSCH [71] wieder (s. Abb. 3.10). Es ist zu sehen, daß $\bar{\mu}$ pro Fe-Atom in einem Konzentrationsbereich von ca. 60 bis 95 At.-% Fe im amorphen Zustand deutlich höher liegt als in der kristallinen Phase. Unterhalb 60 At.-% Fe stimmen die $\bar{\mu}$-Werte innerhalb der Meßgenauigkeit für beide Phasen überein. Die kristalline Phase besitzt in diesem Bereich eine *fcc*-Struktur, während für mehr als 60 At.-% Fe eine *bcc*-Struktur vorliegt. Da $\bar{\mu}$ für die *fcc*- und die amorphe Struktur gleich ist, schließt FELSCH, daß in der amorphen Struktur bis zu 95 At.-% Fe eine analoge Nahordnung vorliegt wie in der *fcc*-Struktur. Das ist im Einklang mit der obigen Feststellung, daß die mittlere Koordinationszahl im amorphen Zustand und in einer *fcc*-Struktur etwa übereinstimmen ($z = 12$). Im metastabilen amorphen Zustand ist es daher offenbar möglich, eine *fcc*-ähnliche Nahordnung auch für große Fe-Konzentrationen und damit ein hohes $\bar{\mu} = 2{,}9\,\mu_B$/Fe-Atom aufrechtzuerhalten, während die kristallinen Proben in eine *bcc*-Struktur mit dem kleineren $\bar{\mu} = 2{,}2\,\mu_B$/Fe-Atom übergehen.

3.2.4. Seltene Erd-Edelmetallegierungen

Die ersten amorphen Gd–Ag-Schichten wurden von Bates u. a. [94] durch Aufdampfen auf ein kaltes Substrat erhalten. Unlängst gelang es auch, amorphe $Gd_{80}Au_{20}$-Legierungen durch Abschrecken aus der Schmelze [95] und amorphe $SE_{50}Ag_{50}$-Legierungen (SE = Gd, Tb, Dy, Ho, Er) [96] durch Sputtern herzustellen. Letztere besitzen eine homogene kristalline Phase, in der sie antiferromagnetisch sind. In der amorphen Phase sind sie demgegenüber alle *ferromagnetisch*! Auch amorphes $Gd_{80}Au_{20}$ ist ferromagnetisch, jedoch existiert für dieses Legierungsverhältnis kein homogener Kristall. Die positionelle Unordnung führt hier zu einer Änderung der magnetischen Phase. Dabei ist die Curie-Temperatur der amorphen Legierungen kleiner als die Néel-Temperatur der kristallinen Legierungen [95]. Die drastische Änderung der magnetischen Eigenschaften ist offenbar eine Folge des relativ weitreichenden $s-d$-Austausches, dessen Vorzeichen sich mit dem Abstand ändert. Magnetisierungsmessungen deuten auf die Existenz einiger weniger antiparallel orientierter Spins hin.

3.3. Magnetisierung $M(T)$ und Spinwellen

Nachdem wir die grundlegenden magnetischen Größen $\bar{\mu}$ und T_C für amorphe Ferromagnete betrachtet haben, wollen wir die Temperaturabhängigkeit der spontanen Magnetisierung untersuchen. Wir beginnen mit der Darstellung einiger typischer Magnetisierungskurven $M(T)$. Danach beschäftigen wir uns mit der Existenz und den Eigenschaften von Spinwellen, die das Tieftemperaturverhalten von $M(T)$ bestimmen.

3.3.1. Magnetisierung $M(T)$ für $0 < T \leqq T_C$

Eine wichtige Rolle für den eindeutigen Nachweis einer spontanen Magnetisierung in amorphen Metallen spielte die Arbeit von Tsuei, Longworth und Lin [19], s. Abbildung 3.11. Die Temperaturabhängigkeit des mittels

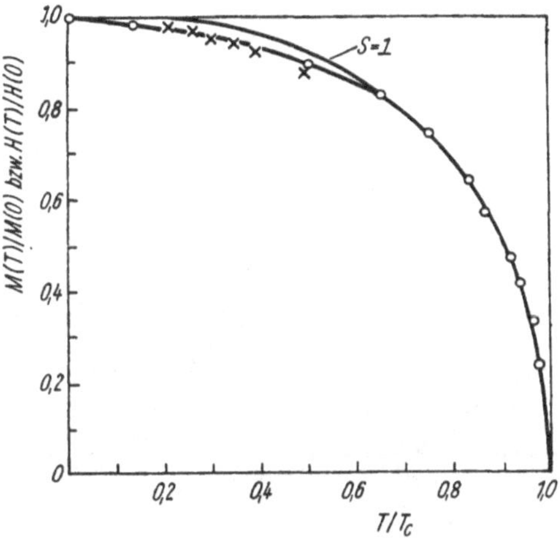

Abb. 3.11. Reduzierte spontane Magnetisierung $M(T)/M(O)$ ($\times$) und reduziertes Hyperfeinfeld $H(T)/H(O)$ ($\bigcirc$), das mittels Mössbauer-Effekt gemessen wurde, in Abhängigkeit von der reduzierten Temperatur T/T_C für eine amorphe $Fe_{80}P_{12,5}C_{7,5}$-Probe [19]

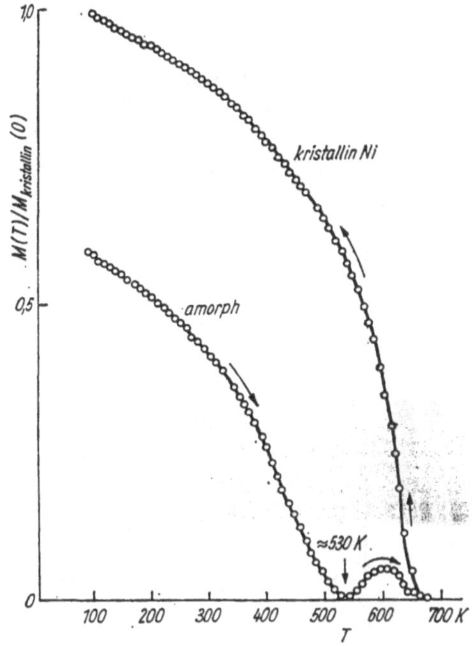

Abb. 3.12. Relative spontane Magnetisierung M in Abhängigkeit von der Temperatur für eine amorphe und kristalline Ni-Schicht [72]. Oberhalb der Curie-Temperatur $T_C \approx 530$ K findet der Übergang in die kristalline Phase statt

Mössbauer-Effekt gemessenen inneren Magnetfeldes stimmte mit dem standardmäßig (mittels Magnetometer) gemessenen $M(T)$-Verlauf überein. Die Mössbauer-Messungen wurden aber ohne Anlegen eines äußeren Magnetfeldes durchgeführt, so daß der Verdacht, es handle sich allein um eine durch das äußere Feld induzierte Magnetisierung und nicht um eine spontane Magnetisierung, entkräftet werden konnte.

Tamura und Endo [72] veröffentlichten 1969 Magnetisierungskurven von amorphen und kristallinen Ni-Schichten (Abb. 3.12). Die amorphen Schichten wurden durch Aufdampfen bei $4 \cdot 10^{-7}$ Torr auf ein mit flüssigem Stickstoff gekühltes Substrat hergestellt. Obwohl nach den Ausführungen in Abschnitt 2.2.1. diese Ni-Schichten eine Reihe von Verunreinigungen enthalten müssen,

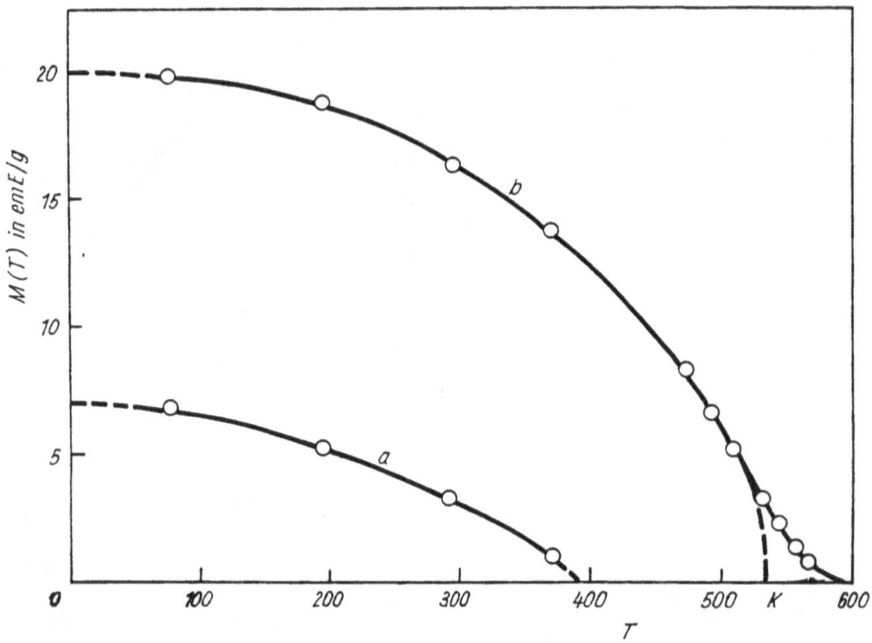

Abb. 3.13. Spontane Magnetisierung M in Abhängigkeit von der Temperatur (gemessen bei 10 kOe) für eine mittels elektrolytischer Abscheidung hergestellte amorphe $Ni_{85}P_{15}$-Probe (Kurve a). Nach Tempern bei 295 °C geht der amorphe Zustand in einen homogenen übersättigten *fcc*-Kristall über (Kurve b) [97]

um die amorphe Phase zu stabilisieren, und der Grad der Verunreinigungen nicht bekannt ist, geben wir diese Messungen wieder. Das erneute Anwachsen der Magnetisierung oberhalb T_C ist eine Folge der einsetzenden Kristallisation.

Zwei weitere typische Magnetisierungskurven sind in den Abbildungen 3.13 und 3.14 dargestellt. Dabei handelt es sich beim kristallinen Zustand um einen homogenen übersättigten Mischkristall. Allen drei Magnetisierungskurven in den Abbildungen 3.12 bis 3.14 ist gemeinsam, daß $M(T)$ für den amorphen Zustand unterhalb der für den kristallinen liegt. Der Unterschied zwischen amorphem und kristallinem Zustand ist hier allein eine Folge der strukturellen (positionellen) Unordnung, da die chemische Zusammensetzung in beiden Fällen gleich ist.

Wir halten also fest, daß die strukturelle Unordnung allein zu einer starken Veränderung der Magnetisierungskurven führen kann. Andererseits ist an den Abbildungen 3.11 bis 3.14 zu sehen, daß die Form der $M(T)$-Kurven im

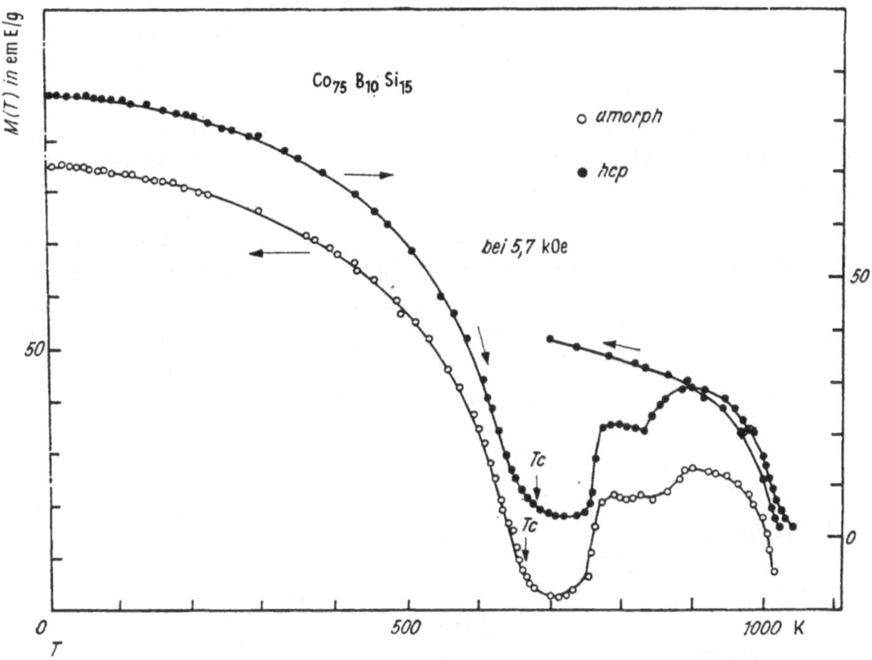

Abb. 3.14. Magnetisierung M in Abhängigkeit von der Temperatur für amorphes (○) und kristallines (●) $Co_{75}B_{10}Si_{15}$ bei einem äußeren Magnetfeld von 5,7 kOe. Die obere Kurve (●) gibt bis $T \lesseqgtr T_C$ die Magnetisierung für einen homogenen übersättigten *hcp*-Mischkristall wieder, der durch Tempern (28 Tage) bei 350 °C hergestellt wurde [98]

amorphen und kristallinen Zustand ähnlich ist. Man stößt jedoch auf einen charakteristischen Unterschied zwischen den Magnetisierungskurven für amorphe und kristalline Ferromagnete, wenn man die reduzierte Darstellung $M\left(\frac{T}{T_C}\right)\Big/M(0)$ betrachtet, siehe Abbildung 3.15 und [25, 75, 99–101]. Es zeigt sich, daß die reduzierte Kurve für die amorphe Phase stets unterhalb der für die entsprechende kristalline liegt (das gilt auch für die Abbildungen 3.12 bis 3.14). Diese charakteristische Abflachung konnte vor ihrer experimentellen Verifizierung mit Hilfe einer einfachen Molekularfeldnäherung als Folge der Strukturfluktuationen erklärt werden (s. 6.1.1.).

Abbildung 3.15 zeigt, daß allein das Hinzulegieren des Glasbildners zum ÜM bereits zu einer Abflachung führt (vgl. die Kurve für reines kristallines Ni und die für ungeordnetes kristallines $Ni_{85}P_{15}$). Die durch die amorphe

Struktur bedingten Fluktuationen verursachen in Übereinstimmung mit den Resultaten der Molekularfeldnäherung eine weitere Abflachung (vgl. die Kurve für amorphes $Ni_{85}P_{15}$). Man muß daher bei der Diskussion der Abflachung der reduzierten Magnetisierungskurve den Legierungseffekt, der auch in ungeordneten kristallinen Legierungen auftritt (er ist seit langem bekannt), von dem Effekt der Strukturfluktuationen unterscheiden. Beide wirken in der gleichen Richtung.

Wie weiter oben bereits bemerkt, ist eine Mindestkonzentration der magnetischen Komponente notwendig, damit eine ferromagnetische Phase entstehen kann. Unterhalb dieser kritischen Konzentration x_c tritt lediglich Paramagnetismus auf. Für eine amorphe Ni_xP_{1-x}-Legierung fanden Berrada u. a. [93] $x_c = 0{,}72$, und für eine amorphe Fe_xSi_{1-x}-Legierung wurde von Suran u. a. [102] und von Marchal u. a. [103] $x_c = 0{,}4$ angegeben.

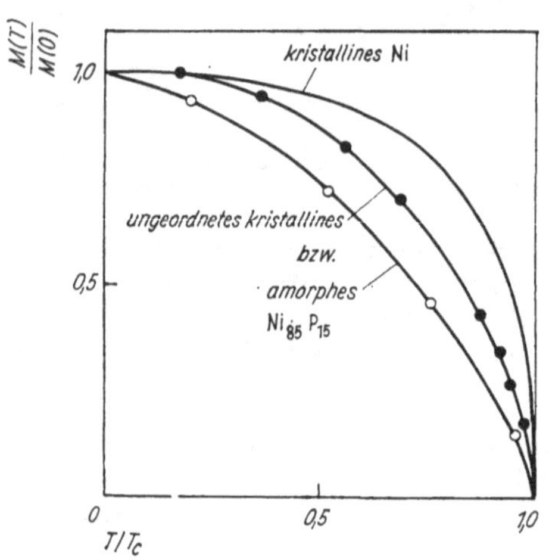

Abb. 3.15. Reduzierte Magnetisierung für reines kristallines Ni, ungeordnetes kristallines $Ni_{85}P_{15}$ und amorphes $Ni_{85}P_{15}$ nach [97]

3.3.2. $M(T)$ bei tiefen Temperaturen und Spinwellen

Die Temperaturabhängigkeit der spontanen Magnetisierung wird in kristallinen Ferromagneten bei tiefen Temperaturen durch die thermische Anregung von Spinwellen bestimmt. Diese energetisch niedrigsten kollektiven Anregungen über dem ferromagnetischen Grundzustand (alle atomaren magnetischen Momente sind vollkommen parallel ausgerichtet) folgen in niedrigster Ordnung in gleicher Weise sowohl innerhalb des Heisenberg-

als auch des Bandmodells und führen für ersteres zu der Temperaturabhängigkeit der spontanen Magnetisierung

$$M(T) = M(0)\,(1 - BT^{3/2} - CT^{5/2} - \ldots) \tag{3.6}$$

und der Dispersionsbeziehung für die Spinwellen

$$E(q) = \hbar\omega(q) = Dq^2 + Fq^4 + \ldots\,. \tag{3.7}$$

Es war längere Zeit unklar, ob amorphe Ferromagnete ein ähnliches Tieftemperaturverhalten zeigen und ob in ihnen Spinwellen existieren können. Der erste Hinweis auf ein $T^{3/2}$-Gesetz für die spontane Magnetisierung stammt von Tsuei [104]. Es konnte in der Folgezeit für eine Reihe von amorphen ferromagnetischen Legierungen (Fe–P–C [105], Co–P [106, 107], $Co_{70}B_{20}P_{10}$ [75], Co–B–Si [98], $(Fe_{93}Mo_7)_{80}B_{10}P_{10}$ [75, 108] und Fe–Ge [109]) explizit nachgewiesen werden. Als Beispiel ist in Abbildung 3.16 $\dfrac{M(0) - M(T)}{M(0)\,T^{3/2}}$ in Abhängigkeit von der Temperatur für zwei amorphe ferromagnetische Legierungen nach [75] wiedergegeben. Diese und andere folgen in guter Näherung dem Blochschen $T^{3/2}$-Gesetz für $T \lessapprox T_C/3$ bis $T_C/2$. Das legt die Existenz zumindest langwelliger Spinwellen nahe.

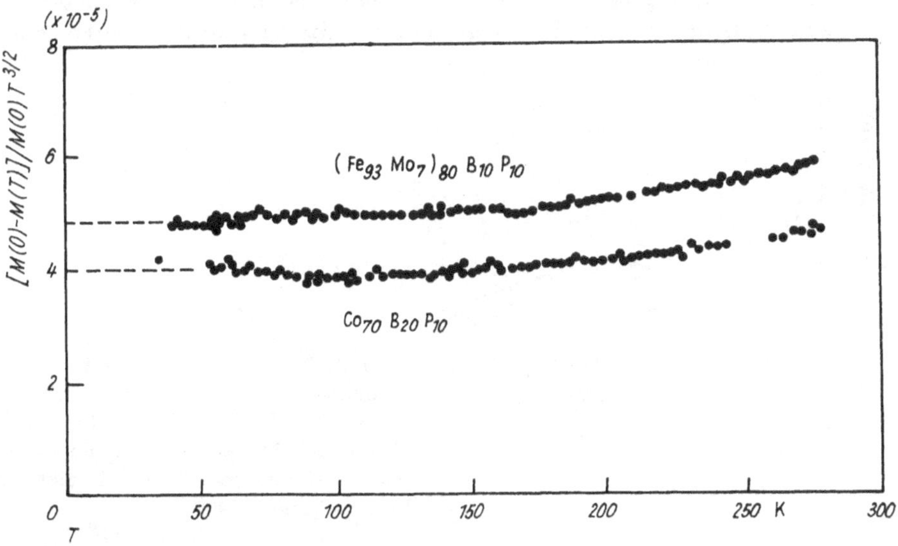

Abb. 3.16. $\dfrac{M(0) - M(T)}{M(0)T^{3/2}}$ in Abhängigkeit von der Temperatur für die amorphen ferromagnetischen Legierungen $Co_{70}B_{20}P_{10}$ und $(Fe_{93}Mo_7)_{80}B_{10}P_{10}$ nach [75, 106]

Voraussetzung für den Nachweis von Spinwellen durch inelastische Neutronenstreuung sind hinreichend große Probenvolumina, um meßbare Streueffekte zu erhalten. Erstmals untersuchten ALPERIN u. a. [110] amorphe Tb–Fe-Proben und fanden breite Streupeaks, denen man nur sehr bedingt Spinwellen zuschreiben konnte. Der Grund dürfte in der großen stochastischen magnetischen Anisotropie liegen, die diesen amorphen ferrimagnetischen SE–ÜM-Legierungen eigen ist.

Über den ersten erfolgreichen Nachweis von langwelligen Spinwellen in amorphem ferromagnetischem Co_4P mittels inelastischer Neutronenstreuung berichteten MOOK u. a. [111, 112].[1]) Bei ihren Messungen benutzten sie ein Dreiachsen-Spektrometer. Die Dispersionsbeziehung $E = Dq^2$ konnte von ihnen bestätigt werden. Für die Stiffnesskonstante D erhielten sie den Wert 185 meV · Å² (bei Zimmertemperatur). Mit Neutronenstreuexperimenten konnten an amorphen ferromagnetischen $Fe_{75}P_{15}C_{10}$ [114] und $(Fe_{93}Mo_7)_{80}B_{10}P_{10}$ [108] ebenfalls eindeutig langwellige Spinwellen ($q \lessapprox 0{,}25$ Å^{-1}) nachgewiesen werden. Dabei treten erhebliche meßtechnische Probleme auf [114], da man bei $q \approx 0$ messen muß und nicht bei $q \approx q_B$ (q_B reziproker Gittervektor) messen kann, so daß die Genauigkeit der Werte für D und F in (3.7) zur Zeit noch nicht sehr groß ist. Eine Vorstellung davon vermittelt Abbildung 3.17, in der die Stiffnesskonstante D für verschiedene Temperaturen in Abhängigkeit von dem auf die Spinwellen übertragenen

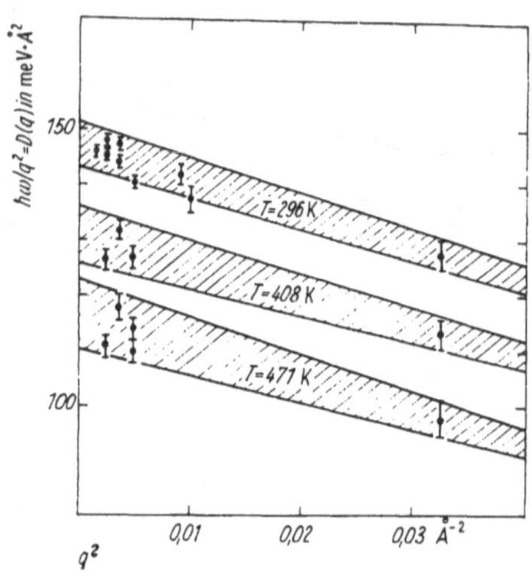

Abb. 3.17. Mittels inelastischer Neutronenstreuung bestimmte Stiffnesskonstante D in Abhängigkeit von q^2 und der Temperatur für die amorphe ferromagnetische Legierung $Fe_{75}P_{15}C_{10}$ nach [114]

[1]) Erstmals wurden Spinwellen an amorphen Ni-Schichten mittels ferromagnetischer Resonanz von AJIRO u. a. [113] nachgewiesen.

Neutronenimpuls q angegeben ist. D hängt in dieser Darstellung linear von q^2 ab, denn es gilt ja nach (3.7) $\frac{\hbar\omega}{q^2} = D(q) = D - Fq^2$. Für die Temperaturabhängigkeit von D finden die Autoren die Beziehung

$$D(T) = D(0)(1 - T^\nu) \text{ mit } 2 \leqq \nu \leqq 3 .$$

Die relativ breite Streuung der D-Werte ist in erster Linie Ausdruck der meßtechnischen Schwierigkeiten, s. auch [108, 112]. Geringer ist die Streuung der Meßwerte in Abbildung 3.18 nach [115]. Die Abhängigkeit der Stiffnesskonstante von der Fe-Konzentration wurde für Fe–Co–P–C und andere Legierungen gemessen [116].

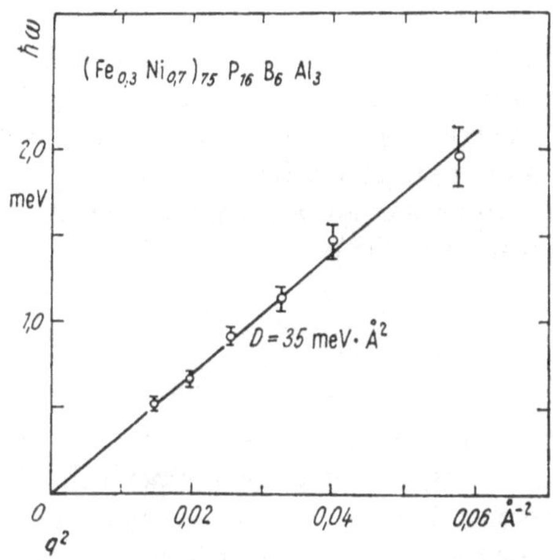

Abb. 3.18. Abhängigkeit der Spinwellenenergie $E = \hbar\omega$ von q^2 bei tiefen Temperaturen für die amorphe ferromagnetische Legierung $(Fe_{0,3}Ni_{0,7})_{75}P_{16}B_6Al_3$. Es ist zu erkennen, daß für den gemessenen Bereich die Dispersionsbeziehung $E = Dq^2$ erfüllt ist (nach [115])

Die Existenz von langwelligen Spinwellen in amorphen Ferromagneten ist nicht sehr überraschend, da sie nur ein mittleres effektives Medium spüren, solange nur ihre Wellenlänge groß gegenüber der charakteristischen Länge der Strukturfluktuationen ist.

Sehr bemerkenswert ist, daß in [112] für q-Werte, die im Bereich des Maximums des Strukturfaktors $\mathcal{J}(q)$ (vgl. (2.16)) liegen, rotonenähnliche Anregungen gefunden wurden, d. h., die Dispersionsbeziehung $E = E(q)$ besitzt für diese q-Werte ein ausgeprägtes Minimum (s. a. 6.4.1.).

Parallel zu den Neutronenstreuexperimenten wird auch die ferromagnetische Resonanz zur Bestimmung der Stiffnesskonstanten D eingesetzt (für Co–P [107] und Fe–Ge [117]).

Zum Abschluß dieses Abschnitts diskutieren wir kurz ein noch ungelöstes Problem (s. [75, 106—108, 111]). Innerhalb der einfachen Spinwellennäherung für Kristalle folgt zwischen den Größen B und D in (3.6) und (3.7) der Zusammenhang

$$B = 2{,}612 \frac{\mu_B g}{M(0)} \left(\frac{k_B}{4\pi D}\right)^{3/2} \equiv B_{sw}\,, \tag{3.8}$$

wobei k_B die BOLTZMANN-Konstante ist. Vergleicht man jedoch B_{sw}, das aus der Stiffnesskonstanten D für Spinwellen (gemessen mittels Neutronenstreuung) aus (3.8) folgt, mit B aus (3.6), so erhält man für alle bisher untersuchten amorphen Ferromagnete $B_{sw}/B = 0{,}6$ bis $0{,}8$. Die Ursache dafür sind vermutlich neben den Spinwellen existierende weitere niederenergetische Moden, die man mit der Neutronenstreuung (bis jetzt) noch nicht identifizieren konnte (s. 6.4.)

Wir bemerken noch, daß mittels Neutronenstreuung an amorphem Co–P die „magnetische radiale Verteilungsfunktion" gemessen wurde [118]. Sie verläuft ähnlich wie die totale radiale Verteilungsfunktion, die man mittels RÖNTGEN-Streuung erhält. Es konnte auch gezeigt werden, daß die magnetischen Momente parallel (kollinear) angeordnet sind, d. h., es tritt keine strukturbedingte Fluktuation ihrer Richtungen auf [118].

3.4. Kritische Eigenschaften

Von kristallinen Ferromagneten weiß man, daß sie eine scharf definierte CURIE-Temperatur T_C besitzen und damit zusammenhängend einen scharfen Phasenübergang zweiter Art bei T_C zeigen. Weiterhin genügen die magnetischen thermodynamischen Größen M (Magnetisierung) und χ (Suszeptibilität bei verschwindendem äußeren Magnetfeld H) in unmittelbarer Umgebung des kritischen Punktes den folgenden Potenzgesetzen:

$$\left.\begin{aligned} &M \sim (T_C - T)^\beta && \text{für } T \lesssim T_C \text{ und } H \to 0\,,\\ &\frac{M}{H} = \chi \sim (T - T_C)^{-\gamma} && \text{für } T \gtrsim T_C \text{ und } H \to 0\\ &\text{und}\\ &M \sim H^{1/\delta} && \text{für } T \to T_C\,. \end{aligned}\right\} \tag{3.9}$$

β, γ, δ bezeichnet man als kritische Exponenten. Aus den statischen Ähnlichkeitsgesetzen (scaling laws) folgt einerseits die Verknüpfung

$$\delta = 1 + \frac{\gamma}{\beta} \tag{3.10}$$

Tabelle 3.3.

CURIE-Temperatur T_C und kritische Exponenten β, γ, δ, α für amorphe und kristalline Ferromagnete

Nr.	Zusammensetzung	T_C in K	β	γ	δ	α[1])
	amorph					
1	$Co_{70}B_{20}P_{10}$ [75]	453,01 ± 0,07	0,402 ± 0,007	1,342 ± 0,025	4,39 ± 0,05	−0,14 ± 0,05
2	$Fe_{80}P_{13}C_7$ [122]	586,55 ± 0,10	0,38 ± 0,002	1,30 ± 0,05	4,47 ± 0,05	0,04 ± 0,04
3	$Fe_{80}P_{13}C_7$ [123]	585,9 ± 0,4	0,36 ± 0,02			
4	$Fe_{29}Ni_{49}P_{14}B_6Si_2$ [124]	384,5	0,40 ± 0,01	1,7 ± 0,1	5,25 ± 0,10	
5	$Fe_{32}Ni_{36}Cr_{14}B_{12}P_6$ [125] Metglas 2826 A		0,41 ± 0,02	1,67 ± 0,08	5,07 ± 0,20	−0,49 ± 0,12
6	$Gd_{80}Au_{20}$ [95]	149,45 ± 0,2	0,44 ± 0,02	1,29 ± 0,05	3,96 ± 0,03	−0,17 ± 0,09
	kristallin					
1	Fe [126, 127]	1042,0 ± 0,3	0,34 ± 0,02	1,333 ± 0,015		−0,04 ± 0,12
	[128]		0,37 ± 0,03	1,30 ± 0,06		
2	Ni [129]	627,4	0,37 ± 0,004	1,34 ± 0,01	4,58 ± 0,05	−0,10
3	Co [130]	1403	0,36 ± 0,08	1,23 ± 0,05		0,05 ± 0,21
4	Gd [131]	289	0,38	1,19	3,61	0,06
	dreidimensionaler kristalliner HEISENBERG-Ferromagnet [132, 133]		0,33 ... 0,37	1,36 ± 0,04 ($S = \frac{1}{2}$) 1,33 ± 0,01 ($S = \infty$)	4,2	

[1]) Der kritische Exponent α für die spezifische Wärmekapazität wurde für die amorphen Legierungen (außer Legierung Nr. 2) aus der Beziehung $\alpha = 2 - 2\beta - \gamma$ bestimmt [95].

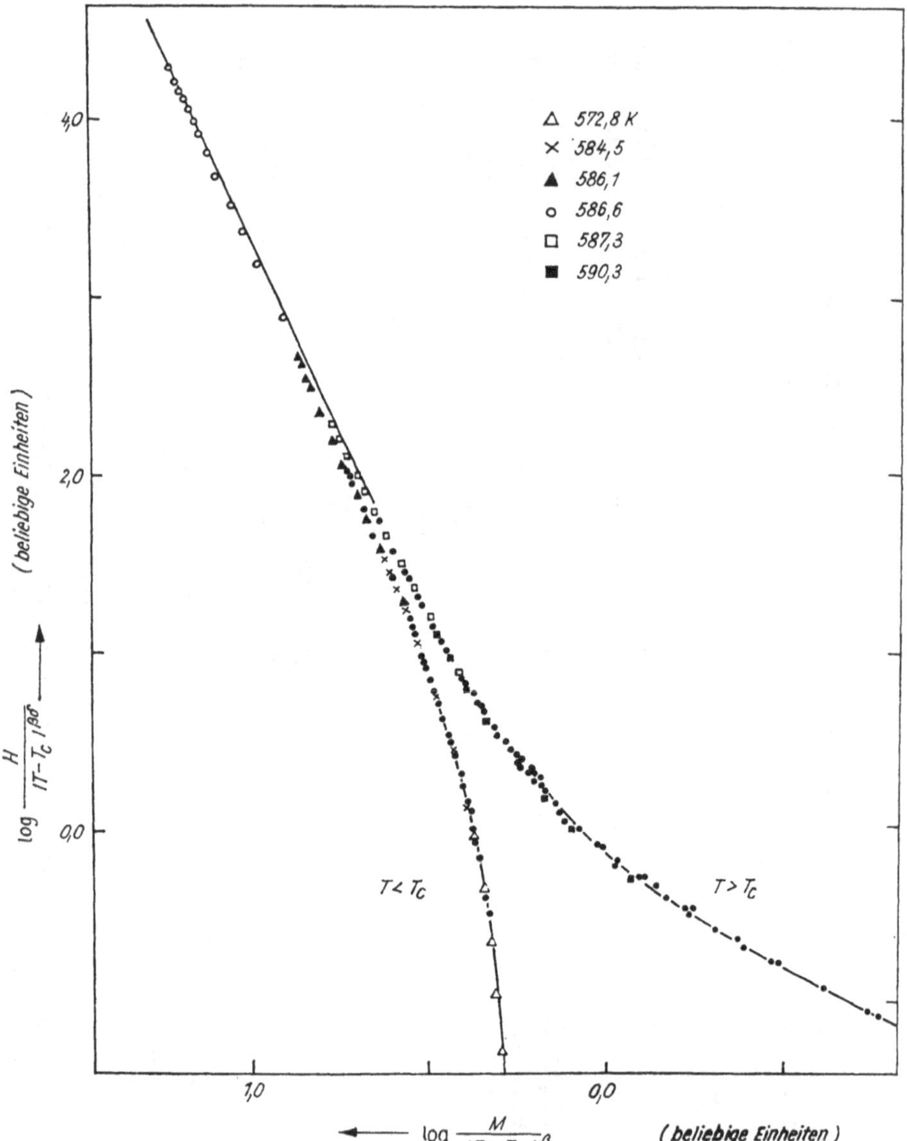

Abb. 3.19. Ähnlichkeitsgesetz (scaling law) für amorphes ferromagnetisches $Fe_{80}P_{13}C_7$. Für $\beta = 0{,}38$ und $\delta = 4{,}47$ liegen alle Meßwerte für $T \gtrsim T_C$ auf der oberen und für $T \lesssim T_C$ auf der unteren Kurve. Sie erfüllen daher das Ähnlichkeitsgesetz (3.11). Bei hinreichender Annäherung an T_C fallen beide Kurven zusammen (nach [122])

zwischen den kritischen Exponenten und andererseits der allgemeine Zusammenhang

$$\frac{M_\pm}{|T - T_C|^\beta} = f_\pm\left(\frac{H}{|T - T_C|^{\beta\delta}}\right), \tag{3.11}$$

wobei sich die Größen mit dem Index „+“ bzw. „—“ auf den Temperaturbereich unmittelbar oberhalb bzw. unterhalb T_C beziehen (s. z. B. [119, 120]).

Ob auch amorphe Ferromagnete diese Eigenschaften besitzen, war längere Zeit unklar. Erst 1973 wurde in einer exzellenten Arbeit von MIZOGUCHI u. a. [121] (s. a. [75]) für eine amorphe ferromagnetische $Co_{70}B_{20}P_{10}$-Legierung durch Präzisionsmessungen nachgewiesen, daß 1. sie eine scharf definierte CURIE-Temperatur besitzt, 2. das Verhalten im kritischen Bereich durch kritische Exponenten gemäß (3.9) beschrieben werden kann und 3. der allgemeine Zusammenhang (3.11) gültig ist (s. a. Tab. 3.3). Eine Fortsetzung fand diese wichtige Arbeit in [95, 122] durch die Untersuchung des kritischen Verhaltens amorpher ferromagnetischer $Fe_{80}P_{13}C_7$- und $Fe_{70}Cr_{10}P_{13}C_7$- bzw. $Gd_{80}Au_{20}$-Legierungen. Für erstere fand man ein sehr ähnliches Verhalten wie für $Co_{70}B_{20}P_{10}$. Eine Übersicht über die CURIE-Temperaturen und kritischen Exponenten für diese und zwei weitere amorphe ferromagnetische Proben, weiterhin für kristallines Fe und Ni sowie einige Resultate für das dreidimensionale kristalline HEISENBERG-Modell [132] findet man in Tab. 3.3.

In Abbildung 3.19 sind zahlreiche Meßwerte eingetragen, die alle offensichtlich sehr gut die Beziehung (3.11) erfüllen. Ähnlich gut liegen auch die Meßwerte für amorphes ferromagnetisches $Co_{70}B_{20}P_{10}$ [121]. MIZOGUCHI u. a. [121] begründen die Gültigkeit der Ähnlichkeitsgesetze mit einem einfachen Argument: Bei Annäherung an den kritischen Punkt wächst die Korrelationslänge der Spins und geht für $T \to T_C$ gegen ∞. Ebenso wie für langwellige Spinwellen (s. o.) sollten sich daher die Strukturfluktuationen mit einer charakteristischen Länge von einigen mittleren Atomabständen nicht qualitativ auf das kritische Verhalten auswirken.

Für amorphes $Fe_{70}Cr_{10}P_{13}D_7$ konnte lediglich eine gut definierte CURIE-Temperatur, nicht aber die Gültigkeit von (3.9) und (3.11) nachgewiesen werden. Der Grund dafür dürfte in der antiferromagnetischen Kopplung des magnetischen Moments von Cr mit dem Fe-Moment bestehen (vgl. 3.2.3.), so daß kein amorpher Ferromagnet, sondern ein amorpher gemischter Magnet mit ferromagnetischen und antiferromagnetischen Kopplungen vorliegt, eventuell auch ein Spinglas-Zustand (vgl. 6.8.). Aus ähnlichen Gründen dürften auch amorphe Ferrimagnete die Ähnlichkeitsgesetze nicht erfüllen. Bei ihnen kommt noch die stochastische magnetische Anisotropie hinzu (vgl. 4.4. und 6.6.).

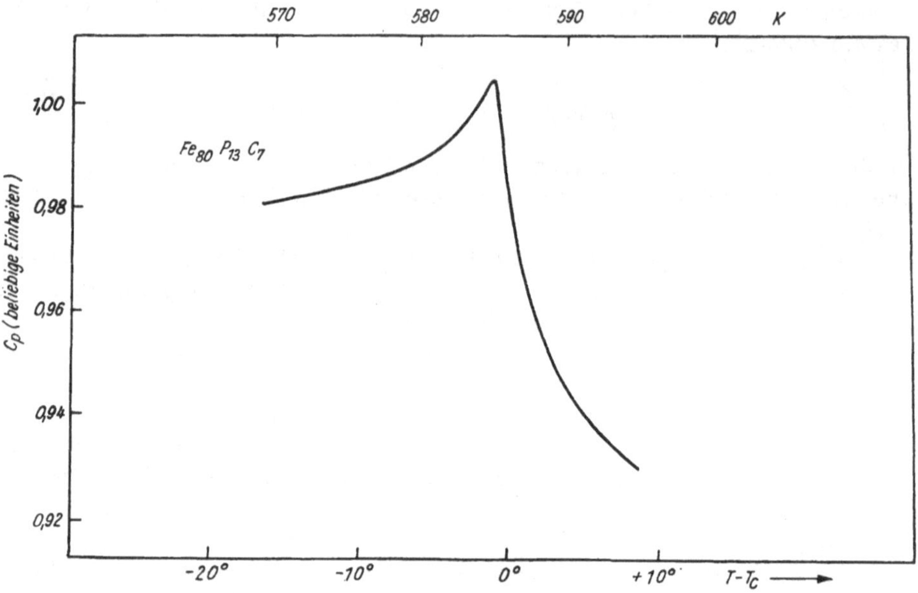

Abb. 3.20. Temperaturabhängigkeit der spezifischen Wärmekapazität im kritischen Bereich für amorphes ferromagnetisches $Fe_{80}P_{13}C_7$ (nach [122])

Der Temperaturverlauf der spezifischen Wärmekapazität für amorphes $Fe_{80}P_{13}C_7$ [122], $Fe_{75}P_{15}C_{10}$ [134] und $Co_{70}B_{20}P_{10}$ [121] im kritischen Bereich ähnelt dem für kristalline Ferromagnete sehr stark (s. Abb. 3.20). Es tritt der für Phasenübergänge charakteristische scharfe Peak bei T_C auf. In [134] wird der kritische Exponent für die spezifische Wärmekapazität ($C_H \sim \sim |T - T_C|^{-\alpha}$) mit $\alpha = -0{,}18$ abgeschätzt (vgl. a. Tab. 3.3).

Zum Abschluß erwähnen wir noch, daß auch mittels Streuung polarisierter Neutronen das kritische Verhalten amorpher ferromagnetischer $Fe_{80}P_{13}C_7$- (s. Tab. 3.3) und $(Co_{95}Fe_5)_{75}Si_{15}B_{10}$-Legierungen untersucht wurde [123].

3.5. Magnetische Anisotropie

Lange Zeit war man der Meinung, daß amorphe Ferromagnete keine magnetische Anisotropie besitzen können, sondern magnetisch isotrop sein müssen. Die ersten Hinweise auf das Vorhandensein einer magnetischen Anisotropie fanden Cargill und Cochrane im Jahre 1972 für amorphe ferromagnetische Co–P-Legierungen [22]. Großes Aufsehen erregte die Entdeckung einer starken makroskopischen einachsigen magnetischen Anisotropie durch Chaud-

HARI, CUOMO und GAMBINO [135] im Jahre 1973 für gesputterte amorphe ferrimagnetische Gd–Co-Legierungen (s. 4.4.). In der Folgezeit wurde bei vielen amorphen Ferro- und Ferrimagneten eine *makroskopische* einachsige magnetische *Anisotropie* gefunden.

Seit 1974 unternimmt man große Anstrengungen, um die Größe sowie die Ursachen und Einflußparameter der magnetischen Anisotropie amorpher Ferro- und Ferrimagnete zu bestimmen. Dafür gibt es neben dem physikalischen Interesse zwei weitere wesentliche Gründe:

1. Die magnetische Anisotropie ist eine sehr strukturempfindliche Größe und gestattet daher — das Verständnis ihrer Ursachen vorausgesetzt — weitgehende Rückschlüsse auf die Struktur.

2. Sie bestimmt entscheidend die für die technischen Anwendungen maßgebenden Größen Koerzitivfeldstärke H_C und Anfangspermeabilität μ_i, für die in vielen Fällen die Beziehungen[1])

$$H_c \sim \frac{K_{\text{eff}}}{M_s}, \tag{3.12}$$

$$\mu_i \sim \frac{M_s^2}{K_{\text{eff}}} \tag{3.13}$$

gelten, wobei K_{eff} die effektive magnetische Anisotropiekonstante und M_s die Sättigungsmagnetisierung bedeuten.

Darüber hinaus geht sie in den Ausdruck für die Dicke einer (180°-) BLOCH-Wand ein:

$$d_{\text{BW}} = \pi \left(\frac{A}{K_{\text{eff}} \cdot a}\right)^{1/2}. \tag{3.14}$$

Hier bedeuten $A = IS^2$ die Austauschenergie und a den (mittleren) Abstand zwischen benachbarten magnetischen Atomen. Die magnetische Anisotropie bestimmt somit wesentlich das $M(H)$-Verhalten, insbesondere die technisch wichtige Hysteresekurve.

Bei einachsiger Anisotropie sind die magnetische Anisotropieenergie (pro Volumen) durch

$$E_u = - K_u \cos^2 \varphi \tag{3.15a}$$

und das Anisotropiefeld in Vorzugsrichtung durch

$$H_u = \frac{2\,K_u}{M_s} \tag{3.15b}$$

[1]) In den Formeln dieses Kapitels bedeutet $\sim$ gleich bis auf einen konstanten Faktor der Größenordnung 1.

gegeben. Dabei ist K_u die magnetische Anisotropiekonstante, φ der Winkel zwischen der Vorzugsrichtung und der Magnetisierung und M_s die Sättigungsmagnetisierung.

Als Ursachen für eine magnetische Anisotropie kommen wie auch in Kristallen drei Mechanismen in Betracht (s. auch [75]):

1. Magnetostriktive (oder Spannungs-) Anisotropie, die durch (innere) mechanische Spannungen über die Magnetostriktion induziert wird;

2. Magnetische Dipol-Dipol-Wechselwirkung; sie führt zur

a) Formanisotropie, die durch die äußere Probenform und die Oberflächenbeschaffenheit bestimmt wird,

b) inneren Formanisotropie als Folge innerer anisotroper Heterogenitäten,

c) richtungsgeordneten Paaranisotropie (directional ordering);

3. Spin–Bahn-Kopplung, sie führt zur Einionenanisotropie und zur anisotropen Austauschwechselwirkung.

Die Formanisotropie kann man durch geeignete Wahl der Probengestalt (am günstigsten wäre Kugelform) und sorgfältige Oberflächenbearbeitung nahezu eliminieren. Sie ist keine materialspezifische Größe und interessiert daher im folgenden nicht. In amorphen Ferromagneten werden die magnetostriktive, Paar-, innere Form- und seltener die Einionenanisotropie beobachtet. In der Summe ergibt sich eine makroskopische einachsige (uniaxiale) magnetische Anisotropie, der im allgemeinen noch eine lokale stochastische Anisotropie überlagert ist. Das mittlere Anisotropiefeld H_u kann sowohl in der Schichtebene liegen als auch senkrecht zu ihr stehen.

3.5.1. Magnetostriktive Anisotropie

Die Magnetostriktion führt zu einer Anisotropiekonstanten der Form

$$K_u \sim \lambda_s \cdot \sigma \,, \tag{3.16}$$

wobei λ_s der Koeffizient der Sättigungsmagnetostriktion (s. 3.6.) und σ die mechanische Spannung sind.

Die magnetostriktive Anisotropie ist bei allen amorphen Proben vorhanden, die inneren oder äußeren mechanischen Spannungen unterworfen sind und eine nichtverschwindende Magnetostriktion besitzen. In den meisten amorphen Ferromagneten treten durch die Herstellung (insbesondere beim Abschrecken aus der Schmelze) bedingte erhebliche innere mechanische Spannungen auf. Diesen Teil der Anisotropie kann man durch Tempern im allgemeinen bedeutend reduzieren. λ_s-Werte für eine Reihe von amorphen ferromagnetischen Legierungen kann man aus Abbildung 3.28 entnehmen.

Vorwiegend magnetostriktive Anisotropie tritt bei amorphem $\text{ÜM}_{75}\text{P}_{16}\text{X}_6\text{Al}_3$ (X = B, C oder Si) auf [137]. Die von O'Handley [138] gefundene gute

Proportionalität zwischen λ_s und K_u für die 3 Metgläser $Fe_{80}P_{16}C_3B_1$ (Nr. 2615), $Fe_{40}Ni_{40}P_{14}B_6$ (Nr. 2826) und $Fe_{29}Ni_{49}P_{14}B_6Si_2$ (Nr. 2826 B) könnte als rein magnetostriktive Anisotropie interpretiert werden. Im allgemeinen sind gleichzeitig auch Beiträge der Paaranisotropie vorhanden. Aus der Domänenstruktur folgt, daß es sich bei der Gesamtanisotropie um eine einachsige Anisotropie handelt, deren Richtung sich räumlich leicht ändert. Sie ist eine Folge des Herstellungsprozesses (roller quenching, s. 1.2.).

3.5.2. Richtungsgeordnete Paaranisotropie

Am verbreitetsten ist in amorphen Ferromagneten die durch Richtungsordnung resultierende Paaranisotropie, d. h. benachbarte magnetische Atome (Paare) sind in der Probe in einer Vorzugsrichtung orientiert. Für sie gilt in vielen Fällen $K_u \sim M^2$. Sie kann durch Tempern in einem Magnetfeld (Magnetfeldtempern) oder durch Anlegen eines Magnetfeldes bereits während der Probenherstellung sowie durch Tempern unter mechanischer Spannung stark beeinflußt werden.

Um die richtungsgeordnete Paaranisotropie möglichst klar von der magnetostriktiven Anisotropie zu trennen, ist es am günstigsten, amorphe Ferromagnete mit (nahezu) verschwindender Magnetostriktion zu untersuchen. Als Beispiel kann amorphes ferromagnetisches $(Fe_4Co_{96})_{75}P_{16}B_6Al_3$ (s. u.) dienen [139]. Auch bei diesem Beispiel zeigt die Domänenstruktur, daß die Richtung des einachsigen Anisotropiefeldes H_u durch den Herstellungsprozeß (roller quenching) festgelegt wird. Durch etwa einstündiges Tempern bei 270 °C in einem Magnetfeld von 30 Oe in Rollrichtung konnte das Verhältnis $M_r/M_s = B_r/B_s$ (Remanenzinduktion zu Sättigungsinduktion), das eng mit der magnetischen Anisotropie zusammenhängt (s. Abb. 3.21), von 0,45 auf

Abb. 3.21. Die magnetische Anisotropiekonstante K_u ist proportional der schraffierten Fläche (vgl. z. B. [136]) (gestrichelte Kurve s. S. 88)

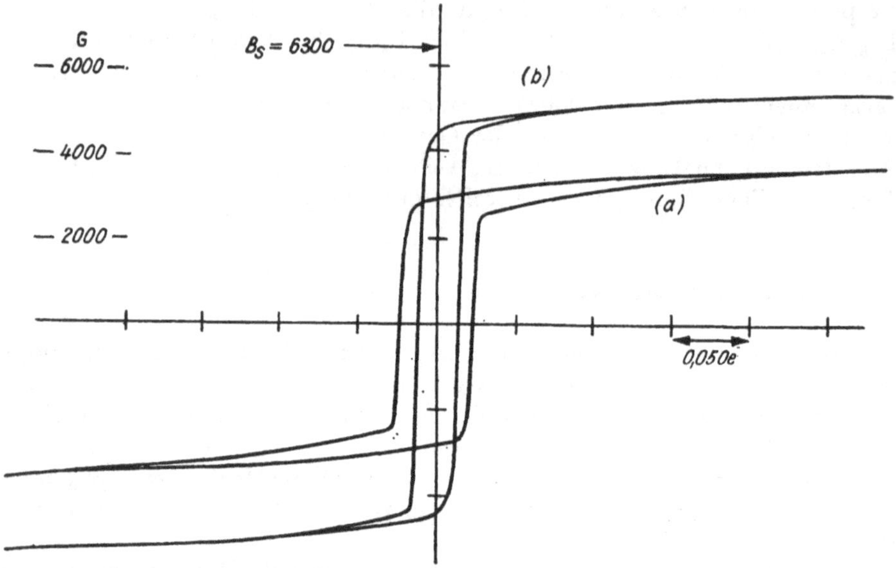

Abb. 3.22. *B–H*-Kurve für eine amorphe ferromagnetische $(Fe_4Co_{96})_{75}P_{16}B_6Al_3$-Legierung: (a) nach der Herstellung durch roller quenching, (b) nach Tempern in einem Magnetfeld in Rollrichtung (nach [139])

0,71 erhöht und dabei die Koerzitivfeldstärke H_c von 0,023 Oe auf 0,013 Oe verringert werden (s. Abb. 3.22). Daraus schließen die Autoren, daß die verbliebene Anisotropie vorwiegend durch eine feldinduzierte (richtungsgeordnete Paar-) Anisotropie gegeben ist. Folgender Umstand erhärtet diese Schlußfolgerung: Legt man beim Tempern das Magnetfeld senkrecht zur Rollrichtung (Schichtebene), so dreht sich die magnetische Anisotropie in Feldrichtung, und das Verhältnis B_r/B_s sinkt auf 0,22.

Demgegenüber änderte sich durch Magnetfeldtempern die *B–H*-Kurve für eine amorphe ferromagnetische $Fe_{75}P_{16}Si_6Al_3$-Legierung praktisch nicht [139], woraus auf ein Dominieren der über die Magnetostriktion spannungsinduzierten Anisotropie (s. 3.5.1.) geschlossen wurde (die mechanischen Spannungen sind eine Folge des Herstellungsprozesses).

Das Magnetfeldtempern, das zuerst von Berry und Pritchet [140] für eine amorphe ferromagnetische $Fe_{75}P_{15}C_{10}$-Legierung benutzt wurde, ist demnach eine sehr erfolgreiche Methode, um die Ursachen der magnetischen Anisotropie aufzuklären und bei Proben mit kleiner Magnetostriktion und (oder) geringen inneren mechanischen Spannungen die Größe und Richtung der magnetischen Paaranisotropie gezielt zu verändern. Dieses Verfahren wurde in der Folgezeit vielfach angewendet [136, 141—145].

Luborsky und Walter [144—146] untersuchten auf der Grundlage eines einfachen Platzwechselmodells intensiv die kinetischen Prozesse, die beim Magnetfeldtempern auftreten. Wir können hier auf diese interessanten Überlegungen jedoch nicht näher eingehen.

In der Abbildung 3.23 ist die magnetische Anisotropiekonstante K_u für eine Reihe von amorphen ferromagnetischen Legierungen, in denen die richtungsgeordnete Paaranisotropie dominiert, nach Luborsky [77] wiedergegeben. Als charakteristische Größenordnung findet man $K_u \approx 4 \cdot 10^3$ erg/cm³. Wir betonen jedoch, daß bei diesen Legierungen auch die spannungsinduzierte magnetostriktive Anisotropie durchaus zur Gesamtanisotropie beitragen kann. Das gleichzeitige Auftreten dieser beiden Anteile ist der typische Fall. Dafür geben wir im nächsten Abschnitt einige Beispiele an.

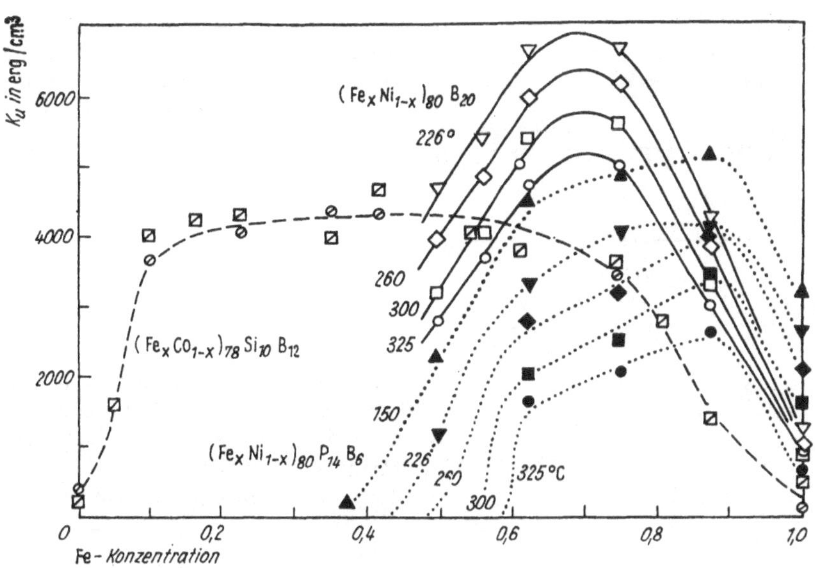

Abb. 3.23. Durch Magnetfeldtempern induzierte Paaranisotropie nach Luborsky [77] für verschiedene amorphe ferromagnetische Legierungen in Abhängigkeit von der Fe-Konzentration: Fe–Ni–B (▽, ◇, □, ○), Fe–Ni–P–B (▲, ▼, ■, ●) [146]; in beiden Fällen wurde bei der jeweils angegebenen Temperatur (in °C) bis zum Erreichen des Gleichgewichtswertes von K_u getempert; Fe–Co–Si–B (⊘ durch 15minütiges Tempern bei sukzessiv steigenden Temperaturen, ⧄ durch Kühlen mit 1,6 K/min von 380 °C an) [143], entnommen aus [77]

3.5.3. Magnetostriktive und Paaranisotropie

Relativ ausführlich untersucht wurde die magnetische Anisotropie in den Legierungen $Fe_{29}Ni_{49}P_{14}B_6Si_2$ (Metglas 2826B) [136] und $Fe_{40}Ni_{40}P_{14}B_6$ (Metglas 2826) [136, 147–152]. Aus der Temperaturabhängigkeit der spontanen Magnetisierung $M(T)$ (Abb. 3.24) und der magnetischen Anisotropiekonstanten $K_u(T)$ (Abb. 3.25) für das Metglas 2826B ergibt sich [136]

$$K_u \sim M^{2,7(\pm 0,2)} . \tag{3.17}$$

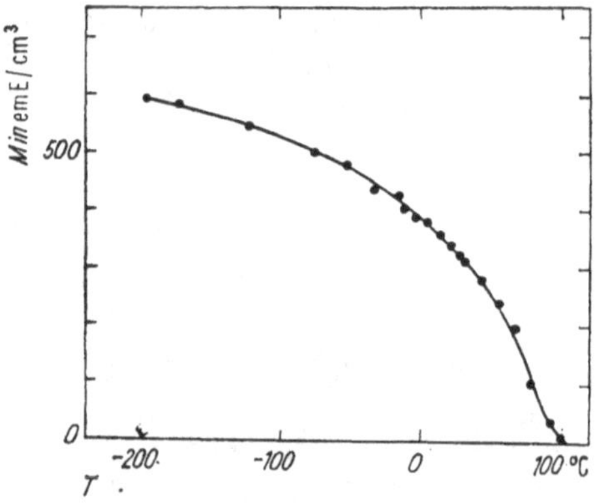

Abb. 3.24. Magnetisierung M in Abhängigkeit von der Temperatur T für amorphes ferromagnetisches $Fe_{29}Ni_{49}P_{14}B_6Si_2$ (Metglas 2826 B) (nach [136])

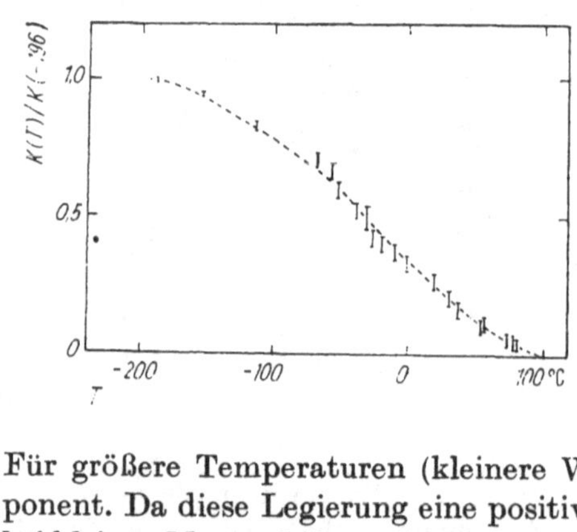

Abb. 3.25. Magnetische Anisotropiekonstante K_u in Abhängigkeit von der Temperatur T für amorphes ferromagnetisches $Fe_{29}Ni_{49}P_{14}B_6Si_2$ (Metglas 2826 B); $K_u\,(-196\;°C) = 8 \cdot 10^3\;erg/cm^3$ (nach [136])

Für größere Temperaturen (kleinere Werte von M) folgt ein kleinerer Exponent. Da diese Legierung eine positive Magnetostriktion λ_s besitzt, wächst bei kleinen Magnetfeldern die Magnetisierung bei Anlegen einer mechanischen Spannung (s. gestrichelte Kurve in Abb. 3.21). Die Verringerung der schraffierten Fläche in Abbildung 3.21 gibt daher den Anteil der aufgeprägten magnetostriktiven Anisotropie wieder. Aus Abbildung 3.26 ist zu entnehmen, daß $K(\sigma)/K(0)$ temperaturunabhängig ist. $K(0)$ ändert sich jedoch

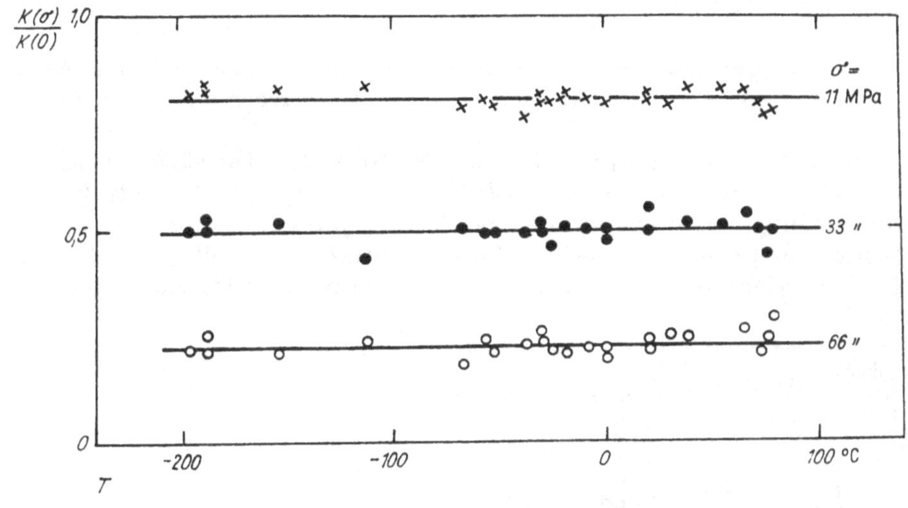

Abb. 3.26. Temperaturabhängigkeit der durch verschiedene äußere mechanische Spannungen aufgeprägten magnetostriktiven Anisotropie für amorphes ferromagnetisches $Fe_{29}Ni_{49}P_{14}B_6Si_2$ (Metglas 2826B) (nach [136])

dabei in dem untersuchten Temperaturintervall ungefähr um das 30fache (vgl. Abb. 3.25) als Folge der Temperaturabhängigkeit von λ_s (s. 3.6.). Magnetfeldtempern führt erst bei Temperaturen oberhalb 100 °C zu einem Beitrag der Paaranisotropie, der proportional zu M^2 ist [136]. Ähnliche Resultate ergeben sich auch für $Fe_{40}Ni_{40}P_{14}B_6$ (Metglas 2826) nach [136], vgl. auch [147—152]. Hasegawa u. a. [147, 148] erhalten jedoch im Unterschied zu (3.17) für dieses Metglas $K_u \sim M^2$, s. auch [149]. Die Ursache für diese Diskrepanz dürfte in einer unterschiedlichen thermischen Behandlung der Proben oder in der Betrachtung unterschiedlicher Temperaturbereiche liegen. Überwiegt die Paaranisotropie, so ist $K_u \sim M^2$ zu erwarten. Überwiegt die magnetostriktive Anisotropie, so müßte der Exponent zwischen 2 und 3 liegen (s. 3.6.). Bei Metglas 2826 ist die Beobachtung interessant, daß die Richtung des Anisotropiefeldes H_u für $T > 240$ K in Rollrichtung liegt, für $T < 240$ K mit abnehmender Temperatur sich zuerst kontinuierlich aus der Schichtebene herausdreht und dann wieder bei 100 K in die Schichtebene zurückkehrt [150]. Dieses Verhalten wird durch thermisch verursachte Spannungen gedeutet, die zu einer zusätzlichen magnetostriktiven Anisotropie führen (s. auch [151]).

Weitere Untersuchungen zur magnetischen Anisotropie an amorphen ferromagnetischen $(Fe_{1-x}Co_x)_{78}Si_{10}B_{12}$, $(Co_{1-x}Y_x)_{78}Si_{10}B_{12}$ (Y = Ni, Cr, Pd) für $0{,}25 < x < 0{,}8$ kann der Leser in [143] und für $Fe_{80}B_{20}$ in [153] finden.

3.5.4. Innere Formanisotropie

Die richtungsorientierte Paaranisotropie und die magnetostriktive Anisotropie sind in amorphen ferromagnetischen Legierungen am weitesten verbreitet.

Chi und Cargill [46] konnten mittels Röntgen-Kleinwinkelstreuung in amorphen ferromagnetischen Co–P-Legierungen, die durch elektrolytische Abscheidung hergestellt wurden, gleichorientierte ellipsoidförmige Inhomogenitäten mit hoher bzw. niedriger Co-Konzentration feststellen (s. Abb. 3.27). Diese Bereiche besitzen demnach eine hohe bzw. niedrige Magnetisierung.

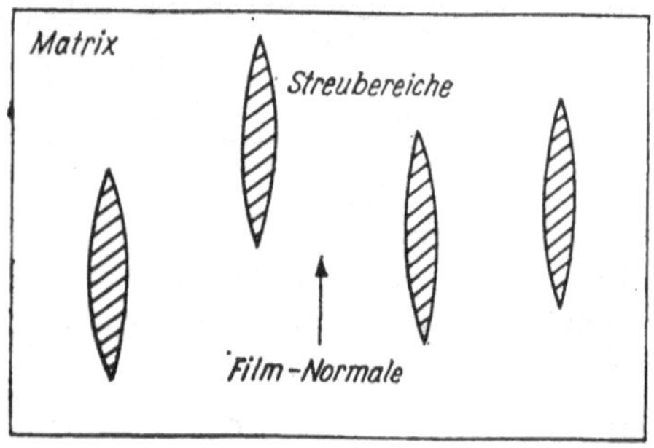

Abb. 3.27. Modell für die gleichorientierten ellipsoidförmigen Konzentrationsinhomogenitäten (nach [46])

Das führt zu einer inneren Formanisotropie. Das Anisotropiefeld ist senkrecht zur Schichtebene gerichtet. Inhomogenitäten und Anisotropie können durch Tempern reduziert werden. Ähnliche Resultate wurden auch für Co–Ni–P-Schichten gefunden, die ebenfalls durch elektrolytische Abscheidung erhalten wurden [27]. Auch in amorphem ferromagnetischem Co–P, das durch elektrolytisches Abscheiden bei Anlegen eines rotierenden Magnetfeldes hergestellt wurde, fand man eine magnetische Anisotropie senkrecht zur Schichtebene [26].

Es ist bemerkenswert, daß die Co–P-Schichten [26] und die Co–Ni–P-Schichten [27] streifenförmige und bubbleähnliche Domänenstrukturen aufwiesen. Die Bedingung (4.6) ist dabei nicht erfüllt.

3.6. Magnetostriktion

Die Magnetostriktion ist eine Folge der Spin–Bahn-Wechselwirkung. Obwohl für kristalline ÜM-Legierungen verschiedene theoretische Zugänge zur Berechnung der Magnetostriktion existieren (Bandmodell, pseudodipolares Modell, quantenstatische Theorie), ist die quantitative Berechnung von

λ_s noch nicht befriedigend. Noch wesentlich ungünstiger ist die Situation für amorphe ferromagnetische Legierungen (s. [154]). Wir geben daher im folgenden nur einige experimentelle Ergebnisse wieder. Die Bedeutung der Magnetostriktion für die magnetische Anisotropie und damit für die $M(H)$-Eigenschaften geht aus dem vorigen Kapitel hervor.

In Abbildung 3.28 ist die Sättigungsmagnetostriktion λ_s für eine Reihe von amorphen ferromagnetischen Fe–Co- und Fe–Ni-Legierungen, die 20 bzw. 25 At.-% nichtmagnetische Atome (in der Regel Glasbildner) enthalten, nach Luborsky [77] angegeben. Die charakteristische Größenordnung beträgt $\lambda_s \approx 20 \cdot 10^{-6}$. Im Fe-reichen Gebiet nimmt λ_s große Werte an und hat das entgegengesetzte Vorzeichen wie für polykristallines Fe, während es im Co-reichen Gebiet für amorphe und polykristalline Legierungen negativ ist [77, 145]. Ganz ähnlich liegen die Verhältnisse bei den amorphen ferromagnetischen Fe–Co–P–B–Al-Legierungen.

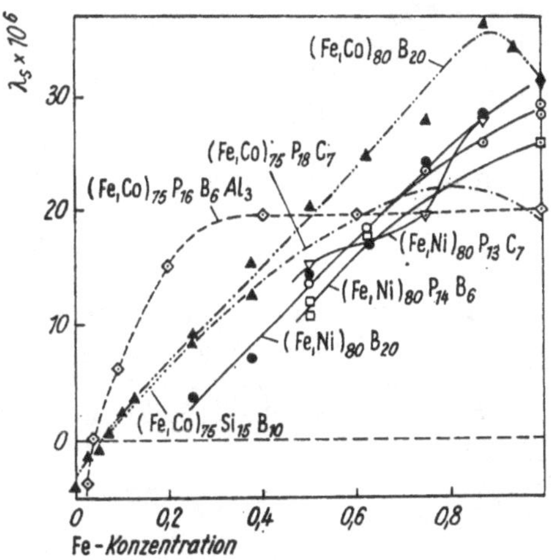

Abb. 3.28. Sättigungsmagnetostriktion λ_s in Abhängigkeit von der Fe-Konzentration für $(Fe, Co)_{75}P_{16}B_6Al_3$ [155, 156], $(Fe, Ni)_{80}P_{13}C_7$ [157], $(Fe, Ni)_{80}B_{20}$ [158–160], $(Fe, Ni)_{80}P_{14}B_6$ [158], $(Fe, Co)_{75}P_{18}C_7$ und $(Fe, Co)_{75}Si_{15}B_{10}$ [161], $(Fe, Co)_{80}B_{20}$ [159, 160], entnommen aus [77]

Allen λ_s-Kurven ist gemeinsam, daß $\lambda_s = 0$ für ein $\frac{Co}{Co + Fe}$-Verhältnis von ca. 0,93 folgt. Das gilt auch für Polykristalle, obwohl der übrige Verlauf von λ_s sich für amorphe Legierungen von dem für Polykristalle zum Teil erheblich unterscheidet.

Für amorphe Fe–Co–Ni–P-Legierungen wurde im Ni-reichen Gebiet ebenfalls ein Übergang von positiven zu negativen λ_s-Werten beobachtet [162]. Der Unterschied in den λ_s-Werten für amorphe und polykristalline Legierungen wird vermutlich durch die verschiedenen Nahordnungsverhältnisse verursacht [77, 154]. Durch die Entstehung verschiedener kristalliner

Phasen in Abhängigkeit von der Fe-Konzentration weist die λ_s-Kurve für Polykristalle mehrere Maxima und Minima auf (s. z. B. [154]), während sie für die entsprechenden amorphen Legierungen, die ja durchweg eine sehr ähnliche Nahordnung besitzen, nahezu monoton verläuft.

Über die Temperaturabhängigkeit der Magnetostriktion bzw. über ihren Zusammenhang mit der spontanen Magnetisierung liegen noch wenig Resultate vor. In Abbildung 3.29 sind Meßergebnisse für amorphes $Fe_{80}B_{20}$ von O'Handley [159, 160] wiedergegeben. Daraus folgt der Zusammenhang

$$\frac{\lambda_s(T)}{\lambda(0)} \sim \left(\frac{M(T)}{M(0)}\right)^\nu$$

mit $\nu \approx 3$ bei tieferen Temperaturen (hohe Magnetisierung) und $\nu \approx 2$ bei höheren Temperaturen (oberhalb Zimmertemperatur).

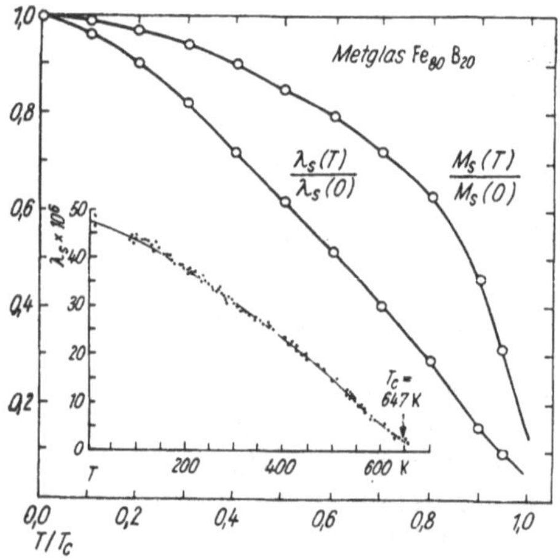

Abb. 3.29. Reduzierte spontane Magnetisierung bzw. Magnetostriktion für amorphes $Fe_{80}B_{20}$ in Abhängigkeit von der Temperatur (nach [159])

Die Ähnlichkeit der Temperaturabhängigkeit der Anisotropiekonstanten K_u von Metglas 2826 B (Abb. 3.25) und der Magnetostriktion von $Fe_{80}B_{20}$ (Abb. 3.29) ist auffallend. Der $M(T)$-Verlauf beider Proben stimmt auch qualitativ gut überein. Man könnte daraus schließen, daß die Anisotropie in diesem Metglas vorwiegend magnetostriktiven Ursprungs ist.

Die erste systematische Messung der Temperaturabhängigkeit der Sättigungsmagnetostriktion λ_s bzw. der Volumenmagnetostriktion wurden von Jagielinski u. a. [163] für amorphe $(Fe_{1-x}Ni_x$-, $Co_{1-x}Ni_x$- bzw. $Fe_{1-x}Co_x)_{78}Si_8B_{14}$-Legierungen für verschiedene x durchgeführt. In Abhängigkeit von der Art der ÜM und ihrer Konzentration x fanden sie eine mit T fallende, nahezu konstante oder wachsende Sättigungs- und Volumenmagnetostriktion. Diese

Größen wurden auch für amorphe quasiternäre $(Fe_xNi_yCo_z)_{78}Si_8B_{14}$-Legierungen verschiedener ÜM-Konzentrationen x, y, z bestimmt.

FUKAMICHI u. a. [164] untersuchten für amorphe $Fe_{100-x}B_x$-Legierungen den thermischen Ausdehnungskoeffizienten und fanden für amorphes $Fe_{83}B_{17}$ ein ausgezeichnetes Invarverhalten[1]) von 0 °C bis über 300 °C, d. h. in einem größeren Temperaturbereich als für die bekannten kristallinen Invarlegierungen. Die Ursache für diese Eigenschaft liegt in der großen positiven Volumenmagnetostriktion und einer geeignet starken Abflachung der reduzierten Magnetisierung in Abhängigkeit von T/T_C infolge der Strukturfluktuationen. $M(T/T_C)/M(0)$ hat einen ähnlichen Verlauf wie für die kristalline $Fe_{64,2}Ni_{35,8}$-Invarlegierung.

3.7. Amorphe Ferromagnete als Weichmagnete

Weichmagnetische Materialien müssen folgende Eigenschaften besitzen (s. z. B. [165]):

1. hohe maximale Permeabilität μ_m (bei kleinen Magnetfeldern);
2. geringe Koerzitivfeldstärke H_c;
3. hohe Sättigungsinduktion $B_s = 4\pi M_s$;
4. hoher elektrischer Widerstand.

Aus den Eigenschaften 1. und 2. folgen geringe Hystereseverluste und aus 4. geringe Wirbelstromverluste. Materialien mit diesen Eigenschaften werden als Magnetkerne in Transformatoren und Generatoren verwendet. Darüber hinaus werden sie auch als elektronische Bauelemente (z. B. Schaltkerne und magnetische Verstärker) eingesetzt. In diesem Fall kommt noch die Forderung nach einer möglichst rechteckigen Hystereseschleife hinzu, die man durch die Bedingung $B_r/B_s \approx 1$ (B_r ist die Remanenzinduktion) vereinfacht ausdrücken kann. Außerdem müssen noch eine gute thermische Stabilität der magnetischen Eigenschaften auch oberhalb Zimmertemperatur und ein stabiles Langzeitverhalten garantiert sein.

Die Sättigungsmagnetisierung bei und etwas über Zimmertemperatur, die wir im weiteren zugrunde legen (wenn nichts anderes vermerkt ist), wird durch das mittlere atomare magnetische Moment $\bar{\mu}$ und die CURIE-Temperatur T_C (s. 3.2.) weitgehend festgelegt. Die Forderung 3. ist daher äquivalent zu der Forderung nach großem $\bar{\mu}$ und einem T_C von einigen 100 C° oberhalb Zimmertemperatur.

[1]) Bei Invarlegierungen wird die gewöhnliche thermische Ausdehnung, die eine Folge der Phonon-Phonon-Wechselwirkung ist, durch eine passende magnetostriktiv bedingte Kontraktion kompensiert.

Bei bekannter magnetischer Anisotropiekonstante $K_{eff} = K_u$ (s. 3.5.) können die Koerzitivfeldstärke H_c und die Anfangspermeabilität μ_i nach den Beziehungen (3.12) und (3.13) abgeschätzt werden. Hohes μ_i bedeutet in der Regel auch hohes μ_m, obwohl keine einfache Proportionalität besteht.

Die Möglichkeit, amorphe Ferromagnete als weichmagnetische Materialien einzusetzen, hat als erster SIMPSON [166] bereits im Jahre 1972 erkannt. Es existieren gegenwärtig zu diesem Fragenkomplex einige Übersichtsarbeiten [38, 77, 89, 167—172].

Nach den Ausführungen in Kapitel 3.5. muß zur Erfüllung der Forderungen 1. und 2. vor allem für eine möglichst kleine magnetische Anisotropie gesorgt werden. Dies erfordert in der Regel auch eine kleine Magnetostriktion λ_s. Wie wir bereits wissen, kann man die magnetische Anisotropie durch einfaches Tempern (hierbei werden vor allem die inneren mechanischen Spannungen beseitigt, die zu einer magnetostriktiven Anisotropie führen) [77, 89, 168, 170], durch Tempern unter äußerer mechanischer Spannung [89, 168] und durch Magnetfeldtempern verringern [89].

Wir betrachten im folgenden die weichmagnetischen Eigenschaften einiger Metgläser und diskutieren einige Anwendungsmöglichkeiten. Anschließend geben wir einige interessante Ergebnisse der Arbeit von MASUMOTO u. a. [89] wieder, in der durch ein beispielhaftes Vorgehen die weichmagnetischen Eigenschaften Schritt für Schritt optimiert wurden.

3.7.1. Metgläser

Die weichmagnetischen Eigenschaften von toroidförmigen Metgläsern sind am besten untersucht worden. Eine instruktive Übersicht kann man in der Arbeit von LUBORSKY [170] finden, der wir die in Tabelle 3.4 angegebenen wichtigen Daten über kommerzielle weichmagnetische kristalline Legierungen entnommen haben. Analoge Daten für mehrere Metgläser sind in den Tabellen 3.5 und 3.6 zusammengestellt. Es ist zu sehen, daß die Sättigungsinduktion $B_s = 4\pi M_s$ bei Zimmertemperatur und die CURIE-Temperatur T_C der Metgläser im allgemeinen etwas unter den entsprechenden Werten für kristalline Weichmagnete liegen, während die Koerzitivfeldstärken H_c nach Temperung etwa gleich groß sind (Supermalloy Hymu „800“ ausgenommen). Die B_r/B_s-Werte erreichen für mehrere Metgläser die kristallinen Werte. Der spezifische elektrische Widerstand der Metgläser ist ca. dreimal so groß.

Wichtige Größen für Anwendungszwecke sind die (Anfangs-) Permeabilität (Abb. 3.30) und die Energieverluste für sinusförmige Magnetfelder bzw. Induktionen unterschiedlicher Frequenz (Abb. 3.31 und 3.32). Die Anfangspermeabilität μ_i der Metgläser liegt niedriger als für die Permalloy-Legierun-

Tabelle 3.4.
Wichtige Größen einiger kommerzieller weichmagnetischer Legierungen (nach [170])

Bezeichnung	Zusammensetzung (Gew.-%); optimierte Größe	B_s in kG	T_C in °C	Magnetostriktion $\lambda_s \cdot 10^6$	Dichte in g/cm³	ϱ in µΩ-cm	H_c[1]) in Oe	B_r[1])/B_s
4–79 Mo-Permalloy Super Perm 80 HyMu „80“ Mumetal Hipernom	80 Ni, 16 Fe, 4 Mo; hohe Anfangspermeabilität μ_i	7,8	460	≈ 0	8,74	55	0,025	—
Supermalloy Hymu „800“	80 Ni, 20 Fe; höchste Anfangspermeabilität μ_i und niedrigstes H_c	8,2	400	≈ 0	8,77	65	0,005	—
Square Permalloy Square 80 Hy–Ra „80“	80 Ni, 16 Fe, 4 Mo; rechteckige B–H-Schleife	8,2	460	≈ 0	8,74	55	0,028	0,72
Deltamax Square 50 Hy–Ra „49“ Orthonol Hipernik V	50 Ni, 50 Fe kornorientiert; maximal rechteckige B–H-Schleife	16,0	480	40	8,25	45	0,10	0,85
Supermendur	49 Fe, 49 Co, 2 V; maximal rechteckige B–H-Schleife	23,0	940	70	8,15	26	0,18	0,87
Silectron Microsil Oriented T–S	96,8 Fe, 3,2 Si	20,3	730	4	7,65	50	0,50 0,30[2])	0,71 0,71[2])

[1]) 50 µm Dicke, wenn nichts anderes vermerkt. [2]) 305 µm Dicke.

Tabelle 3.5.
Wichtige Größen einiger amorpher Legierungen (nach [170])

Zusammensetzung (Metglas-Nr.)	Bez.	$B_s = 4\pi M_s$ in kG (bei Zimmertemperatur)	T_C in °C	Sättigungs-magnetostriktion [1]) $\lambda_s \cdot 10^6$	Dichte in g/cm³	T_g in °C (aus DSC-Messungen)	T_K in °C (aus DSC-Messungen)	ΔH in cal/g (aus DSC-Messungen)	2h-Temperatur T_{sp} in °C	2h-Temperatur T_K in °C	ϱ $\mu\Omega$ cm	Literatur
$Fe_{80}B_{20}$ (2605)	*A*	16,0	374	30	7,4				310	389[2])	140	[148, 173]
$Fe_{80}P_{16}C_3B_1$ (2615)	*B*	14,9	292	30						327[2])	150	[138]
$Fe_{40}Ni_{40}P_{14}B_6$ (2826)	*C*	8,2	247	11	7,7	390	400	19,9	300	—	180	[138, 173, 174]
$Fe_{29}Ni_{49}P_{14}B_6Si_2$ (2826 B)	*D*	4,2	382	5							140	[138]
$Fe_5Co_{70}Si_{15}B_{10}$	*M*	6,7	430	−0,1							134	[161, 175]
$Fe_{80}B_{20}$ (2605)	*E*	16,1	378	29	7,07 *k* 7,05	441	451	34,8	330 345	340		[170]
$Fe_{40}Ni_{40}B_{20}$	*F*	10,3	396	13,5	7,48 *k* 7,14	442	451	19,2	350	355		[170]
$Fe_{80}P_{14}B_6$	*G*	13,6	344	26	7,13 *k* 6,86	418	428	30,0	325	—		[170]
$Fe_{50}Ni_{30}P_{14}B_6$	*H*	10,4	334	17,5	7,42 *k* 7,21	418	423	23,0	305	350		[170]
$Fe_{40}Ni_{40}P_{14}B_6$	*L*	8,3	250	12	7,52	408	418	20,5	310	355		[141, 152]
$Fe_3Co_{72}P_{16}B_6Al_3$	*O*	6,3	260	0	7,60 *k*	—	—	—	350	—		[170]

[1]) Magnetostriktionsmessungen wurden von P. Flanders durchgeführt.
[2]) Temperatur, bei der die Rekristallisation in 2 h zur Hälfte abläuft.
ΔH = Kristallisationsenthalpie
T_g = Glasumwandlungstemperatur
T_K = Kristallisationstemperatur (Einsetzen der Kristallisation)
T_{sp} = Temperatur, bei der sich die Spannungsentlastung vollzieht
k = kristallin

Tabelle 3.6.
Energieverlust (Eisenverlust) in amorphen Legierungen (nach [170])

Zusammensetzung	Bez.	Eisenverlust in mW/cm^3 ($B_m = 1$ kG)								Banddicke	getempert		Literatur
		im gegossenen Zustand				getempert				in µm	H_c in Oe	$\frac{B_r}{B_s}$	
		Frequenz in kHz											
		0,060	1	10	50	0,060	1	10	50				
$Fe_{80}B_{20}$ (2605)	*A*	0,071	2,8	65	—	0,030	1,1	18	—	30—35²)	0,040	0,78	[148]
$Fe_{80}P_{16}C_3B_1$ (2615)	*B*	—	8,5	310	—	—	6,3	160¹)	—	40²)	0,050	0,42	[138]
$Fe_{40}Ni_{40}P_{14}B_6$ (2826)	*C*	—	13	250	—	—	1,8	42	—	50²)	0,019	0,58	[138]
$Fe_{29}Ni_{49}P_{14}B_6Si_2$ (2826 B)	*D*	—	10	160	—	—	0,75	20	—	70²)	0,011	0,70	[138]
$Fe_5Co_{70}S_{15}B_{10}$	*M*	—	—	—	—	—	—	—	—	—	0,010	0,85	[175]
$Fe_{80}B_{20}$ (2605)	*E*	0,10	5	350	1000	0,025	1,2	35	200	30	0,075	0,46	[170]
$Fe_{40}Ni_{40}B_{20}$	*F*	0,07	4	450	2300	0,016	1,2	45	600	30	0,090	0,68	[170]
$Fe_{80}P_{14}B_6$	*G*	0,04	2,5	80	950	0,014	1,1	28	200	25	0,10	0,37	[170]
$Fe_{50}Ni_{30}P_{14}B_6$	*H*	0,09	5	380	1700	0,022	1,2	50	1000	30	0,050	0,84	[170]
$Fe_{40}Ni_{40}P_{14}B_6$ (2826)	*K*	0,07	4	400	3000	0,010	0,60	18	180	50	0,020	0,70	[141, 152]
$Fe_{40}Ni_{40}P_{14}B_6$	*L*	0,06	5,5	550	1300	0,014	0,92	49	820	36	0,035	0,85	[170]
$Fe_3Co_{72}P_{16}B_6Al_3$	*O*	0,025	1	28	190	0,006	0,35	16	230	20	0,015	0,82	[170]

¹) Nicht vollständig spannungsentlastet, da nicht bei genügend hohen Temperaturen getempert werden konnte.
²) Nach R. C. O'Handley.

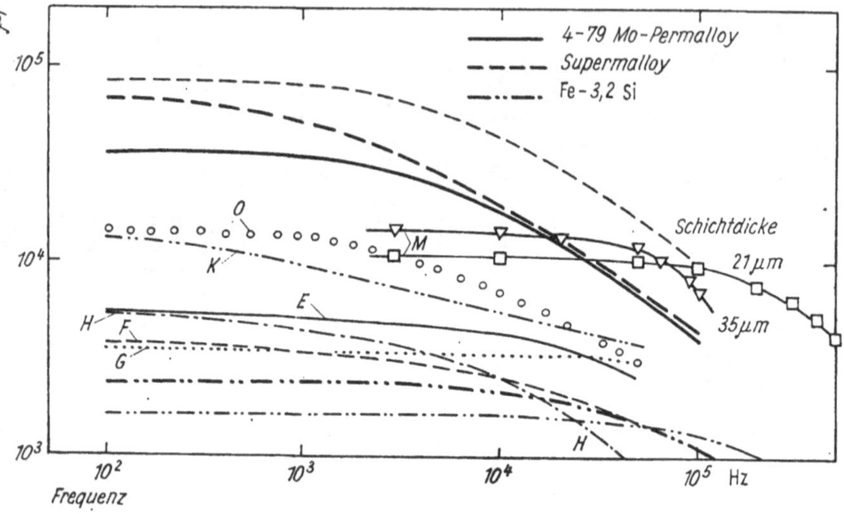

Abb. 3.30. Anfangspermeabilität μ_i in Abhängigkeit von der Frequenz des angelegten Magnetfeldes für einige kommerzielle kristalline Weichmagnete und Metgläser (*E*, *F*, *G*, *H*, *K*, *M*, *O* vgl. Tab. 3.5 und 3.6); die Metgläser wurden bei $\Delta B = 100$ G, $\Delta B = 45$ G (▿, □), die kristallinen Proben bei $\Delta B = 50$ G gemessen, entnommen aus [170]

gen, aber höher als für Fe-3,2 Si. Ihre Energieverluste sind höher als für Permalloy, jedoch niedriger als für Fe-3,2 Si.

Als elektronische Bauelemente haben die Metgläser etwas ungünstigere Permeabilitäten und Energieverluste als die konventionellen kristallinen Fe–Ni-Legierungen, aber bessere als Fe–Co- und Fe–Si-Legierungen. Die Sättigungsinduktion liegt andererseits höher als bei den Fe–Ni-Legierungen.

Die Metgläser können daher die kristallinen Materialien durchaus zum Teil verdrängen [170]. Amorphes $Fe_{80}B_{20}$ hat nur etwa $^1/_4$ der Verlustenergie der besten Fe–3,2 Si-Legierungen und könnte daher in Hochleistungstransformatoren eingesetzt werden [170]. Die Temperaturstabilität der magnetischen Eigenschaften der Metgläser ist für Anwendungszwecke ausreichend.

Durch Extrapolation kann man anhand der Abbildung 3.33 die Zeit bestimmen, nach der die Kristallisation einsetzt (Langzeitstabilität). Für das ungünstig liegende $Fe_{80}B_{20}$ folgen 550 Jahre bei 175 °C und 25 Jahre bei 200 °C [170]. Die thermische Stabilität des amorphen Zustandes der Metgläser ist daher vollkommen ausreichend und stellt kein Hindernis für mögliche Anwendungen dar.

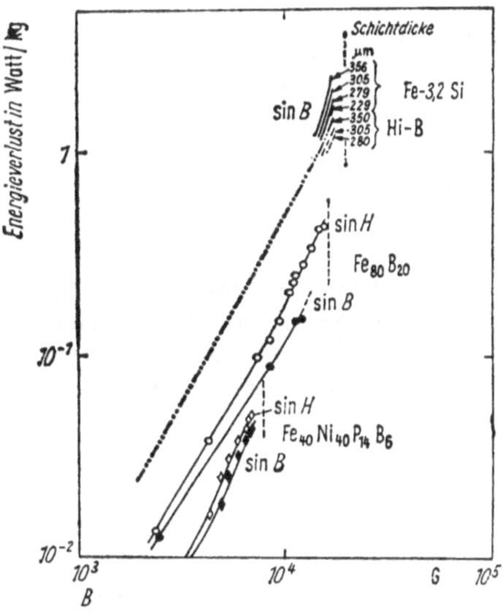

Abb. 3.31. Energieverlust pro Masse in Abhängigkeit von der maximalen Induktion B für kristallines konventionelles „Hi–B", Fe-3,2 Si und zwei Metgläser bei 60 Hz. Letztere wurden mit sin B und sin H getestet. Die vertikalen gestrichelten Linien markieren die Sättigungsinduktion B_s, entnommen aus [170]

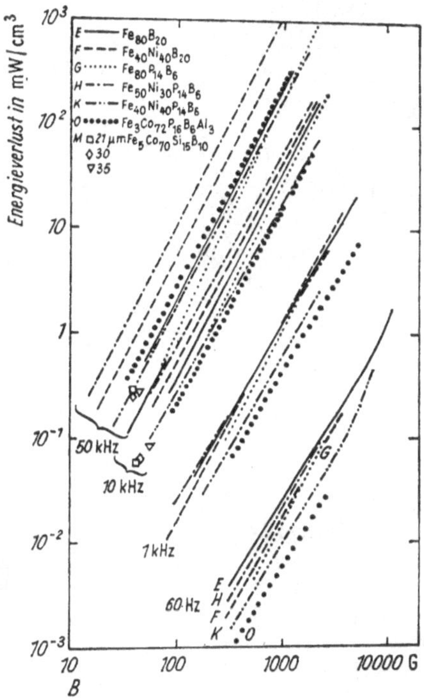

Abb. 3.32. Energieverlust (in mW/cm³) in Abhängigkeit von der Induktion bei verschiedenen Frequenzen für einige Metgläser, entnommen aus [170]

Die Richtung der durch Magnetfeldtempern erzeugten magnetischen Anisotropie zeigt in den Metgläsern ein weniger stabiles Langzeitverhalten (s. Abb. 3.34), so daß Anwendungen, bei denen die Magnetisierungsrichtung längere Zeit nicht mit der Anisotropierichtung zusammenfällt, zur Zeit wenig aussichtsreich erscheinen [170].

H_c und μ_m sind von den inneren und äußeren mechanischen Spannungen abhängig. Egami und Mitarbeiter [168] konnten durch Tempern unter mechanischer Spannung oder (und) Anlegen eines äußeren Magnetfeldes für die Metgläser 2826 ($Fe_{40}Ni_{40}P_{14}B_6$) und 2826 B ($Fe_{29}Ni_{49}P_{14}B_6Si_2$) Koerzitivfeldstärken H_c zwischen 0,003 und 0,008 Oe und maximale Permeabilitäten μ_m zwischen $1{,}62 \cdot 10^6$ und $0{,}76 \cdot 10^6$ sowie B_r/B_s-Werte zwischen 0,90 und 0,99 erzielen! Metgläser mit solchen Eigenschaften können in Inverter-, Strom- oder Impulstransformatoren, als magnetische Verstärker und bi-

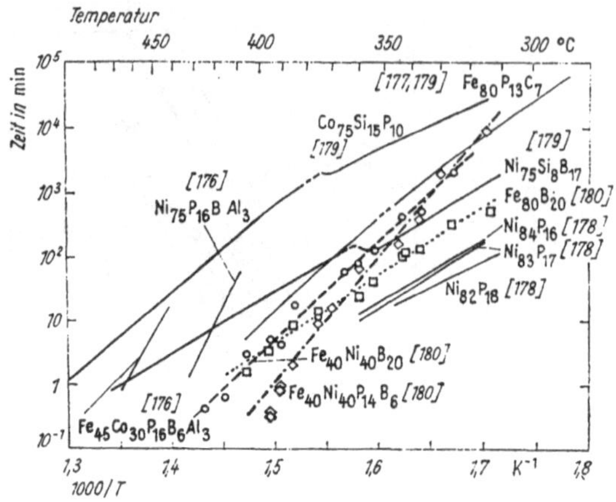

Abb. 3.33. Zeit bis zum Einsetzen der Kristallisation in Abhängigkeit von der Temperatur (Literaturzitate in Klammern; nach [170])

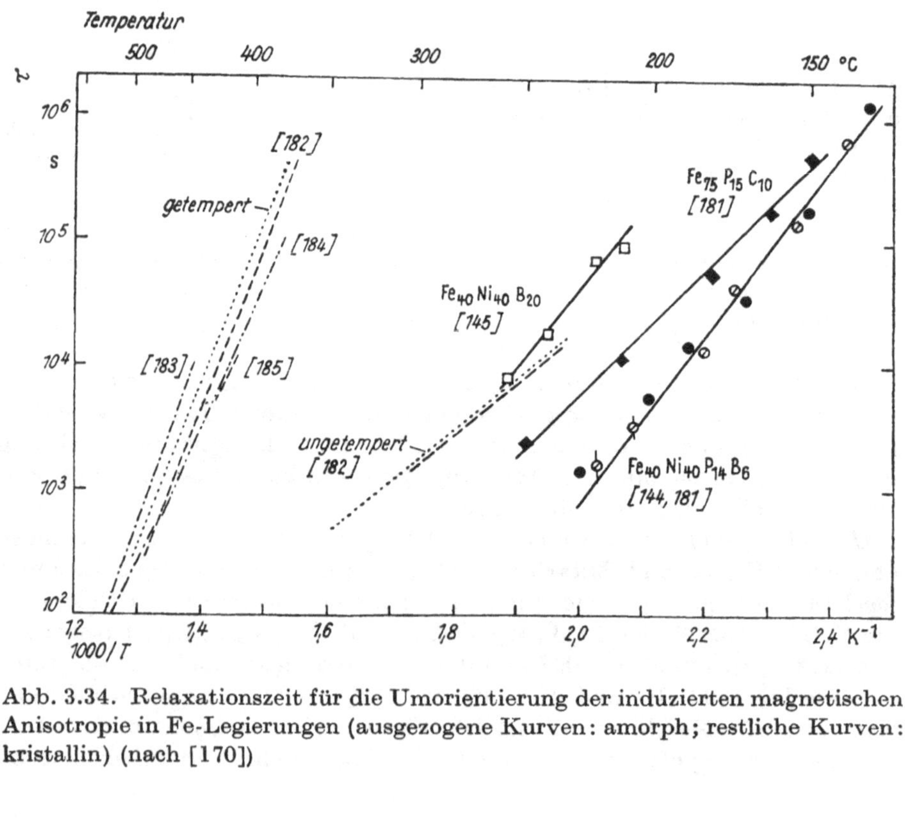

Abb. 3.34. Relaxationszeit für die Umorientierung der induzierten magnetischen Anisotropie in Fe-Legierungen (ausgezogene Kurven: amorph; restliche Kurven: kristallin) (nach [170])

stabile Schalter anstelle der zur Zeit üblichen kristallinen Legierungen erfolgreich eingesetzt werden, hinreichend niedrige Produktionskosten vorausgesetzt [168] (s. auch [152, 186]). Dank ihrer vorzüglichen mechanischen Eigenschaften (s. 3.9.) sind amorphe Weichmagnete auch als Magnettonköpfe vorteilhaft einsetzbar.

Wir können also schließen, daß durch gezielte Herstellung amorpher Ferromagnete für bestimmte Anwendungszwecke eine weitere Optimierung der Eigenschaften sehr wahrscheinlich möglich ist (s. auch 3.7.2.).

3.7.2. Hochpermeable amorphe Fe–Ni–Si–B-Legierungen [89]

Amorphe Proben der Zusammensetzung $(Fe_{1-x}Ni_x)_{0,78}Si_yB_{0,22-y}$ wurden durch „roller quenching" hergestellt, und ihre magnetischen Eigenschaften wurden im ungetemperten und getemperten Zustand untersucht.

In Abbildung 3.35 sind die maximale Permeabilität μ_m, Sättigungsinduktion $B_s = 4\pi M_s$, Remanenzinduktion $B_r = 4\pi M_r$ und die Koerzitivfeldstärke H_c in Abhängigkeit von der Ni-Konzentration für zwei verschiedene Glasbildnerzusammensetzungen dargestellt, so wie sie für die ungetemperten Proben gemessen wurden. Bemerkenswert ist die empfindliche Abhängigkeit

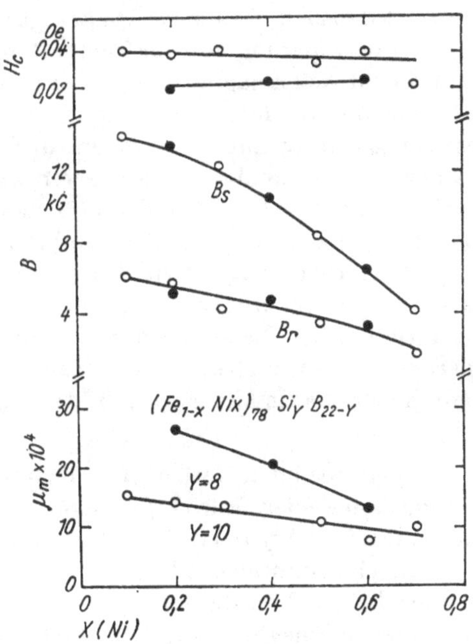

Abb. 3.35. Abhängigkeit der maximalen Permeabilität μ_m, Remanenzinduktion $B_r = 4\pi M_r$, Sättigungsinduktion $B_s = 4\pi M_s$ und Koerzitivfeldstärke H_c von der Ni-Konzentration für zwei verschiedene Si-Konzentrationen für ungetemperte amorphe ferromagnetische Fe–Ni–Si–B-Legierungen (nach [89])

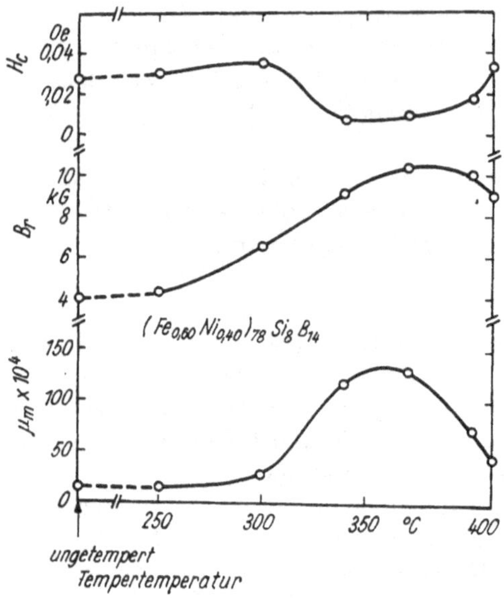

Abb. 3.36. Abhängigkeit der Größen μ_m, B_r und H_c für eine spezielle amorphe ferromagnetische Legierung von der Tempertemperatur bei einer Temperzeit von jeweils 1 h (nach [89])

aller drei Größen von dem Si/B-Verhältnis, die auch bei den getemperten Proben auftritt (s. u.). Abbildung 3.36 zeigt deutlich die starke Abhängigkeit der Größen μ_m, B_r und H_c für die ausgewählte Legierung von der Tempertemperatur. Sie ändern sich bis ca. 360 °C in der für weichmagnetische Materialien gewünschten Richtung. Abbildung 3.37 gibt die drei interessierenden Größen μ_m, B_r und H_c nach dem Tempern bei der jeweils optimalen Temperatur für verschiedene Ni-Konzentrationen wieder. Die optimalen Werte treten bei 20 At.-% Ni auf. Schließlich sind in Abbildung 3.38 μ_m, B_r und H_c für diese optimale Ni-Konzentration in Abhängigkeit von der Si-Konzentration für die ungetemperten und die optimal getemperten Proben dargestellt. Durch diese schrittweise Optimierung, 1. optimale Tempertemperatur, 2. optimale Ni-Konzentration, 3. optimale Si-Konzentration, haben die Autoren im Resultat eine amorphe ferromagnetische Legierung mit vorzüglichen weichmagnetischen Eigenschaften, insbesondere mit hoher maximaler Permeabilität μ_m, präparieren können (s. auch Tab. 3.7).

Zur Abrundung geben wir aus dieser Arbeit noch den Verlauf der magnetischen Anisotropiekonstanten in Abbildung 3.39 wieder. Ein Vergleich mit Abbildung 3.38 bestätigt zumindest qualitativ den in (3.12) und (3.13) behaupteten Zusammenhang der magnetischen Anisotropiekonstanten mit H_c (und weniger direkt mit μ_m, s. o.). Aus Tabelle 3.7 ist ersichtlich, daß für die getemperte amorphe $(Fe_{80}Ni_{20})_{78}Si_8B_{14}$-Legierung die maximale Permeabilität $\mu_m = 2 \cdot 10^6$ G/Oe

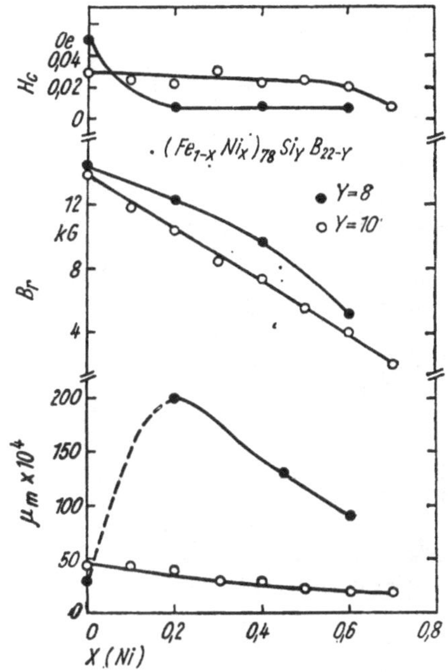

Abb. 3.37. Abhängigkeit der Größen μ_m, B_r und H_c von der Ni-Konzentration für zwei verschiedene Si-Konzentrationen für optimal getemperte Proben (s. Abb. 3.36) (nach [89])

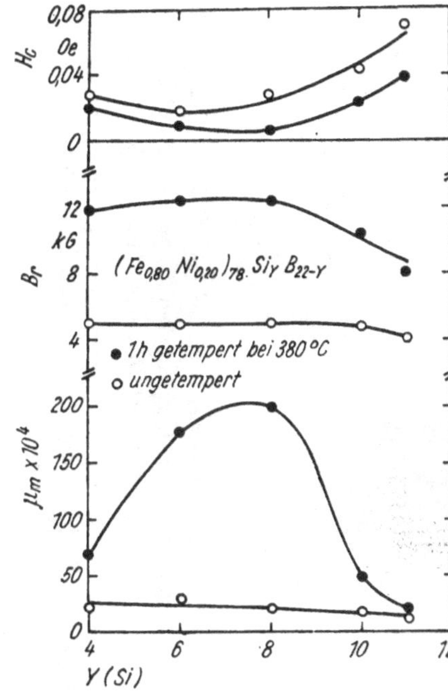

Abb. 3.38. Abhängigkeit der Größen μ_m, B_r und H_c von der Si-Konzentration bei optimaler Ni-Konzentration von 20 At.-% (vgl. Abb. 3.37) für ungetemperte und optimal getemperte amorphe ferromagnetische Proben (nach [89])

doppelt so groß ist und die Sättigungsinduktion $B_s \approx 12{,}5$ kG etwa um 60% höher liegt als für Supermalloy. Die Koerzitivfeldstärke $H_c = 0{,}006$ Oe nimmt etwa den Wert von Supermalloy an (vgl. Tab. 3.4). Darüber hinaus besitzt die amorphe Probe einen extrem guten B_r/B_s-Wert, der für kristalline weichmagnetische Materialien mit vergleichbar niedrigem H_c nicht erreicht worden ist. Obwohl in [89] keine Angaben über den elektrischen Widerstand gemacht wurden, kann man davon ausgehen, daß er deutlich über dem von Supermalloy liegt (s. 3.8.).

Da die Kristallisationstemperatur für die amorphe $(Fe_{80}Ni_{20})_{78}Si_8B_{14}$-Legierung oberhalb 460 °C liegt [89], müßten diese Proben auch ein stabiles Langzeitverhalten aufweisen. Neben den bemerkenswerten weichmagnetischen Eigenschaften der untersuchten Proben ist die Erkenntnis, daß die

Tabelle 3.7.

Magnetische Eigenschaften einiger weichmagnetischer amorpher ferromagnetischer $(Fe_{1-x}Ni_x)_{0,78}Si_yB_{0,22-y}$-Legierungen nach unterschiedlicher Wärmebehandlung (nach [89]); a) ungetempert, b) 1 Stunde bei T_a getempert, c) 1 Stunde bei T_a getempert unter 2 bis 3 kp/mm² Spannung, d) 1 Stunde bei T_a getempert in einem Magnetfeld von 200 Oe

Größe	$x = 0,20;\ y = 0,10$				$x = 0,20;\ y = 0,08$				$x = 0,40;\ y = 0,08$			$x = 0,60;\ y = 0,08$		
	a	b	c	d	a	b	c	d	a	b	d	a	b	d
T_C in °C	456				460				400			277		
H_c in Oe	0,04	0,023	0,013	0,015	0,018	0,006	0,006	0,006	0,022	0,006	0,006	0,024	0,005	0,005
B_r in kG	5,8	10,8	12,0	12,2	5,4	12,2	12,2	12,4	4,6	9,8	10	2,9	4,5	4,8
B_r/B_s in %	44	83	92	93	41	93	93	95	44	95	97	46	72	76
$\mu_m \cdot 10^{-4}$ in G/Oe	14	47	90	80	30	200	200	200	21	160	170	12	90	95
T_a in °C	—	380			—	380			—	370		—	350	

Art und Menge der Glasbildner einen sehr entscheidenden Einfluß auf die weichmagnetischen Eigenschaften haben können, von weiterreichender Bedeutung. Die sich hier bietenden Möglichkeiten sind offenbar noch lange nicht ausgeschöpft und lassen noch weitere Verbesserungen der magnetischen Eigenschaften erwarten.

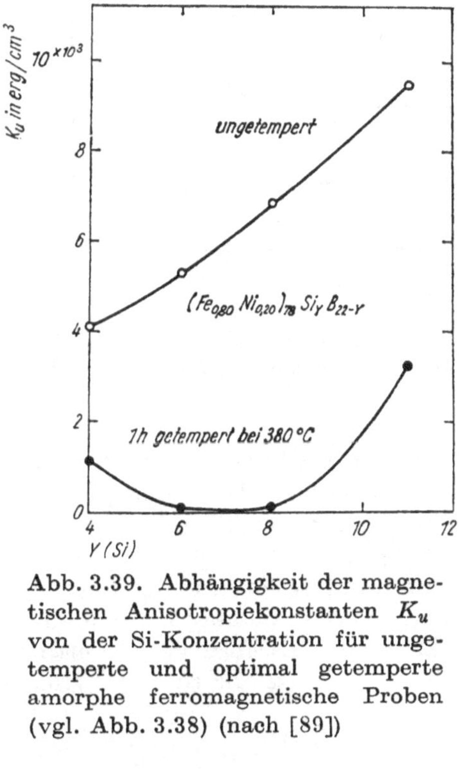

Abb. 3.39. Abhängigkeit der magnetischen Anisotropiekonstanten K_u von der Si-Konzentration für ungetemperte und optimal getemperte amorphe ferromagnetische Proben (vgl. Abb. 3.38) (nach [89])

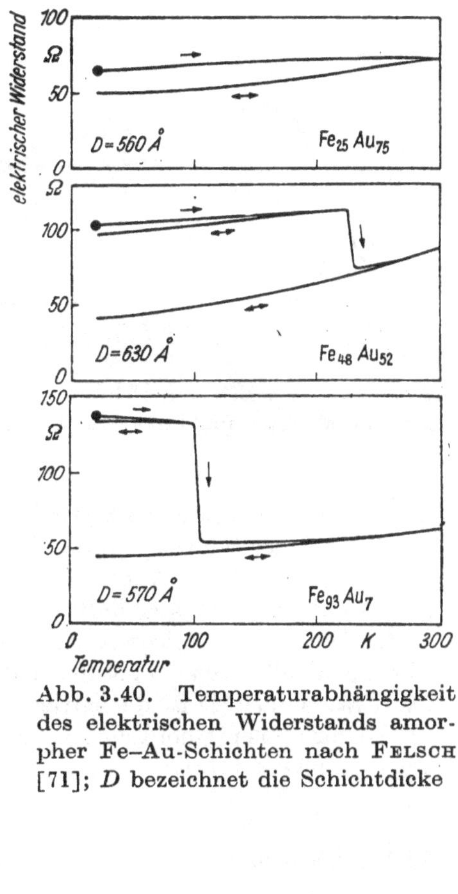

Abb. 3.40. Temperaturabhängigkeit des elektrischen Widerstands amorpher Fe–Au-Schichten nach Felsch [71]; D bezeichnet die Schichtdicke

3.8. Elektrischer Widerstand

Die ersten Messungen des elektrischen Widerstands amorpher ferromagnetischer Schichten wurden von Mader und Nowick [4] an Co–Au und von Felsch [6] an Fe–Fe_2O_3 durchgeführt. Es zeigte sich, daß der elektrische Widerstand für die amorphe Phase deutlich höher liegt und bei der Kristallisationstemperatur nahezu sprunghaft auf den kristallinen Wert abfällt (vgl. Abb. 3.40). Letztere Eigenschaft gestattet in einfacher Weise, die Kri-

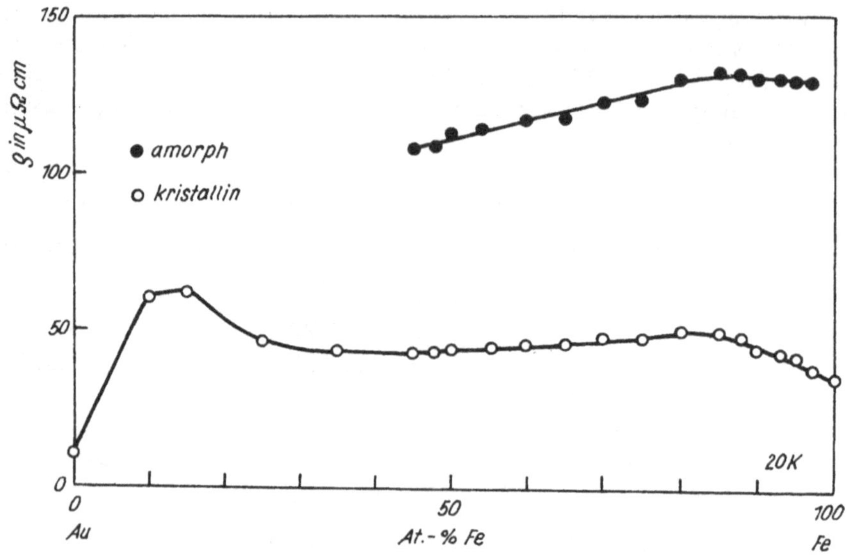

Abb. 3.41. Spezifischer elektrischer Widerstand ϱ amorpher und kristalliner Fe–Au-Schichten in Abhängigkeit von der Fe-Konzentration, gemessen bei 20 K (nach [71])

stallisationstemperatur zu bestimmen. Über die Größe des spezifischen elektrischen Widerstands ϱ amorpher und kristalliner Fe–Au-Schichten — erstere wurden durch Aufdampfen auf ein Substrat bei 20 K hergestellt — gibt Abbildung 3.41 Auskunft.

Man fand in der Folgezeit, daß der elektrische Widerstand der amorphen Phase generell ca. das 2- bis 4fache desjenigen der kristallinen Phase beträgt. Die Ursache hierfür ist die starke Defektstreuung als Folge der chemischen und strukturellen Unordnung in der amorphen Phase, die zu einem großen Restwiderstand führt.

3.8.1. Temperaturabhängigkeit des elektrischen Widerstands

Zwei typische Beispiele für das Temperaturverhalten des spezifischen elektrischen Widerstands $\varrho(T)$ sind in den Abbildungen 3.42 und 3.43 wiedergegeben.

Es ist interessant, daß die Absolutwerte von ϱ für verschiedene Proben bei gleicher chemischer Zusammensetzung und gleichem Herstellungsverfahren stark streuen können. MARZWELL [187] gibt für amorphe ferromagnetische

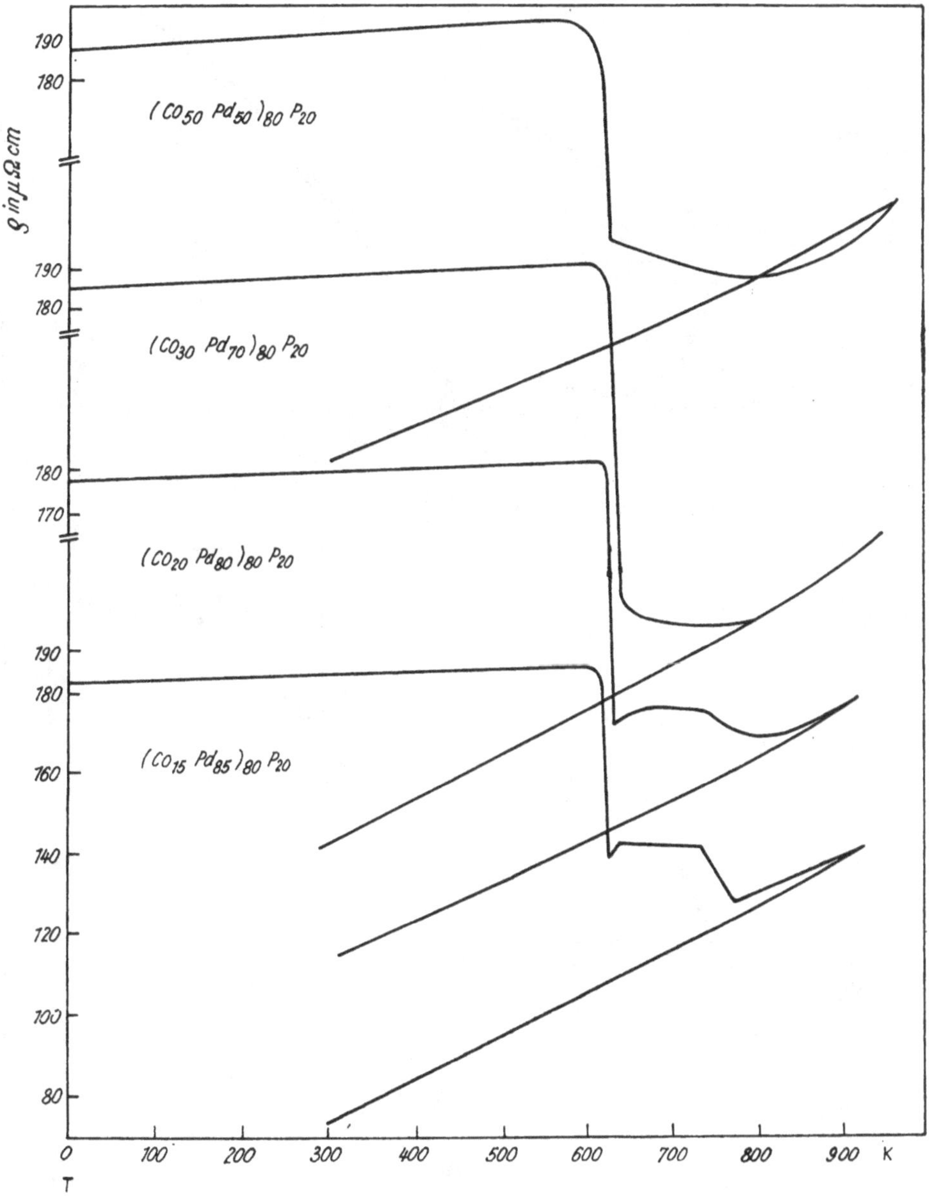

Abb. 3.42. Spezifischer elektrischer Widerstand ϱ in Abhängigkeit von der Temperatur für vier amorphe $(Co_xPd_{100-x})_{80}P_{20}$-Legierungen (nach [187]).

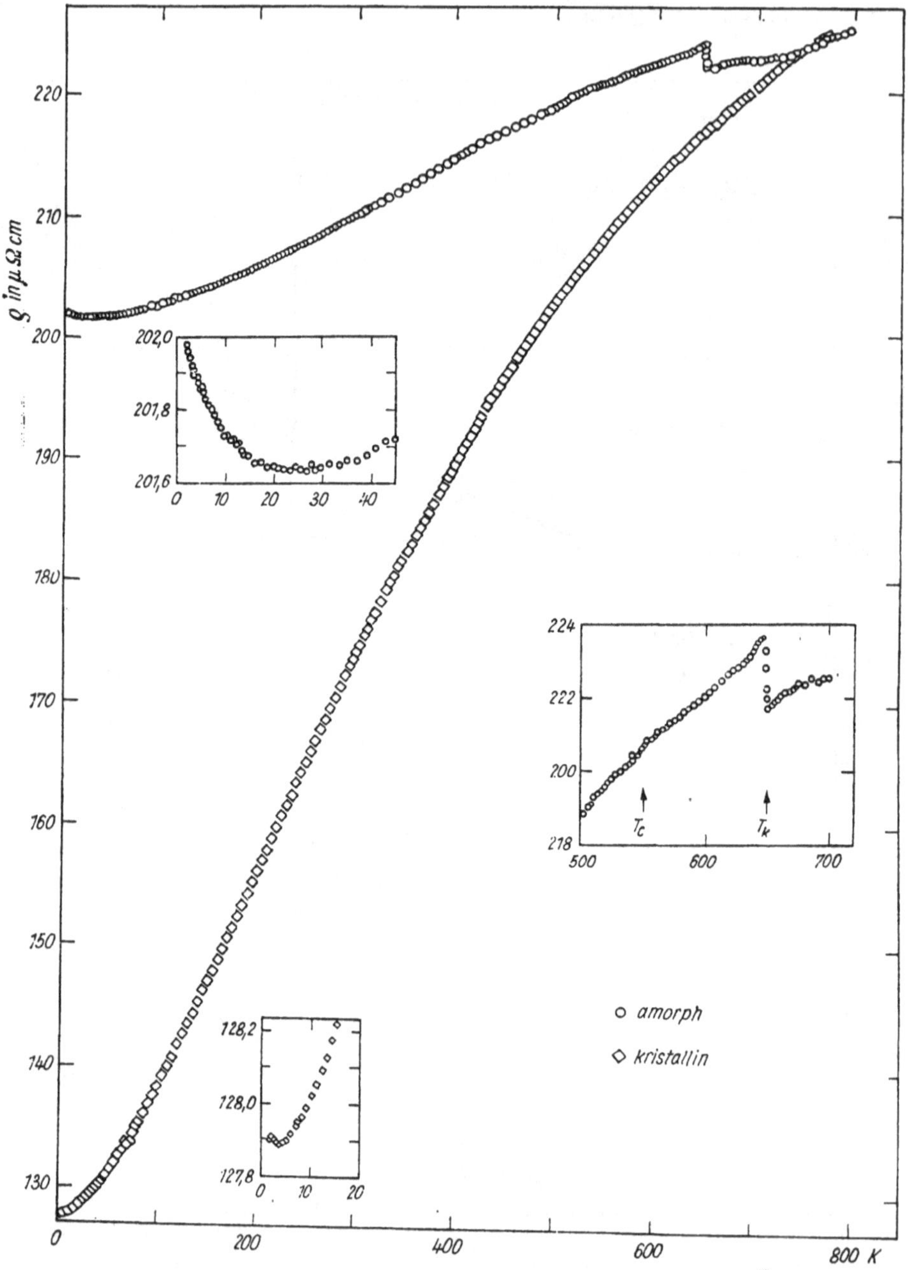

Abb. 3.43. Spezifischer elektrischer Widerstand ϱ in Abhängigkeit von der Temperatur für amorphes $Fe_{40}Ni_{40}P_{14}B_6$ (Metglas 2826) (nach [188])

Co–Pd–P-Proben (s. Abb. 3.42) eine maximale Schwankung des spezifischen elektrischen Widerstands bei gleicher Zusammensetzung von 60 $\mu\Omega$ cm an. Auch für Metgläser (vgl. [188, 189]) und für amorphe Fe–Au-Schichten (vgl. [71, 190]) streuen die Absolutwerte von ϱ erheblich. Diese Tatsache deutet darauf hin, daß ϱ von Details der Struktur, die sich offenbar von Probe zu Probe unterscheiden (evtl. infolge von z. Z. noch nicht beherrschten Herstellungsparametern oder unterschiedlicher thermischer Behandlung), empfindlich abhängt.

Aus der kleinen mittleren freien Weglänge der Elektronen in amorphen Metallen schlossen Hasegawa u. a. [148, 191], daß ϱ von der konkreten atomaren Nahordnung spürbar abhängen muß.

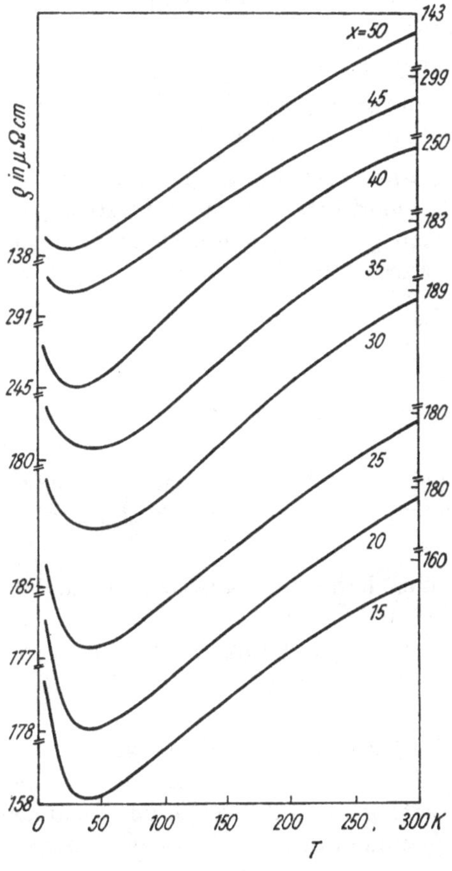

Abb. 3.44. Spezifischer elektrischer Widerstand unterhalb Zimmertemperatur für mehrere amorphe ferromagnetische $(Co_xPd_{100-x})_{80}P_{20}$-Legierungen nach [187]. Die ϱ-Werte für kleine T kann man an der linken, für größere T an der rechten Skala ablesen

Präzisere Messungen von ϱ ergaben, daß für viele amorphe (ferromagnetische) metallische Legierungen bei einer bestimmten Temperatur T_m ein Widerstandsminimum auftritt (s. Abb. 3.44 und auch Abb. 3.43 sowie [187 bis 199]). Diese Eigenschaft fand LIN [192] erstmals für amorphes ferromagnetisches $Fe_{80}P_{13}C_7$.

T_m liegt in Abhängigkeit von der Substanz in einem Bereich von einigen K bis zu einigen 100 °C. Meist ist jedoch die Temperaturabhängigkeit von ϱ in der amorphen Phase gering. Die relative Änderung von ϱ liegt in der Regel unter einigen Prozent (s. Abb. 3.44). Für das Metglas 2826 (Abb. 3.43) ist sie extrem groß.

TSUEI [199] gab kürzlich eine exzellente Übersicht über das $\varrho(T)$-Verhalten amorpher metallischer Legierungen. Bei den weiteren Darlegungen lehnen wir uns eng an diese Arbeit an.

Amorphe metallische Legierungen kann man entsprechend ihrem $\varrho(T)$-Verhalten folgendermaßen klassifizieren:

1. $\varrho(T)$ ist für tiefe Temperaturen ($T \lesssim 15$ K) konstant und wächst dann mit T monoton an. Bei höheren Temperaturen ($T > 100$ K) ist $\varrho \sim T$, im Zwischenbereich dagegen $\varrho \sim T^2$ (Beispiel: amorphes $Pd_{80}Si_{20}$).

2. $\varrho(T)$ besitzt bei T_m ein Minimum. Zu den Substanzen mit einer solchen Widerstandsanomalie gehören fast alle amorphen Para- und Ferromagnete (s. Abb. 3.44). $\varrho(T)$ setzt sich aus einem großen temperaturunabhängigen Restwiderstand ϱ_0 und den folgenden Zusatztermen zusammen:

$$\begin{aligned} &\Delta\varrho(T) \sim -\ln T && \text{für } T < T_m\,, \\ &\Delta\varrho(T) \sim T^2 && \text{für } T > T_m \ (T \text{ nicht zu groß})\,, \\ &\Delta\varrho(T) \sim T && \text{für größere } T \end{aligned}$$

(vgl. Abb. 3.44). Bei hohen Temperaturen wächst $\Delta\varrho(T)$ etwas schwächer als $\sim T$.

3. $\varrho(T)$ fällt monoton mit T, wobei für tiefe Temperaturen ebenfalls $\varrho = \varrho_0 + \Delta\varrho$ mit $\Delta\varrho \sim -\ln T$ folgt (Beispiel: amorphes $(Ni_{50}Pd_{50})_{100-x}P_x$ für $x \gtrsim 25$).

Für alle drei Klassen findet man einen hohen temperaturunabhängigen Restwiderstand der Größenordnung $\varrho_0 \approx 100\ \mu\Omega$ cm, während die temperaturabhängigen Beiträge $\Delta\varrho(T)/\varrho$ bei Zimmertemperatur in der Regel unter 5% liegen. In Tabelle 3.8 sind der spezifische Widerstand sowie T_m und T_C für einige Metgläser zusammengestellt.

Nach [188] ist die Ursache für den T^2-Term für $T > T_m$ entweder in der bekannten s–d-Streuung oder in Spindichtefluktuationen zu suchen. Der bei hohen Temperaturen auftretende Beitrag $\Delta\varrho \sim T$ liegt in der Elektron-Phonon-Wechselwirkung begründet. Hinzu kommt noch ein kleiner magneti-

Tabelle 3.8.

Spezifischer elektrischer Widerstand ϱ für einige Metgläser bei verschiedenen Temperaturen (angegeben als Index bei ϱ in K) sowie die zugehörigen Werte von T_C (Curie- Temperatur) und T_m (Lage des Widerstandsminimums) (nach [188])

Metglas	Zusammensetzung	T_C in K	T_m in K	ϱ_{300} in $\mu\Omega$ cm	$\frac{\varrho_{4,2}}{\varrho_{300}}$	$\frac{\varrho_{1,5}}{\varrho_{min}}$
2826	$Fe_{40}Ni_{40}P_{14}B_6$	537	26	211 ± 3	0,9617	1,0019
2826 A	$Fe_{32}Ni_{35}Cr_{15}P_{12}B_6$	250	270	183 ± 3	1,0195	1,0216
2826 B	$Fe_{29}Ni_{49}P_{14}B_6Si_2$	408	17	173 ± 3	0,9479	1,0013
2615	$Fe_{80}P_{16}C_3B_1$	565	12	168 ± 3	0,9676	1,0009
2605	$Fe_{80}B_{20}$	647	14	139 ± 3	0,9596	1,0005
2605 A	$Fe_{78}Mo_2B_{20}$	595	80(7)[1]	163 ± 3	0,9916	1,0003

[1]) Komplexes Minimum.

scher Anteil, der bis zur Curie-Temperatur infolge der wachsenden thermischen Spinunordnung zunimmt und oberhalb T_C konstant ist. Die letzten drei Beiträge zum elektrischen Widerstand treten auch in kristallinen ÜM (-Legierungen) auf (s. z. B. [165]). Qualitativ neu ist bei den amorphen (ferro-) magnetischen Legierungen das Widerstandsminimum.

3.8.2. Deutung des Widerstandsminimums

Es existieren gegenwärtig zwei physikalisch verschiedene Modelle zur Erklärung des Widerstandsminimums (s. z. B. [199]), die zu übereinstimmenden Resultaten führen, so daß eine klare Entscheidung zugunsten eines dieser Modelle zur Zeit schwer möglich ist.

1. Kondo-*Effekt*

In kristallinen einfachen Metallen mit einigen wenigen Verunreinigungen durch Übergangsmetalle beobachtet man ein Widerstandsminimum. Es entsteht dadurch, daß die Austauschwechselwirkung der s-Elektronen mit den lokalen magnetischen Momenten zur Spinflipstreuung der s-Elektronen führt (Kondo-Effekt). Dieser Streuprozeß ist aber nur dann wirksam, wenn die lokalen magnetischen Momente (nahezu) frei umklappen können. Voraussetzung dafür ist, daß auf das lokale magnetische Moment keine oder nur sehr schwache (innere plus äußere) Magnetfelder ($<$ 100 kOe) wirken. Bei Kristallen erfordert das eine hinreichend kleine Konzentration c der magnetischen Atome. Sind diese Annahmen erfüllt, so erhält man durch den KONDO-Effekt den Beitrag [200]

$$\varrho_k = \frac{2\pi c}{ne^2 k_F}\left[1 - \frac{\ln \dfrac{T}{T_k}}{\left[\ln^2 \dfrac{T}{T_k} + S(S+1)\pi^2\right]^{\frac{1}{2}}}\right]$$

zum Gesamtwiderstand. Hier sind n bzw. k_F die Dichte bzw. der FERMI-Impuls der s-Elektronen, S ist der Spin der lokalisierten magnetischen Momente und T_k die KONDO-Temperatur. TSUEI und HASEGAWA [193, 201] deuten das Widerstandsminimum bei amorphen para- und ferromagnetischen Legierungen mit Hilfe des KONDO-Effektes, denn dieser Effekt ist keineswegs an die Kristallstruktur gebunden. In ferromagnetischen kristallinen Legierungen tritt jedoch der KONDO-Effekt nicht auf, da alle lokalen magnetischen Momente sich im starken inneren Magnetfeld befinden. Im Gegensatz dazu ist in amorphen Ferromagneten infolge der großen Strukturschwankungen im allgemeinen eine endliche Konzentration nahezu freier (d. h. nicht austauschgekoppelter) Spins vorhanden, die zu einem KONDO-Effekt bei $T < T_C$ führen können. Mittels MÖSSBAUER-Effekt wurde die Verteilung des inneren Magnetfeldes für amorphes ferromagnetisches Fe–Pd–P gemessen [136], und es stellte sich heraus, daß tatsächlich mit ausreichender Häufigkeit sehr kleine innere Magnetfelder auftreten, so daß der KONDO-Effekt wirksam werden kann (s. auch 6.4.2.).

2. *Tunnel-Modell* (Doppelmulden–Potential-Modell)

ANDERSON u. a. [202] und unabhängig davon PHILLIPS [203] schlugen zur Erklärung des anomalen Tieftemperaturverhaltens amorpher Isolatoren das folgende Modell vor: Ein amorpher Cluster kann zwei verschiedene amorphe Zustände annehmen, deren Energie sich nur um einen kleinen Wert ε unterscheidet. Gewöhnlich sind diese beiden Zustände durch hohe Potentialbarrieren voneinander getrennt. In amorphen Systemen können aber infolge der Strukturfluktuationen hinreichend oft relativ kleine Potentialbarrieren auftreten, so daß bei tiefen Temperaturen eine endliche Tunnelwahrscheinlichkeit für den Übergang zwischen beiden energetisch eng beieinanderliegenden amorphen Zuständen resultiert. Das führt zu einer endlichen Zahl von energetisch sehr niedrig liegenden Anregungen, die eine spezifische Wärmekapazität $C \sim T$ ergeben.

Die Leitungselektronen sind über die COULOMB-Wechselwirkung mit diesen niederenergetischen Strukturmoden gekoppelt. Sie führen zu einem zusätzlichen Streuprozeß und damit zur Erhöhung des elektrischen Widerstandes. COCHRAN u. a. [197] (s. auch [187, 198]) berechneten für dieses Tunnel-Modell den elektrischen Widerstand und fanden

$$\varrho_{Tunnel} \approx -A \ln (T^2 + \varepsilon^2)$$

(mit $\varepsilon \approx 1$ K, $A > 0$ ist konstant).

Beide Modelle haben wesentlich die amorphe Struktur zur Voraussetzung und liefern übereinstimmend die oben diskutierte logarithmische Temperaturabhängigkeit. Eine klare Entscheidung zugunsten eines der Modelle ist gegenwärtig nicht möglich [199]. TSUEI weist jedoch darauf hin, daß ein Widerstandsminimum infolge eines Beitrages $\Delta\varrho \sim -\ln T$ nur in solchen amorphen metallischen Legierungen beobachtet wird, die magnetische Atome enthalten, in amorphen Legierungen ohne magnetische Atome dagegen nicht. Tempern von Metglas 2826 unterhalb der Kristallisationstemperatur, das zwangsläufig zu gewissen Strukturänderungen führt, ergab keine Änderung des Widerstands [204].

Der KONDO-Effekt scheint uns daher wahrscheinlicher zu sein als das Tunnel-Modell. Aber auch eine Kombination beider Mechanismen ist nicht auszuschließen (s. Diskussion zu [199]). Durch Anlegen eines starken äußeren Magnetfeldes ($H \gtrsim 200$ kOe) können die Spinflipprozesse und damit der KONDO-Effekt unterdrückt werden. Sollte das Widerstandsminimum in solch starken Magnetfeldern deutlich flacher werden, so spräche das eindeutig für den KONDO-Effekt.

Wir möchten bemerken, daß neben der Entscheidung zwischen diesen beiden Modellen als in Frage kommende Ursachen für das Widerstandsminium unbedingt auch die Gründe für die oben erwähnte große Streuung des Gesamtwiderstandes gefunden werden müssen, die eine Folge der Streuung des Restwiderstandes ist. Vermutlich sind wie bei der richtungsgeordneten magnetischen Paaranisotropie feine Details der Struktur dafür verantwortlich. Ihr quantitativer Zusammenhang mit dem Widerstand könnte dann zur indirekten „Fein"-Strukturaufklärung dienen.

Erwähnt sei noch, daß in einigen Arbeiten auch der Magnetowiderstand [187, 195, 198] und der HALL-Effekt [205—207] an amorphen Ferromagneten gemessen wurde.

3.9. Mechanische und chemische Eigenschaften

Amorphe Metalle, auch ferromagnetische, besitzen eine große Härte und Festigkeit, kombiniert mit hoher Duktilität und plastischer Verformbarkeit sowie kleinem Formeffekt [208, 209]. Letztere Eigenschaften unterscheiden sie prinzipiell von den üblichen anorganischen Gläsern, die unter anderem

eine große Sprödigkeit aufweisen. Die Ursache dafür liegt in den verschiedenen Bindungstypen. Während die mechanischen Eigenschaften der gewöhnlichen Gläser (z. B. Silikatgläser und auch amorphen Halbleiter) durch die starken gerichteten kovalenten Bindungen bestimmt werden, überwiegt in den metallischen Gläsern bei weitem die ungerichtete metallische Bindung.[1])
Die sehr bemerkenswerten mechanischen Eigenschaften der metallischen Gläser werden seit Beginn der siebziger Jahres immer intensiver untersucht, nicht zuletzt, da sie interessante Anwendungsmöglichkeiten erwarten lassen.
Die Entdeckung einer extrem großen Korrosionsbeständigkeit für Cr-haltige metallische Gläser führte seit 1974 zu einer verstärkten Untersuchung der chemischen Eigenschaften. Die hohe Korrosionsbeständigkeit, Zugfestigkeit und plastische Verformbarkeit sind vor allem in der großen Homogenität der amorphen Phase begründet, in der im allgemeinen keine Korn- und Phasengrenzen, Kristallfehler und andere Inhomogenitäten auftreten.

Ganz offensichtlich werden die Kombination der ungewöhnlichen mechanischen und chemischen Eigenschaften mit den günstigen magnetischen und elektrischen Eigenschaften sowie die niedrigen Herstellungskosten zu einer breiten Anwendung dieser Materialien führen.

3.9.1. Mechanische Eigenschaften

In Tabelle 3.9 sind einige wichtige mechanische Kenngrößen zusammengestellt. Aus ihr ist zu entnehmen, daß die Mikrohärte H_v und die Zugfestigkeit σ_B sehr hohe Werte annehmen. Letztere erreicht für Fe-reiche amorphe Legierungen Werte bis nahe 400 kp/mm², für Co-reiche 300 kp/mm² und Ni-reiche 270 kp/mm². Der Elastizitätsmodul E liegt generell um 20 bis 30% unter dem für den jeweiligen kristallinen Zustand (vgl. Stahl: $E = 21 \cdot 10^3$ kp/mm²). Der Schermodul wird noch etwas stärker reduziert.

Das Verhältnis des Elastizitätsmoduls zur Zugfestigkeit E/σ_B beträgt für die meisten amorphen Legierungen 35 bis 45. Es ist damit nur wenig größer als der theoretisch erreichbare Grenzwert von ca. 20 und bedeutend niedriger als für hochfeste kristalline Legierungen, für die man ungefähr 100 erhält [209]. Für das Verhältnis Härte zu Zugfestigkeit H_v/σ_B folgen Werte zwischen 2,5 und 3,8.

[1]) Erwähnt sei, daß die mechanischen Eigenschaften polymerer Gläser einerseits durch die starken kovalenten Bindungen entlang der Polymerkette und andererseits durch die schwachen Van-der-Waals-Kräfte zwischen den Polymerketten wesentlich bestimmt werden.

Tabelle 3.9.
Zugspannungseigenschaften einiger amorpher Übergangsmetallegierungen (entnommen aus [209–213], s. dort auch die Originalzitate); die Legierungen 1–14 sind ferromagnetisch

Nr.	Legierung	Härte H_v in DPN	Bruchfestigkeit σ_B in kp/mm²	Scheinbare Fließfestigkeit σ_y[1]) in kp/mm²	Elastizitätsmodul $E \cdot 10^{-3}$ in kp/mm²	$\frac{E}{\sigma_B}$	$\frac{H}{\sigma_B}$	T_K[2]) in K	Bezeichnung
1	$Fe_{80}B_{20}$	1100	320	—	17,2	54	3,4	—	Metglas 2605
2	$Fe_{80}P_{13}C_7$	760	310	—	12,4	40	2,5	420	
3	$Fe_{80}P_{15}C_5$	760	310	235	12,4	40	—	—	
4	$Fe_{78}Si_{10}B_{12}$	910	340	—	12,8	38	2,6	500	Amomet 26
5	$Fe_{78}Mo_2B_{20}$	1015	265	—	14,7	55	3,8	—	Metglas 2605 A
6	$Fe_{72}Cr_8P_{13}C_7$	850	385	342	—	—	—	—	
7	$Co_{75}Si_{15}B_{10}$	910	300	—	10,6	36	3,0	490	Amomet 27
8	$Ni_{75}Si_8B_{17}$	860	270	220	10,5	39	3,2	460	Amomet 28
9	$Fe_{72}Ni_8P_{13}C_7$	680	270	210	—	—	2,5	410	
10	$Fe_{60}Ni_{20}P_{13}C_7$	660	250	190	—	—	2,6	390	
11	$Fe_{40}Ni_{40}P_{14}B_6$	640	175	—	14,7	84	3,6	—	Metglas 2826
12	$Fe_{32}Ni_{36}Cr_{14}P_{12}B_6$	750	195	—	14,7	75	3,8	—	Metglas 2826 A
13	$Fe_{76}P_{16}C_4Si_2Al_2$	—	210	—	10,5	50	—	—	
14	$Ni_{49}Fe_{29}P_{14}B_6Al_2$	—	200	—	9,1	45	—	—	
15	$Pd_{73}Fe_7Si_{20}$	410	190	120	—	—	2,2	—	
16	$Pd_{80}Si_{20}$	325	136	87	6,8	50	2,4	380	
17	$Pd_{79,5}Au_4Si_{16,5}$	—	275	197	8,7	32	—	—	
18	$Pd_{77,5}Cu_6Si_{16,5}$	—	186	102	8,4	45	—	—	
19	$Cu_{60}Zr_{40}$	540	200	138	7,6	38	2,7	480	

[1]) Als scheinbare Fließfestigkeit wurde der Beginn des nichtlinearen Spannungs-Dehnungs-Zusammenhangs definiert. Die wahre Fließfestigkeit liegt daher in Wirklichkeit höher.
[2]) T_K = Kristallisationstemperatur.

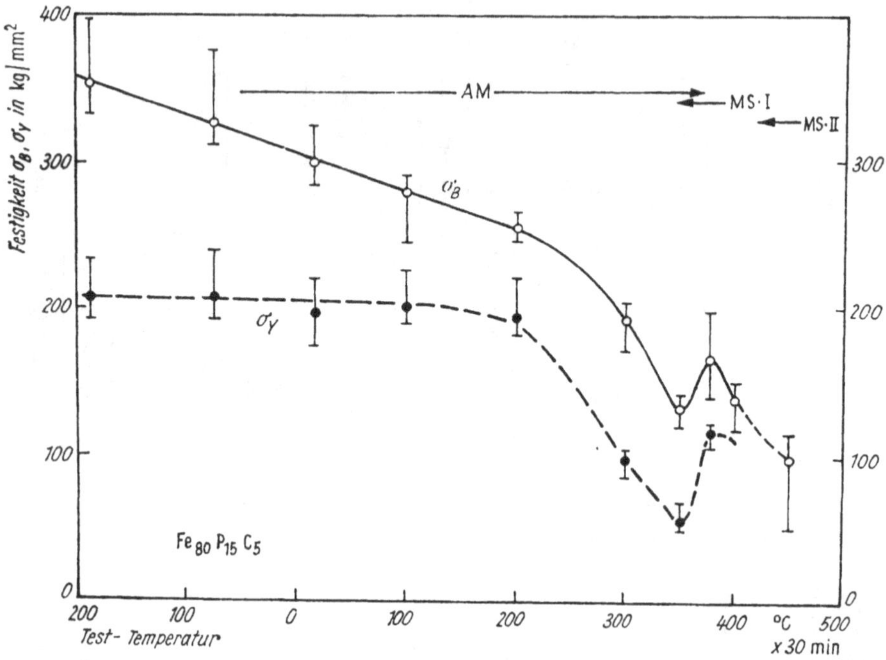

Abb. 3.45. Zugfestigkeit σ_B (ausgezogene Kurve) und scheinbare Fließfestigkeit σ_y (gestrichelte Kurve) in Abhängigkeit von der Temperatur für amorphes (AM) $Fe_{80}P_{15}C_5$ (nach [212]). MS–I und MS–II sind zwei metastabile kristalline Phasen, die bei höheren Temperaturen entstehen

Eine Vorstellung von der Temperaturabhängigkeit der Zugfestigkeit σ_B und scheinbaren Fließfestigkeit σ_y vermittelt Abbildung 3.45. Beide sind für die amorphe Phase deutlich größer als für die kristalline (s. auch [213]).

Die Mikrohärte H_v wächst mit zunehmendem Glasbildnergehalt (Abb. 3.46). Für eine Serie von amorphen $(Fe–X)_{80}P_{13}C_7$-Legierungen mit X = Co, Ni, Cr, V, Ti fand man darüber hinaus einen linearen Abfall der Mikrohärte mit der mittleren Konzentration der $(s+d)$-Elektronen der (zwei) Metallkomponenten [213].

In [210] wurde auch die Temperaturabhängigkeit des Elastizitätsmoduls E nach unterschiedlicher Wärmebehandlung untersucht (s. Abb. 3.47). Die ungetemperte amorphe $Fe_{78}Si_{10}B_{12}$-Legierung besitzt einen temperaturunabhängigen Elastizitätsmodul bei und oberhalb Zimmertemperatur und ist daher eine ausgezeichnete Elinvar-Legierung. Beim Tempern in einem Magnetfeld folgte andererseits ein Anwachsen von E um bis zu 50% (großer ΔE-Effekt).

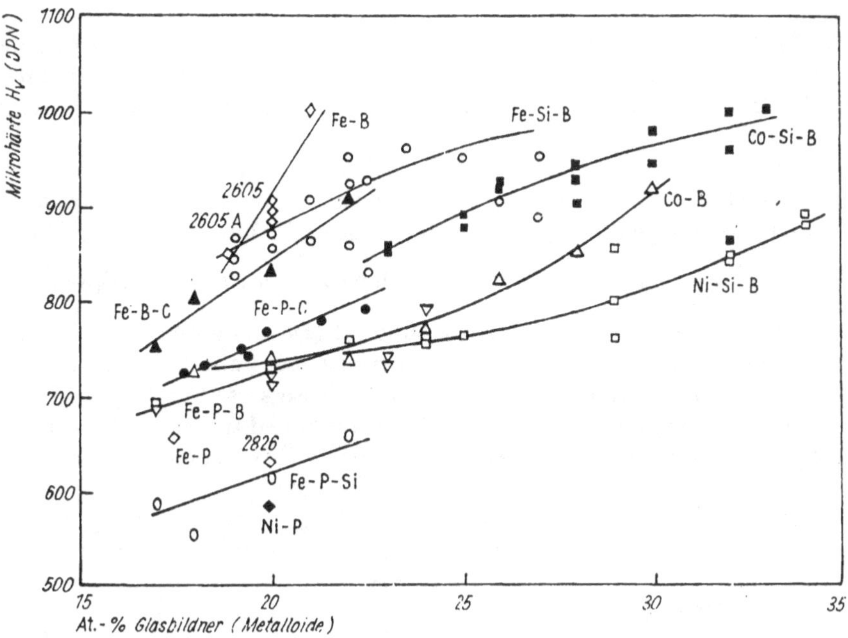

Abb. 3.46. Mikrohärte H_v in Abhängigkeit von der Glasbildnerkonzentration (nach [213])

1973 fanden DUTOIT und CHEN [214] eine unerwartete niedrige Dämpfung für longitudinale Ultraschallwellen. Amorphe metallische Legierungen kommen daher als Verzögerungsleiter, akustische Filter und mechanische Oszillatoren in Betracht [215]. Für erstere ist eine möglichst temperaturunabhängige Verzögerungszeit erforderlich. In [210] erhielt man für die oben erwähnte Elinvar-Legierung $Fe_{78}Si_{10}B_{12}$ eine verschwindende Temperaturabhängigkeit der Verzögerungszeit (s. auch [211]). Da in der amorphen Phase keine Korngrenzen auftreten, sind die Dämpfungsverluste geringer als in den besten kristallinen ferromagnetischen Elinvar-Legierungen, die man gegenwärtig als Verzögerungsleiter einsetzt [210].

Die hohe Zugfestigkeit und gute plastische Verformbarkeit bedeuten, daß sich Versetzungen relativ gut in der amorphen Phase ausbreiten können. Amorphe metallische Legierungen können daher ohne Rißbildung kalt verformt, ja sogar um 180° geknickt werden, ohne dabei zu brechen. Sie besitzen eine hohe Bruchzähigkeit und daher eine große Bruchenergie (tear energy), die in der Größenordnung von 10^8 erg/cm^2 liegt (vgl. 10^7 erg/cm^2 für X-200-Stahl). Die Festigkeit ist praktisch unabhängig von der Form und

Größe der Proben (kleiner Formeffekt), ganz im Gegensatz zu solchen hochfesten Materialien wie Stahldraht und den üblichen Glasfasern. Amorphe metallische Legierungen verhalten sich in guter Näherung wie ein ideal elastisch-plastischer Festkörper, bei dem keine Kaltverfestigung auftritt [209].

Seit kurzem begann man auch, die dynamischen Eigenschaften zu untersuchen. Es stellte sich unter anderem heraus, daß amorphe metallische Legierungen wesentlich langsamer ermüden als kristalline. Für große Werte von $S = \frac{\sigma_a}{\sigma_y - \sigma_m}$ (σ_a = Amplitude der sich periodisch ändernden Spannung, σ_m = mittlere Spannung, σ_y = Fließspannung) fand man eine um drei Größenordnungen längere Lebensdauer (proportional zur Zahl der Zyklen N_f bis zum Bruch) als für Stähle mit vergleichbarer Festigkeit. Für $S \lesssim 0{,}15$ tritt praktisch keine Ermüdung ein (s. Abb. 3.48). Weitere dynamische Messungen sind sehr wünschenswert, da man aus ihnen viele Informationen über die

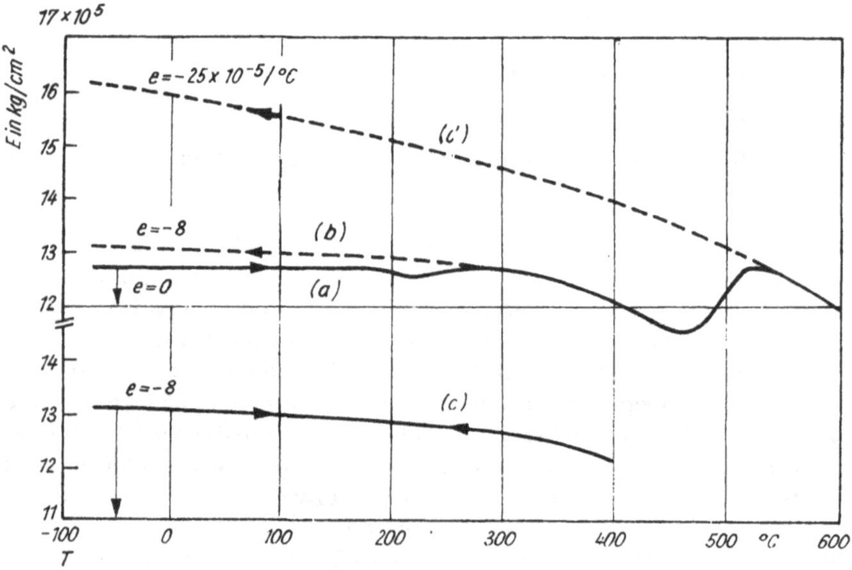

Abb. 3.47. Temperaturabhängigkeit des Elastizitätsmoduls E für amorphes $Fe_{78}Si_{10}B_{12}$: (a) ungetempert bei Erwärmung, (b) bei Abkühlung von 400 °C beginnend, (c) nach einstündigem Tempern bei 400 °C, (d) bei Abkühlung von 600 °C. $e = \frac{1}{E}\frac{dE}{dT}$ gibt den relativen Temperaturkoeffizienten des Elastizitätsmoduls an (nach [210])

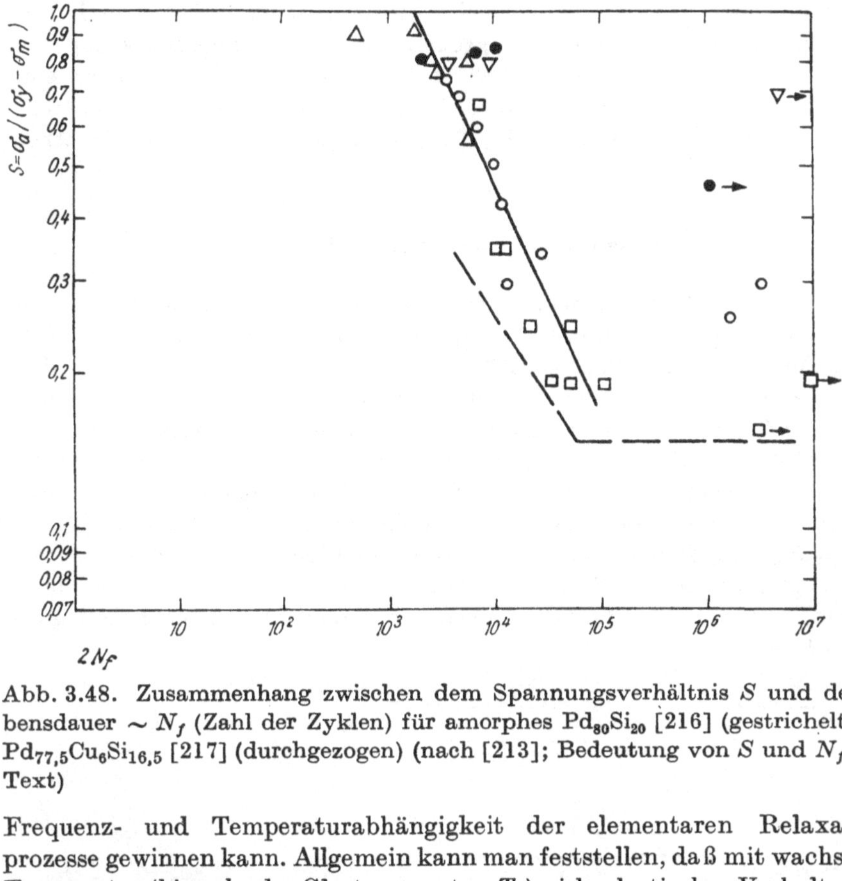

Abb. 3.48. Zusammenhang zwischen dem Spannungsverhältnis S und der Lebensdauer $\sim N_f$ (Zahl der Zyklen) für amorphes $Pd_{80}Si_{20}$ [216] (gestrichelt) und $Pd_{77,5}Cu_6Si_{16,5}$ [217] (durchgezogen) (nach [213]; Bedeutung von S und N_f siehe Text)

Frequenz- und Temperaturabhängigkeit der elementaren Relaxationsprozesse gewinnen kann. Allgemein kann man feststellen, daß mit wachsender Temperatur (bis nahe der Glastemperatur T_g) viskoelastisches Verhalten einsetzt, bei tiefen Temperaturen dagegen Versprödung. Diese tritt für einige Fe-reiche Legierungen zum Teil bereits bei Zimmertemperatur ein.

Alle bisher behandelten amorphen Metalle sind durch Abschrecken aus der Schmelze hergestellt worden. Es ist von Interesse, daß durch elektrolytische oder chemische Abscheidung hergestellte amorphe Co–P- und Ni–P-Legierungen spröde sind, während sie beim Abschrecken aus der Schmelze duktile Eigenschaften besitzen [213]. Diese amorphen Proben müssen demnach in Abhängigkeit vom Herstellungsverfahren unterschiedliche „Fein"-Strukturen aufweisen. Die mechanischen Eigenschaften können somit ebenfalls zur indirekten Strukturaufklärung beitragen.

Neben den oben bereits erwähnten Anwendungsmöglichkeiten können amorphe metallische Legierungen dank ihrer hohen Festigkeit und Zähigkeit als verstärkende Fasern zum Beispiel in Autoreifen, Treibriemen und Hochdruckschläuchen und dank ihrer großen Härte als Schneidwerkzeuge eingesetzt werden [215]. Zwecks weiterer Informationen über die mechanischen Eigenschaften verweisen wir auf die zusammenfassenden experimentellen Arbeiten [209, 212, 213, 215, 217, 218] sowie auf die theoretische Arbeit [219].

3.9.2. Chemische Eigenschaften (Korrosionsbeständigkeit)

MASUMOTO u. a. konnten nachweisen, daß amorphe Fe-reiche Legierungen durch Hinzufügen von einigen At.-% Cr eine ausgezeichnete Korrosionsbeständigkeit erhalten [209, 213, 220—222], s. Abbildung 3.49. Während die Anfälligkeit gegen Lochfraß- und Rißkorrosion von rostfreiem Stahl in Cl-haltigen Lösungen durch Cr-Zusätze nicht reduziert werden kann, nimmt sie für amorphe $(Fe–Cr)_{80}P_{13}C_7$-Legierungen mit zunehmender Cr-Konzentration stark ab und verschwindet für 8 At.-% Cr völlig. (Ähnlich ist die Situation in hochkonzentrierten NaCl-Lösungen.) Auch für amorphe $Fe_{70}Cr_{10}P_{13}C_7$ und $Fe_{65}Cr_{10}Ni_5P_{13}C_7$ findet man keine Korrosion [209]. Die Rißbildung durch Spannungskorrosion wird ebenfalls durch Cr-Zusätze bedeutend verringert. Weitere Angaben über die Korrosionsbeständigkeit sind in den Tabellen 3.10 und 3.11 enthalten.

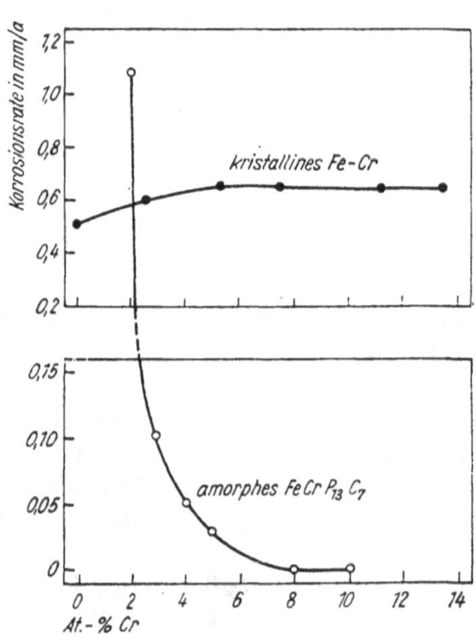

Abb. 3.49. Korrosionsraten (in mm/a) für amorphe $Fe_{80-x}Cr_xP_{13}C_7$- und kristalline Fe–Cr-Legierungen in 1 N NaCl-Lösung bei 30 °C (nach [209])

Tabelle 3.10.

Korrosionsraten für amorphe ferromagnetische metallische Legierungen und kristalline rostfreie Stähle in 10%iger $FeCl_3 \cdot 6\ H_2O$-Lösung (nach [209])

Substanz	Korrosionsrate in mm/a	
	bei 40 °C	bei 60 °C
Kristalliner rostfreier Stahl		
$Fe_{74}Cr_{18}Ni_8$	≈ 17,8	120
$Fe_{66,5}Cr_{17}Ni_{14}Mo_{2,5}$	—	≈ 30
Amorphe Legierungen		
$Fe_{72}Cr_8P_{13}C_7$	—	0,0000
$Fe_{70}Cr_{10}P_{13}C_7$	0,0000	0,0000
$Fe_{65}Cr_{10}Ni_5P_{13}C_7$	0,0000	0,0000

Tabelle 3.11.

Korrosionsraten für amorphe ferromagnetische metallische Legierungen und kommerziellen rostfreien Stahl (nach [209])

Versuchsbedingungen	$Fe_{70}Cr_{10}P_{13}C_7$	$Fe_{56}Cr_{17}Ni_7P_{13}C_7$	SUS 313
in 5%igem H_2SO_4 6 h gekocht in g/m^2 h	0,00	0,00	5 —10
in 1%igem HCl 6 h gekocht in g/m^2 h	1,20	0,00	15—25
50 g $FeCl_3 \cdot 6\ H_2O$ 48 h bei 35 °C in mg/cm^2	0,00	0,00	3—10

Die extrem hohe Korrosionsbeständigkeit amorpher Fe-reicher Legierungen mit Cr-Zusätzen wird mit der Bildung eines passiven Schutzfilms aus Chromoxyhydroxid erklärt, der infolge der großen chemischen Aktivität der Legierung auch nach seiner Zerstörung schnell neu gebildet wird. Entscheidend jedoch ist die große Homogenität des Schutzfilmes, die durch die Homogenität der amorphen Phase möglich wird. Demgegenüber setzt die Korrosion in rostfreien Stählen an den Kristallfehlern ein. Fe-reiche amorphe Legierungen mit Cr-Zusätzen stellen somit superrostfreie Materialien dar [209].

Einen bedeutenden Einfluß auf die Korrosionsbeständigkeit haben auch die Glasbildner. So konnte sie für amorphe Fe–B–C- und Fe–B–Si-Legierungen durch Cr-Zusatz nur unbedeutend verbessert werden. Daraus folgt, daß die Anwesenheit von Phosphor für die oben diskutierte ausgezeichnete Korrosionsbeständigkeit entscheidend ist [222].

Unter verschiedenen chemischen Bedingungen kann jedoch bei den genannten Fe–Cr–P–C-Legierungen eine Versprödung und Abnahme der Bruchspannung, d. h. eine Verschlechterung der mechanischen Eigenschaften, eintreten [213]. Dabei ist die Wasserstoffversprödung besonders ausgeprägt.

Zum Abschluß sei noch erwähnt, daß auch der Einfluß von schnellen Neutronen ($>$ 1 MeV) auf die Struktur und die mechanischen Eigenschaften von amorphem $Pd_{80}Si_{20}$ untersucht wurde [223]. Bei einer Strahlungsdosis von $5 \cdot 10^{20}$ Neutronen/cm^2 fand man eine geringfügige Vergrößerung der strukturellen Unordnung. Dadurch wird die Kristallisation zusätzlich erschwert. Die Zugfestigkeit σ_B blieb ungeändert, während sich der Elastizitätsmodul um ca. 12% verringerte.

3.10. Schlußbemerkungen

Im Teil 3 haben wir die wichtigsten experimentellen Daten über die magnetischen, elektrischen, mechanischen und chemischen Eigenschaften amorpher Ferromagnete sowie einige ihrer Anwendungsmöglichkeiten zusammengestellt. Den Schwerpunkt bildeten dabei die ferromagnetischen Eigenschaften. Über die magnetischen Grundgrößen, mittleres magnetisches Moment $\bar{\mu}$ und Curie-Temperatur T_C liegt ein umfangreiches experimentelles Material vor. Sie sind in den amorphen Legierungen fast durchweg kleiner als in den entsprechenden kristallinen Phasen, ohne sich jedoch drastisch zu ändern. Eine Ausnahme bildet amorphes Fe–Au. Die Angaben über reine amorphe Übergangsmetalle, in denen allein eine positionelle Unordnung existiert, sind leider zur Zeit noch sehr unsicher. Jedoch kann man schließen, daß die positionelle und die chemische Unordnung im allgemeinen in der gleichen Richtung wirken und $\bar{\mu}$ sowie T_C jeweils verringern. Speziell das Verhalten von $\bar{\mu}$ kann man zumindest qualitativ im Rahmen des Modells starrer Bänder verstehen. Ladungsübergang ist dabei sowohl bei den reinen amorphen Übergangsmetallen als auch bei den Legierungen von Bedeutung.

Die Temperaturabhängigkeit der spontanen Magnetisierung $M(T)$ ist qualitativ ähnlich wie für kristalline Ferromagnete. Es tritt jedoch zusätzlich eine Abflachung der reduzierten Magnetisierungskurve auf, oder — anders ausgedrückt — bei gleicher CURIE-Temperatur sind langwellige Spinwellen, deren Existenz mittels Neutronenstreuung nachgewiesen werden konnte, in amorphen Ferromagneten leichter anzuregen als in Kristallen. Dies ist eine Folge der Strukturfluktuationen (s. Teil 6). Die kritischen Erscheinungen können ähnlich wie für Kristalle beschrieben werden. Dabei weichen die kritischen Exponenten etwas von den kristallinen Werten ab.

Die überraschend große makroskopische einachsige magnetische Anisotropie in vielen amorphen Ferromagneten hat ihre Ursache in der richtungsgeordneten Paar- und (oder) magnetostriktiven Anisotropie, seltener in einer inneren Formanisotropie. Sie kann durch einfaches Tempern, durch Tempern unter mechanischer Spannung oder in einem Magnetfeld sowie durch Änderung der Legierungskomponenten in ihrer Größe und Richtung in weiten Grenzen geändert werden.

Es gelang, amorphe Ferromagnete mit (nahezu) verschwindender Magnetostriktion herzustellen. Der elektrische Widerstand ist durch die große Defektstreuung, die eine Folge der positionellen und chemischen Unordnung ist, um das 2- bis 4fache größer als im kristallinen Zustand. Die Temperaturabhängigkeit des Widerstands fast aller amorphen Ferromagnetika weist ein Minimum unterhalb der CURIE-Temperatur, d. h. im ferromagnetischen Zustand, auf. Diese Erscheinung wird bei kristallinen Ferromagneten nicht beobachtet. Zu seiner Interpretation wurden der KONDO-Effekt und ein Tunnel-Modell vorgeschlagen. Bei beiden Modellen spielt die amorphe Struktur eine Schlüsselrolle. Eine klare Entscheidung zugunsten eines der beiden Modelle ist zur Zeit noch nicht möglich, jedoch scheinen die Argumente zugunsten des KONDO-Effektes zu überwiegen.

Die mechanischen und chemischen Eigenschaften konnten nur sehr kurz dargestellt werden. Bemerkenswert sind die große Härte und Festigkeit einerseits und die gute Duktilität und plastische Verformbarkeit andererseits für fast alle amorphen ferromagnetischen Legierungen sowie die beträchtliche Korrosionsbeständigkeit für einige von ihnen. Viele amorphe Ferromagnete besitzen hervorragende weichmagnetische Eigenschaften, die von der Art der Glasbildner und der Wärmebehandlung wesentlich mitbestimmt werden. Ihre Langzeitstabilität ist im allgemeinen vollkommen ausreichend.

Eine wesentliche Ursache für die günstigen weichmagnetischen, mechanischen und chemischen Eigenschaften ist die gute Homogenität der amorphen Phase (keine Korn- und Phasengrenzen, keine Gitterfehler) und die gute Mischbarkeit verschiedener chemischer Komponenten, die im kristallinen Zustand wegen der Bildung heterogener Mehrphasensysteme im allgemeinen nicht möglich ist. Hier liegen sicherlich die größten Möglichkeiten für eine weitere gezielte Verfeinerung der gewünschten physikalischen Eigenschaften.

Die Herstellungskosten (insbesondere der Energieaufwand) liegen für amorphe Ferromagnete bedeutend niedriger als für entsprechende kristalline Ferromagnete, da sie in einem einzigen Arbeitsgang aus der Schmelze erhalten werden. An dieser Stelle möchsten wir darauf hinweisen, daß geeignete Eigenschaftskombinationen (z. B. magnetische Weichheit, höherer elektrischer Widerstand, mechanische Härte, Festigkeit und Duktilität sowie Korrosionsbeständigkeit), verbunden mit geringen Herstellungskosten, zu weiteren wichtigen Anwendungen führen sollten. Diese Einschätzung wird zusätzlich durch den Umstand gestützt, daß man sich bis etwa Mitte der siebziger Jahre vorwiegend mit den grundlegenden physikalischen Eigenschaften beschäftigte und erst seit kurzer Zeit gezielt nach besonders für Anwendungszwecke interessanten Eigenschaften sucht.

Ohne Zweifel sind die amorphen (ferromagnetischen) metallischen Legierungen eine neue Klasse von Substanzen, die für viele Anwendungen günstigere Eigenschaften als kristalline Substanzen besitzen.

Einer weiteren Verbesserung bedürfen die Herstellungsverfahren amorpher metallischer Legierungen, um die Streuung einiger physikalischer Parameter (z. B. des elektrischen Widerstands) zu reduzieren. Ebenso müßte die Strukturaufklärung weiter verfeinert und erweitert werden, damit man möglichst die strukturellen Ursachen für die unterschiedlichen Werte der magnetischen Anisotropie, des elektrischen Widerstands und der mechanischen Eigenschaften aufdecken kann.

4. Amorphe Ferrimagnete (Experimente)

Eine weitere interessante Substanzklasse sind die amorphen Ferrimagnete. Es handelt sich dabei um amorphe Legierungen, die neben Übergangsmetallen (ÜM) auch Elemente aus der Gruppe der seltenen Erden (SE) enthalten.

Die magnetischen Eigenschaften der SE werden vor allem durch die $4f$-Elektronen bestimmt. Diese gehören zu einer tiefliegenden Elektronenschale, die nach außen gut abgeschirmt ist. Zum Gesamtdrehimpuls tragen sowohl Spin- als auch Bahndrehimpuls bei, so daß einige SE sehr große atomare magnetische Momente tragen. In einem Festkörper bleibt die Größe dieser magnetischen Momente pro Atom wegen der erwähnten Abschirmung praktisch ungeändert. Sie sind mit denen ihrer Nachbarn im allgemeinen nur schwach durch einen indirekten s—f-Austausch gekoppelt, der durch die Spinpolarisation der Leitungselektronen (s-Elektronen) vermittelt wird. Daraus resultiert meist eine relativ niedrige Curie-Temperatur.

Die magnetischen Eigenschaften der ÜM werden durch die $3d$-Elektronen in äußeren Schalen bestimmt. Im Kristallverband wird der Bahndrehimpuls dieser Elektronen durch das Kristallfeld „eingefroren", so daß nur der Spin zum Gesamtmoment beiträgt. Das atomare magnetische Moment ist im allgemeinen klein im Vergleich zu dem der SE. Durch die direkte Überlappung der $3d$-Orbitale entsteht eine starke Austauschkopplung, so daß die Curie-Temperatur der ÜM relativ groß ist.

Es ist offensichtlich, daß eine Kombination der jeweils günstigen magnetischen Eigenschaften der Elemente beider Gruppen in SE–ÜM-Legierungen von besonderem Interesse ist. Es gibt allerdings nur relativ wenige stöchiometrische Zusammensetzungen, bei denen eine homogene kristalline Phase entsteht. Hier erweist sich die bereits erwähnte Mischbarkeit in größeren Konzentrationsbereichen bei den amorphen SE–ÜM-Legierungen als Vorteil, wenn es darum geht, Substanzen mit bestimmten physikalischen Eigenschaften herzustellen. Wie im Falle der kristallinen intermetallischen SE–ÜM-Verbindungen ordnen sich auch in amorphen SE–ÜM-Legierungen die magnetischen Momente von SE und ÜM in der Regel antiparallel zueinander an, so daß Ferrimagnete entstehen.

Die unterschiedlichen Atomradien der SE- und ÜM-Atome vereinfachen die Herstellung und erhöhen die thermische Stabilität amorpher Ferrimagnete.

Nach einem kurzen Überblick über bisher untersuchte amorphe Legierungen, welche SE enthalten, und deren magnetische Struktur stellen wir im folgenden — ganz analog zum Vorgehen im Teil 3 — zunächst die grundlegenden magnetischen Größen (magnetisches Moment $\overline{\mu}$ und CURIE-Temperatur T_C) zusammen. Es folgen Angaben über Magnetisierungskurven. Daran anschließend behandeln wir die magnetische Anisotropie sowie die Koerzitivfeldstärke H_c. Die zunächst überraschende Tatsache, daß man bei vielen amorphen ferrimagnetischen Schichten eine beträchtliche magnetische Anisotropie senkrecht zur Schichtebene beobachtet, war Gegenstand umfangreicher Untersuchungen. Den Hintergrund dafür bilden mögliche technische Anwendungen als Bubble-Materialien für eine gute nicht-flüchtige Speicherung großer Datenmengen in der Computertechnik. Auch zur thermomagnetischen Aufzeichnung können amorphe Ferrimagnete verwendet werden. Zum Abschluß werden die elektrischen und mechanischen Eigenschaften amorpher Ferrimagnete kurz dargestellt.

4.1. Substanzen und magnetische Struktur

4.1.1. Substanzen

Die ersten amorphen magnetischen Legierungen, die SE enthielten, waren Gd–Ag-Schichten, die im Jahre 1970 von BATES, POPPLEWELL und CHARLES [94] durch Aufdampfen auf ein Cu-Substrat bei einer Temperatur von 4,2 bzw. 78 K hergestellt wurden. Die Autoren untersuchten die Abhängigkeit der CURIE-Temperatur von der Gd-Konzentration im Bereich von 80 bis 100 At.-%. (Diese und andere *ferromagnetische* SE-Edelmetallegierungen wurden bereits in Abschnitt 3.2.4. behandelt.) Ebenfalls 1970 berichteten SIMPSON und LUCAS [224] über Besonderheiten der Tieftemperaturabhängigkeit der Suszeptibilität in amorphen Oxydfilmen mit der Zusammensetzung von Y- und Gd-Granat-Ferriten. Amorphe Ferrimagnete wurden jedoch zuerst 1972 von OREHOTSKY und SCHRÖDER [12] hergestellt. Durch gleichzeitiges Aufdampfen von Gd und Fe auf ein kaltes Substrat (77 K) erhielten sie amorphe Gd–Fe-Schichten in einem Konzentrationsbereich von 15 bis 94 At.-% Fe. Hier zeigte sich bereits die gute Mischbarkeit von Gd und Fe im amorphen Zustand.

Die erstmalige Verwendung der Kathodenzerstäubung als Herstellungsverfahren für amorphe Ferrimagnete durch RHYNE, PICKART und ALPERIN

[33] bedeutete einen weiteren wichtigen Fortschritt. Diese Autoren stellten amorphes $TbFe_2$ mit einer Dicke von 1 mm her, so daß Neutronenstreuexperimente möglich wurden, mit deren Hilfe sie die räumliche Spinkorrelationsfunktion oder „magnetische radiale Verteilungsfunktion" einer amorphen ferrimagnetischen Probe bestimmen konnten (s. 4.1.2.).

Eine neue Etappe wurde 1973 durch Chaudhari, Cuomo und Gambino [135, 225] eingeleitet, die in gesputterten Gd–Co- und Gd–Fe-Schichten die Existenz von Streifen- und Zylinderdomänen (magnetische Bubbles) nachweisen konnten [135]. Weiterhin stellten sie fest, daß amorphes Gd–Co als Material zur thermomagnetischen Aufzeichnung geeignet ist [225]. Die Arbeiten dieser Autoren bildeten die Grundlage für eine Vielzahl von physikalisch und technisch orientierten Veröffentlichungen.

Heute ist man in der Lage, mittels Kathodenzerstäubung (1.4.) und Aufdampfen auf ein gekühltes Substrat im Hochvakuum (1.1.), in einigen Fällen auch durch Abschrecken aus der Schmelze (3.2.4) viele amorphe Ferri- und Ferromagnete herzustellen, die seltene Erden enthalten.

1. Die größte Substanzklasse bilden die $SE_{1-x}ÜM_x$-Legierungen (SE = seltene Erde, ÜM = Übergangsmetall) mit SE = Gd, Tb, Dy, Ho, Er, Tm, Yb, Lu, La und ÜM = Fe, Co, Ni, Mn, von denen man nahezu alle zweikomponentigen Legierungen in einem weiten Konzentrationsbereich x im amorphen Zustand erhalten hat. Mitunter wird auch Y als Substituent für SE verwendet. Haben die SE ein ausreichend großes effektives atomares magnetisches Moment $(g-1)J$ (g = Landé-Faktor, J = Gesamtdrehimpuls), so sind die amorphen Legierungen ferrimagnetisch, während für kleine Werte $(g-1)J$ eine komplizierte spinglasähnliche Phase entsteht (s. u.). Sehr intensiv wurden wegen ihrer interessanten Eigenschaften Gd–Co und Gd–Fe sowie Tb–Fe untersucht.

2. Eine weitere Variationsmöglichkeit der magnetischen Eigenschaften erreicht man durch Hinzunahme von anderen Komponenten. Besonders ausführlich wurden amorphe ferrimagnetische Legierungen der Zusammensetzung Gd–Co–Mo analysiert.

3. Schließlich seien noch Gd–Cu, Gd–Au (s. 3.2.4.) sowie La-Fe und Y–Co genannt, die im amorphen Zustand ferromagnetisch sind.

Alle hier aufgezählten Substanzen kann man ohne zusätzliche Glasbildner im amorphen Zustand erhalten. Sie zeigen eine große thermische Stabilität. Typische Werte für die Kristallisationstemperatur T_k sind mehrere 100 °C.

4.1.2. Magnetische Struktur

Während die amorphen Ferromagnete eine relativ einfache magnetische Struktur aufweisen, kann sie bei amorphen Ferrimagneten infolge der dominierenden negativen Austauschkopplung zwischen SE und ÜM und der mitunter vorhandenen großen stochastischen magnetischen Anisotropie sehr komplex sein.

Bei einer kollinearen Anordnung der atomaren Momente sind diese entweder parallel oder antiparallel zur Richtung der resultierenden spontanen Magnetisierung orientiert. Die meisten SE-Legierungen besitzen jedoch im kristallinen Zustand eine nichtkollineare magnetische Spiralstruktur (s. z. B. [165]). Man kann daher auch im amorphen Zustand grundsätzlich „stochastische nichtkollineare" Magnetstrukturen nicht von vornherein ausschließen.

Rhyne, Pickart und Alperin [33, 226] untersuchten als erste die magnetische Struktur mittels elastischer Neutronenstreuung an amorphem $TbFe_2$. Aus der Differenz der Streuintensitäten — gemessen bei 4,2 K und 433 K (deutlich oberhalb T_C) —, die nur noch den magnetischen Streuanteil enthält, ermittelten sie nach Fourier-Transformation die Spinkorrelationsfunktion

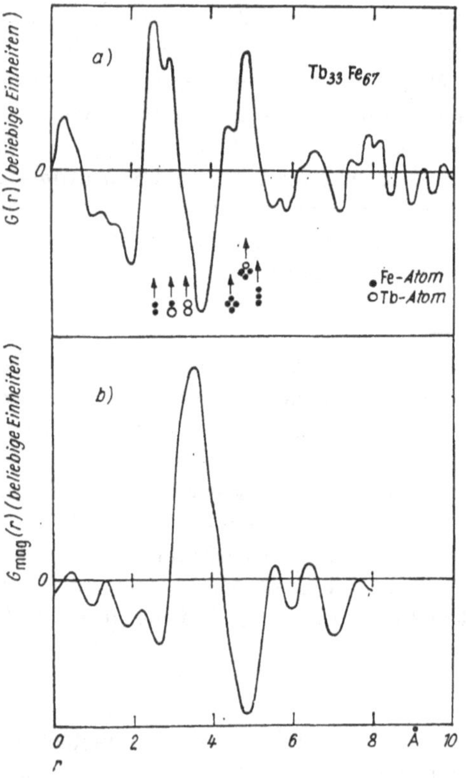

Abb. 4.1. a) Totale reduzierte radiale Verteilungsfunktion $G(r)$ für amorphes $TbFe_2$ nach [35]. Die Pfeile zeigen die Beiträge der entsprechenden Zweier-, Dreier-, ...-Cluster an. b) Magnetische radiale Verteilungsfunktion für amorphes $TbFe_2$ nach [33]; nach [37] und [35]

(magnetische radiale Verteilungsfunktion). Sie ist in Abbildung 4.1b wiedergegeben. Abbildung 4.1a zeigt die zugehörige totale reduzierte radiale Verteilungsfunktion $G(r)$, die man mit elastischer Neutronenstreuung bei 433 K für die gleiche Probe erhielt. Ein Vergleich der beiden Abbildungen ergibt, daß der erste große positive Peak bei $r \approx 3{,}5$ Å in Abbildung 4.1 b von den Tb–Tb-Paaren herrührt. Ihr Beitrag zur magnetischen radialen Verteilungsfunktion ist infolge des großen magnetischen Moments von Tb ($9\mu_B$) am größten. Der negative Peak bei $r \approx 4{,}8$ Å kann dagegen vorwiegend Tb-Fe_3-Clustern zugeordnet werden (vgl. Abb. 4.1a). Den weiteren Peaks in Abbildung 4.1b überlagern sich statistische Fehler, so daß ihre Deutung zu unsicher wird.

Diese wichtigen Neutronenstreuexperimente zeigen:

a) Die magnetischen Momente des Tb sind (zumindest nahezu) parallel zueinander orientiert.

b) Die magnetischen Momente des Fe und des Tb sind antiparallel ausgerichtet. Daher kann amorphes $TbFe_2$ näherungsweise als ein amorpher Ferrimagnet betrachtet werden. Ein leichtes Verkanten der Momente ist dabei jedoch nicht auszuschließen.

In Abhängigkeit von der Größe des Betrages der mittleren stochastischen Anisotropie und der mittleren Austauschenergie können in amorphen SE–ÜM Legierungen unterschiedliche stochastische nichtkollineare Magnetstrukturen entstehen. Die verschiedenen denkbaren Möglichkeiten sind in Abbildung 4.2 symbolisch dargestellt. Die Nichtkollinearität führt unter anderem zu einer scheinbaren Verringerung der atomaren magnetischen Momente, wenn man sie aus Magnetisierungsmessungen bestimmt (s. u.). Treten Austauschintegrale mit unterschiedlichen Vorzeichen auf, so wird die Entstehung einer nichtkollinearen Magnetstruktur begünstigt. Der Extremfall ist in Abbildung 4.2 c dargestellt. Bei speromagnetischer Anordnung ist die atomare Magnetisierung wie bei den Spingläsern stochastisch über den gesamten Raumwinkel verteilt.

Wie in amorphen Antiferromagneten muß man auch in amorphen Ferrimagneten mit einem Misfit (vgl. 6.7.) rechnen. Er kann bei letzteren sowohl durch chemische als auch positionelle Unordnung verursacht werden.

4.2. Grundlegende magnetische Größen $\overline{\mu}$, T_C

4.2.1. Mittleres magnetisches Moment $\overline{\mu}$

Das atomare magnetische Moment der SE μ_{SE} wird durch die tiefliegenden und gut abgeschirmten $4f$-Elektronen bestimmt. Es ist daher von der chemi-

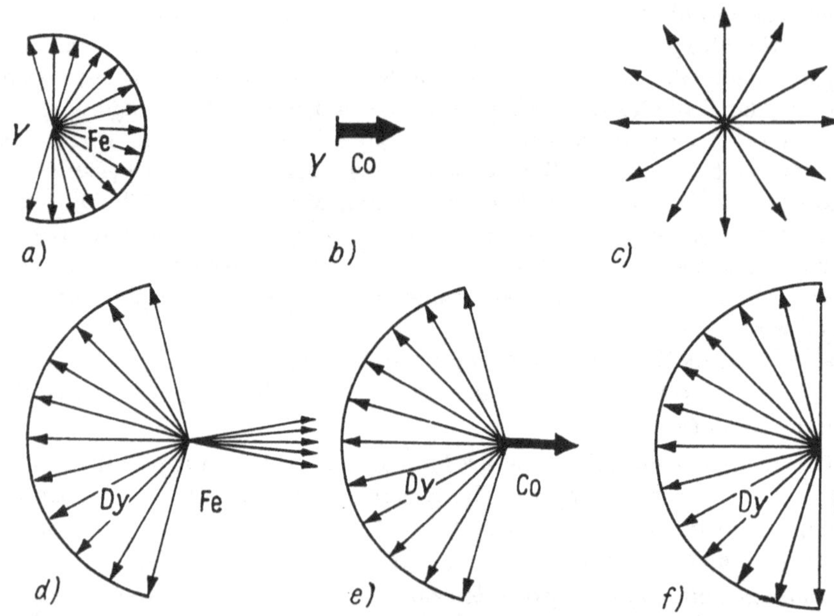

Abb. 4.2. Vermutete stochastische nichtkollineare Magnetstrukturen (symbolische Darstellung) für amorphe SE–ÜM$_3$-Legierungen bei 4,2 K: a) und f) asperomagnetisch, b) ferromagnetisch, d) und e) sperimagnetisch (nach [227, 228]), c) speromagnetisch

schen und strukturellen Unordnung in guter Näherung unabhängig. (Auch in kristallinen Legierungen ist μ_{SE} praktisch gleich dem Wert für das freie SE-Ion, s. z. B. [165].)

Das atomare magnetische Moment der ÜM, das durch die wenig abgeschirmten und zum Teil delokalisierten $3d$-Elektronen bestimmt wird, ändert sich dagegen bei Anwesenheit anderer Legierungskomponenten (oder auch bereits durch benachbarte gleichartige $3d$-Metallatome). In amorphen SE–ÜM-Legierungen tragen vor allem zwei Effekte zur Änderung von $\bar{\mu}_{ÜM}$ bei:

1. Der Übergang von s-Elektronen der SE in freie $3d$-Zustände der ÜM (Ladungsübergang) führt zu einer Verringerung von $\bar{\mu}_{ÜM}$ [229]. Ein Ladungsübergang wird auch in kristallinen SE–ÜM-Legierungen beobachtet. Die chemische und strukturelle Unordnung und die etwas geringere Dichte in der amorphen Phase bewirken eine stärkere Lokalisierung der Elektronen. Daher wird der Elektronenübergang in den amorphen Legierungen geringer sein als in den entsprechenden kristallinen (Konzept des reduzierten Ladungsübergangs von Tao u. a. [229]).

2. Besitzen die SE ein großes effektives magnetisches Moment $(g-1)J$, so können sie eine Vergrößerung des ÜM-Momentes induzieren [230].

Auf der Grundlage dieser Vorstellungen kann man zu Aussagen über $\bar{\mu}_{\text{ÜM}}$ gelangen. Wir betrachten zuerst amorphes $GdCo_2$ und $TbFe_2$, die für dieses stöchiometrische Verhältnis nach der Kristallisation homogene LAVES-Phasen bilden. Setzt man eine kollineare antiparallele Orientierung der SE und ÜM voraus, so gilt offensichtlich in diesem Fall

$$\mu_{\text{SE}} - 2\bar{\mu}_{\text{ÜM}} = \bar{\mu}_{\text{SE-ÜM}} \,. \tag{4.1}$$

Für kristallines [231] bzw. amorphes $GdCo_2$ mißt man $\bar{\mu}_{GdCo_2} = 4{,}77\,\mu_B$ bzw. $(4{,}16 \pm 0{,}3)\mu_B$ pro Formeleinheit. Da $\mu_{Gd} = 7\mu_B$ stets gleich ist, erhält man aus (4.1) $\mu_{Co} = 1{,}11\,\mu_B$ für den kristallinen und $\bar{\mu}_{Co} = (1{,}4 \pm 0{,}15)\mu_B$ für den amorphen Zustand [229]. In beiden Fällen ist $\bar{\mu}_{Co}$ kleiner als für reines Co ($1{,}71\,\mu_B$, vgl. 3.2.). Daraus muß man schließen, daß in $GdCo_2$ ein Elektronenübergang stattfindet. Aus den $\bar{\mu}_{Co}$-Werten folgt weiter, daß der Elektronenübergang im amorphen Zustand reduziert wird (vgl. Punkt 1).

Für kristallines bzw. amorphes $TbFe_2$ werden $\bar{\mu}_{TbFe_2} = 4{,}47\,\mu_B$ [231] bzw. $(4{,}0 \ldots 4{,}2)\,\mu_B$ [13, 232] pro Formeleinheit angegeben. Aus (4.1) erhält man mit $\mu_{Tb} = 9\,\mu_B$ für den kristallinen Zustand $\mu_{Fe} = 2{,}26\,\mu_B$ und für den amorphen $\bar{\mu}_{Fe} = (2{,}4 \ldots 2{,}5)\,\mu_B$. Obwohl $\bar{\mu}_{Fe}$ unter gewissen Bedingungen Werte bis $2{,}9\,\mu_B$ annehmen kann (vgl. 3.2.), muß dieses große $\bar{\mu}_{Fe}$ für die amorphe Phase wohl einer schwachen stochastischen nichtkollinearen Anordnung der Tb-Momente zugeschrieben werden, die zu einer scheinbaren Verringerung des Tb-Moments und damit zu einer scheinbaren Erhöhung des mittleren Fe-Moments führt. Tatsächlich besitzt Tb im Unterschied zu Gd eine große stochastische magnetische Anisotropie. Ihren Einfluß kann man durch Anlegen eines starken Magnetfeldes unterdrücken. Auf diese Weise erhielten RYHNE u. a. [232] als Maximalwert $\bar{\mu}_{TbFe_2} = 4{,}7\,\mu_B$, woraus $\mu_{Fe} = 2{,}15\,\mu_B$ folgt. Es ist jedoch interessant, daß auch im kristallinen Fall μ_{Fe} trotz Ladungsübergang im Vergleich mit μ_{Co} nicht merklich verändert wird. TAYLOR [233] begründete diesen Sachverhalt wie folgt: Bei reinem Co ist eines der beiden $3d$-Unterbänder gefüllt, so daß der Ladungsübergang nur in das andere Unterband erfolgen kann und $\bar{\mu}_{Co}$ reduziert wird. Beim Fe sind dagegen beide Unterbänder nur teilweise besetzt. Der Ladungsübergang findet also in beide Unterbänder gleichzeitig statt, und sein Einfluß auf $\bar{\mu}_{Fe}$ ist daher gering.

Mittels MÖSSBAUER-Effekt, bei dem die Nichtkollinearität nicht zu einer Verfälschung der magnetischen Momente führt, bestimmten HEIMAN u. a. [230] das innere Feld beim Fe, welches proportional zu $\bar{\mu}_{Fe}$ ist, und daraus das mittlere Moment von Fe. Für amorphe $SE_{1-x}Fe_x$-Legierungen mit SE = Gd, Tb, Dy, Ho, Y, Lu und $0{,}6 \leqq x \leqq 0{,}9$ fanden sie, daß der mittlere

Spin von Fe durch die Beziehungen

$$\bar{S}_{\mathrm{Fe}} = 1{,}1 - (1 - x)\,[2{,}3 - 0{,}47\,(g - 1)J] \tag{4.2}$$

bzw.

$$\bar{S}_{\mathrm{Fe}} = 1{,}1 - \frac{1}{2}\,\frac{1 - x}{x}\,[3{,}2 - 0{,}70\,(g - 1)J] \tag{4.3}$$

gut beschrieben wird. (4.3) gibt die Meßergebnisse für $\bar{S}_{\mathrm{Fe}}$ etwas besser wieder. Der effektive Spin des reinen Fe ist 1,1. Der erste Term in der Klammer von (4.3) ist eine Folge des Ladungsübergangs und ergibt eine Verringerung von $\bar{S}_{\mathrm{Fe}}$ (vgl. Punkt 1), während der zweite aus der zusätzlichen magnetischen Polarisation durch die benachbarten SE-Ionen resultiert, die proportional zum effektiven SE-Moment $(g - 1)J$ ist und eine Erhöhung des Fe-Spins bewirkt (vgl. Punkt 2). Ähnliche Beiträge treten auch bei den kristallinen intermetallischen Verbindungen auf. Bei kristallinem $TbFe_2$ hat der erste Term in der Klammer von (4.3), der den Ladungsübergang beschreibt, anstelle von 3,2 den Wert 3,0, d. h., der Ladungsübergang hat praktisch die gleiche Änderung von $\bar{\mu}_{\mathrm{Fe}}$ im kristallinen und amorphen Fall zur Folge.

Abschließend erwähnen wir noch die ternäre amorphe Legierung $(Gd_{1-x}Co_x)_{1-y}Mo_y$ mit $0{,}8 \leqq x \leqq 0{,}9$ und $0{,}08 \leqq y \leqq 0{,}16$. Für das mittlere Co-Moment fand man [234, 235] $\bar{\mu}_{\mathrm{Co}} = \left(1{,}65 - \dfrac{5y}{y + (1 - y)\,x}\right)\mu_B$. Daraus folgt, daß das nichtmagnetische Mo das $3d$-Band des Co zusätzlich auffüllt.

Weitere Ergebnisse und Diskussionen kann man in der bereits zitierten Literatur und in [236 – 239] finden.

4.2.2. Curie-Temperatur T_C

Die Curie-Temperaturen amorpher und kristalliner Ferrimagnete unterscheiden sich in der Regel sehr stark voneinander. Die Ursachen dafür sind folgende:

1. Der Ladungsübergang der SE-s-Elektronen in die ÜM-$3d$-Zustände ist in der amorphen Phase verringert. Daraus ergibt sich eine Vergrößerung des ÜM-Momentes (vgl. 4.2.1.) und somit auch der Curie-Temperatur. Dieser Effekt ist beim Co besonders stark ausgeprägt.

2. Die strukturgemittelten Austauschintegrale und die mittlere Zahl der nächsten Nachbarn unterscheiden sich zum Teil erheblich von den kristallinen Werten, da sich die chemische und die positionelle Nahordnung ändern (vgl. 2.2.3.).

3. Der Misfit (s. 6.7.), die stochastische magnetische Anisotropie und die strukturbedingten Fluktuationen der Austauschintegrale (s. Teil 6) bewirken eine Verringerung der CURIE-Temperatur.

Tabelle 4.1.

CURIE-Temperatur T_C (in K) einiger kristalliner und amorpher SE–Co_2- und SE–Fe_2-Legierungen (nach [13, 231])

	Co_2-				Fe_2-			
	Gd	Tb	Ho	Y	Gd	Tb	Ho	Y
kristallin	404	238	87	–[1])	796	704	608	542
amorph	550	> 600	> 600	> 600	490	390	260	400

[1]) Nicht ferrimagnetisch.

Nimmt man an, daß der Ladungsübergang den entscheidenden Beitrag liefert und die Beiträge 2. und 3. bei Co–SE und Fe–SE etwa gleich sind, so folgt für Co–SE $T_C^{am} > T_C^{kr}$ und für Fe–SE $T_C^{am} < T_C^{kr}$. Die experimentellen T_C-Werte, von denen einige in der Tabelle 4.1 wiedergegeben sind, bestätigen diese Schlußfolgerung. Die Vergrößerung von T_C^{am} für die Co_2–SE-Legierungen ist beträchtlich. Besonders bemerkenswert ist YCo_2, das im kristallinen Zustand keine ferrimagnetische Phase besitzt, während es im amorphen ein $T_C > 600$ K aufweist! Die Reduktion des Ladungsübergangs

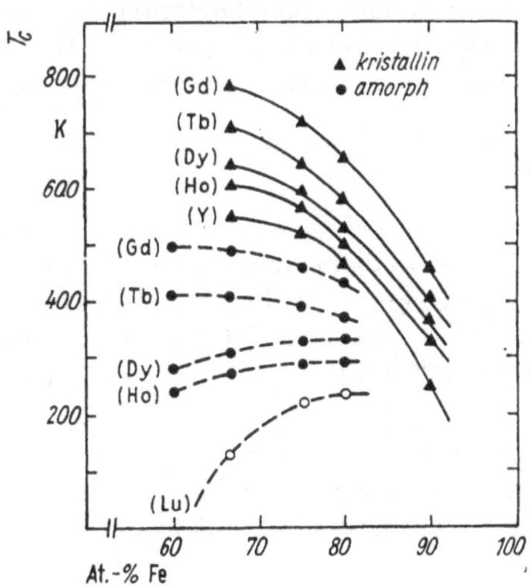

Abb. 4.3. CURIE-Temperatur T_C für kristalline und (aufgedampfte) amorphe $SE_{1-x}Fe_x$-Legierungen in Abhängigkeit von der Fe-Konzentration (nach [230])

in den amorphen SE–Co-Legierungen führt demnach zu einer teilweise extremen Erhöhung der Stabilität der ferrimagnetischen Phase.

Die Beiträge 2. und 3. verursachen bei den amorphen SE–Fe-Legierungen eine Verringerung von T_C. Während diese bei den amorphen SE–Co-Legierungen durch den reduzierten Ladungsübergang überkompensiert werden, führt letzterer bei den amorphen SE–Fe-Legierungen praktisch zu keiner Änderung des Fe-Spins.

Heimann u. a. [230] untersuchten T_C für verschiedene amorphe $SE_{1-x}Fe_x$ Legierungen (s. Abb. 4.3) und konnten $T_C^{am} < T_C^{kri}$ im Konzentrationsbereich $0{,}6 \leqq x \leqq 0{,}8$ bestätigen.

Rhyne [240] und Heiman u. a. [230] fanden für amorphe Fe_2-SE-Legierungen eine nahezu lineare Abhängigkeit der Curie-Temperatur von dem De-Gennes-Faktor $G = (g - 1)^2 J\,(J + 1)$ der SE, d. h., bei konstantem Fe-Gehalt ist die Änderung von T_C vor allem eine Folge der unterschiedlichen effektiven Momente der SE. (Für reine SE erhält man für die paramagnetische Curie-Temperatur $T_p \sim G$, s. z. B. [165].)
Das effektive Moment $(g - 1)J$ für Ho, Er (und Y) ist vergleichbar mit dem oder kleiner als das von Fe, so daß das magnetische „Untergitter“ der SE nicht mehr dominiert. In diesem Fall hat man näherungsweise einen „amorphen Antiferromagneten“ (s. 5.2. und 6.7.) vorliegen, der jedoch infolge des Misfits ein spinglasähnliches Verhalten zeigt. Für diese amorphen SE–Fe_2-Legierungen beobachtet man tatsächlich keinen scharfen Phasenübergang 2. Art (vgl. [230, 240] und 6.7.).

Heiman u. a. [230] berechneten mit Hilfe einer einfachen Molekularfeldnäherung die Curie-Temperatur für amorphe $SE_{1-x}Fe_x$-Legierungen, wobei sie die Momente S_1, S_2 und die Austauschintegrale I_{11}, I_{12} und I_{22} (SE = 1, Fe = 2) von vornherein durch ihre Mittelwerte ersetzten (korrespondierender Kristall, vgl. 6.1.1.). Mit

$$I_{11} = 1{,}6\,, \quad I_{12} = 2{,}25 - 53\,(1 - x)\,, \quad I_{22} = 20{,}5 + 120\,(1 - x) \tag{4.4}$$

(alle Werte sind in 10^{16} erg angegeben) und (4.2) für den mittleren Fe-Spin (das Moment der SE ist x-unabhängig) erhielten sie die in Abbildung 4.4 dargestellten Kurven. Dieses einfache Zwei–Untergitter-Modell wurde erstmalig in [234] für amorphes ferrimagnetisches Gd–Co-Mo verwendet (s. a. 4.3.).

Die Übereinstimmung der theoretischen Kurven mit den experimentellen Werten ist überraschend gut, insbesondere, wenn man bedenkt, daß konstante Austauschintegrale verwendet und nur die Änderung ihrer Zahl mit der Fe-Konzentration berücksichtigt wurde.

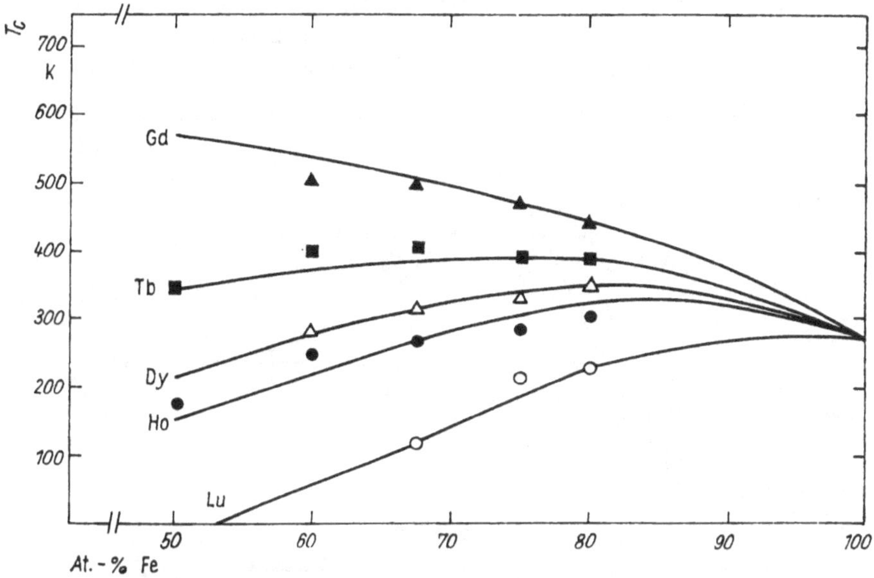

Abb. 4.4. Gemessene und für konstante Austauschintegrale berechnete CURIE-Temperaturen (ausgezogene Kurven) für verschiedene amorphe $SE_{1-x}Fe_x$-Legierungen (nach [230])

HEIMAN u. a. [230] bestimmten für mehrere SE–Fe_2-Legierungen die CURIE-Temperatur T_C und mittels MÖSSBAUER-Effekt das innere Magnetfeld H_{int}. Beide Größen trugen sie über dem Atomradius der SE auf (Abb. 4.5), wobei sie die H_{int}- und T_C-Skala so wählten, daß beide Größen für die nichtmagnetischen SE Lu und La übereinstimmten. Bei diesen müssen die Austauschintegrale zwischen SE–Fe und SE–SE Null sein. Daher ist die Differenz zwischen beiden Kurven ein Maß für den Beitrag dieser Austauschintegrale zur CURIE-Temperatur.

In [238] wurde für einige SE–ÜM-Legierungen die Druckabhängigkeit von T_C gemessen. Für amorphes $Gd_{71}Fe_{29}$ und mehrere Ho–Fe-Legierungen verringert sich T_C in Übereinstimmung mit Abbildung 4.5 mit wachsendem Druck. Das gleiche Verhalten zeigten amorphe Y–Fe-Legierungen. Diese Ergebnisse kann man mit einer Vergrößerung des Ladungsübergangs bei Verringerung der Abstände erklären.

Neben amorphen SE–Co- und SE–Fe-Legierungen wurden auch SE–Ni- und SE–Mn-Legierungen untersucht [230]. Die CURIE-Temperaturen von amorphem SE–Ni_2 liegen um etwa das 2—3fache niedriger als für kristalline. Da das 3d-Band des Ni in beiden Fällen wahrscheinlich vollständig aufgefüllt ist (Ladungsübergang), muß man daraus auf eine Reduzierung der Austauschwechselwirkung im amorphen Zustand um das 2—3fache schließen. Bei amorphen SE–Mn-Legierungen fand man keine geordnete magnetische Phase.

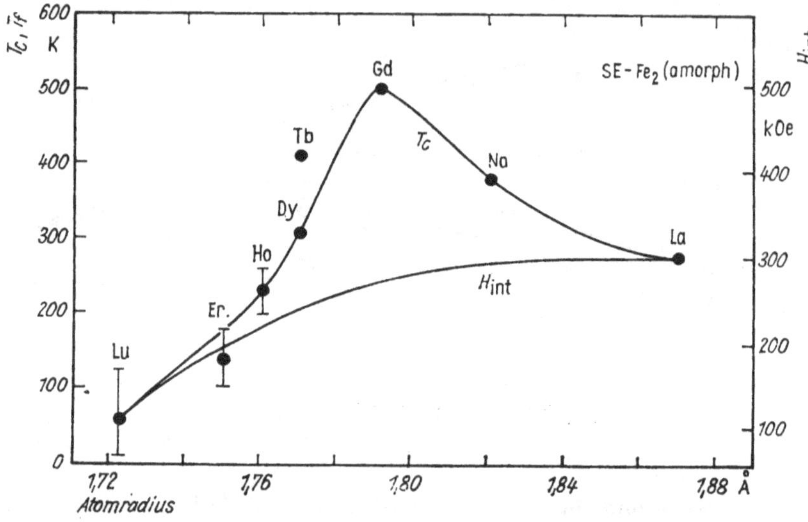

Abb. 4.5. CURIE-Temperatur T_C und inneres Magnetfeld H_{int} für amorphe SE–Fe_2-Legierungen als Funktion des Atomradius der SE (nach [230])

4.3. Magnetisierung $M(T)$ und Kompensationstemperatur T_{comp}

Sowohl amorphe als auch kristalline Ferrimagnete können ein sehr unterschiedliches $M(T)$-Verhalten aufweisen. Ist eine Untergittermagnetisierung

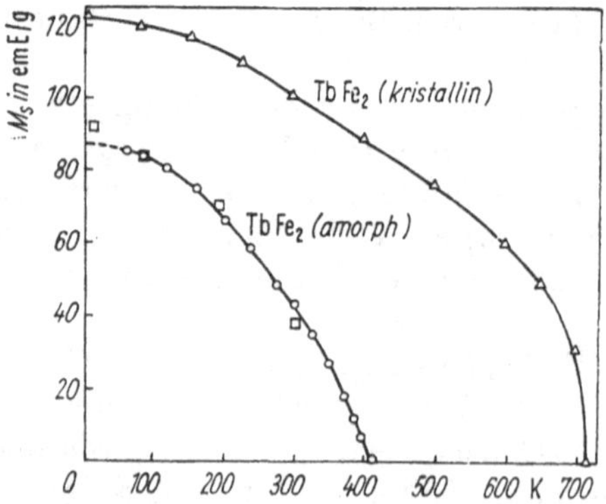

Abb. 4.6. Temperaturabhängigkeit der spontanen Magnetisierung für ferrimagnetisches $TbFe_2$ im amorphen und kristallinen Zustand. Die Quadrate stellen Meßpunkte dar, die mit Neutronenstreuung gewonnen wurden (nach [232])

für alle Temperaturen größer als die andere, so erhält man einen $M(T)$-Verlauf wie in Abbildung 4.6 (hier ist die Magnetisierung des „Tb-Untergitters" stets größer als die des „Fe-Untergitters"). Wird die bei tiefen Temperaturen größere Untergittermagnetisierung mit wachsendem T schneller abgebaut als die zunächst kleinere Untergittermagnetisierung, so zeigt die Gesamtmagnetisierung bei einer bestimmten Temperatur T_{comp} (Kompensationstemperatur) einen Nulldurchgang und geht zu negativen Werten über (i. allg.

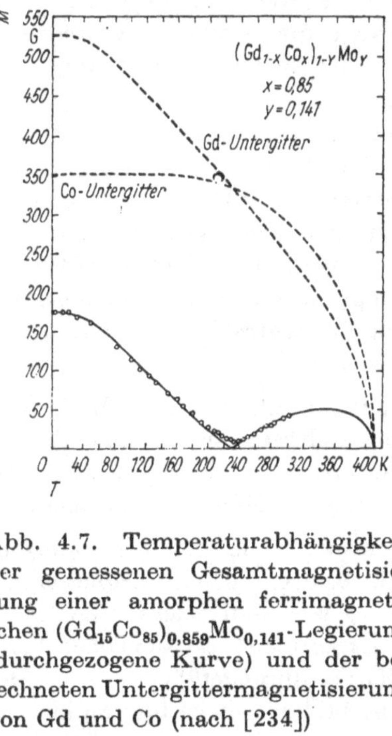

Abb. 4.7. Temperaturabhängigkeit der gemessenen Gesamtmagnetisierung einer amorphen ferrimagnetischen $(Gd_{15}Co_{85})_{0,859}Mo_{0,141}$-Legierung (durchgezogene Kurve) und der berechneten Untergittermagnetisierung von Gd und Co (nach [234])

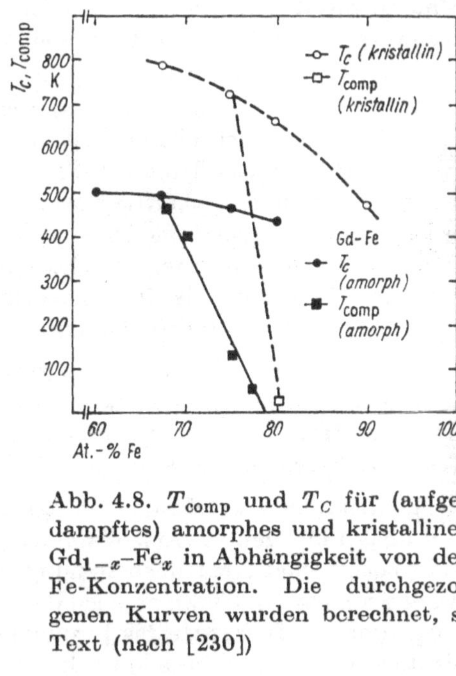

Abb. 4.8. T_{comp} und T_C für (aufgedampftes) amorphes und kristallines Gd_{1-x}–Fe_x in Abhängigkeit von der Fe-Konzentration. Die durchgezogenen Kurven wurden berechnet, s. Text (nach [230])

trägt man jedoch den Betrag der Gesamtmagnetisierung auf). Beide Untergittermagnetisierungen kompensieren sich also bei $T_{comp} < T_C$ zu Null. In Abbildung 4.7 ist dieser Fall am Beispiel einer amorphen ferrimagnetischen Gd–Co–Mo-Legierung dargestellt, wobei die Untergittermagnetisierungen für Gd und Co innerhalb des einfachen Zwei-Untergitter-Modells in Molekularfeldnäherung berechnet wurden [234] (vgl. auch 4.2.2.). Es ist zu sehen, daß die meßbare Gesamtmagnetisierung $M(T)$ als Differenz von zwei großen Untergittermagnetisierungen sehr empfindlich von der genauen Zusammensetzung der Legierung abhängt. HEIMAN u. a. [230] wiesen darauf hin, daß bereits eine Variation der SE-Konzentration um wenige At.-%

$M(T)$ drastisch ändern kann. Diese Autoren bestimmten innerhalb des Zwei-Untergitter-Modells unter Verwendung von (4.3) für $\bar{S}_{Fe}$ und zu (4.4) analogen Beziehungen für die Austauschintegrale I_{ij} die $M(T)$-Kurven und T_{comp} sowie T_C für eine Reihe von amorphen und kristallinen Gd–Fe-Legierungen. Letztere sind zusammen mit einigen experimentellen Daten in Abbildung 4.8 dargestellt. Man erkennt, daß das einfache Modell aus [234] die experimentellen Werte erstaunlich gut beschreibt. Jäger [241] untersuchte den Einfluß der Fluktuationen der Austauschintegrale innerhalb des Zwei-Untergitter-Modells in Molekularfeldnäherung und erhielt wie im ferromagnetischen Fall (vgl. 6.1.1.) eine Abflachung beider „Untergitter-" und der Gesamtmagnetisierung.

Weitere Angaben über T_{comp} kann man zum Beispiel in [242—244] finden. Ihre Konzentrationsabhängigkeit wurde für aufgedampftes amorphes Co-(Gd, Tb, Ho, Er) [242] und Gd–Fe [233] untersucht. In [243] wurde ihre Abhängigkeit von den Sputtergasverunreinigungen gemessen, und in [244] wurden durch magnetische Messungen die Kompensationsflächen, auf denen die Gesamtmagnetisierung verschwindet, an gesputterten amorphen Gd–Co-Schichten bestimmt. Sie sind eine Folge von Konzentrationsgradienten, und ihre Lage ist temperaturabhängig.

Die Untergittermagnetisierung, genauer das ihr entsprechende Magnetfeld H_{int}, wurde mittels Mössbauer-Effekt unter anderem für amorphe Fe_x(Gd, Tb, Dy, Ho, Lu, $Y)_{1-x}$ [230] und Dy(Fe, Co, $Ni)_3$ [227] gemessen. Die amorphe Struktur führt zu einer Verbreiterung der Mössbauer-Linien.

In kristallinen Ferrimagneten treten Spinwellen auf, und bei T_C erfolgt ein Phasenübergang 2. Art. Während man in amorphen Ferromagneten mittels inelastischer Neutronenstreuung eindeutig langwellige Spinwellen nachweisen konnte (s. 3.3.2.), ergeben derartige Experimente an amorphen Ferrimagneten — sie wurden bis jetzt nur an $TbFe_2$ durchgeführt — keine eindeutige Auskunft. Man fand für kleine Wellenzahlen q einen breiten inelastischen Streupeak, dem man Spinwellen mit geringer Lebensdauer zuschrieb [48, 110, 245]. Spinwellen sind daher in amorphen Ferrimagneten wesentlich schlechter definierte kollektive Anregungen als in amorphen Ferromagneten. Amorphes $TbFe_2$ [48, 110, 245] und $HoFe_2$ sowie $GdFe_2$ [246] zeigen im Bereich $T \approx T_C$ keine ausgeprägte kritische (Neutronen-) Streuung. Pickart, Rhyne und Alperin [246] schließen daraus, daß kein scharf definiertes T_C und damit auch kein scharfer Phasenübergang 2. Art vorhanden sind (vgl. auch 6.7.). Neutronen- und Kleinwinkelstreuung ergaben, daß in amorphem $TbFe_2$ magnetische Inhomogenitäten mit einer charakteristischen Länge von 20 bis 30 Å auftreten, deren Größe durch ein äußeres Magnetfeld verändert werden kann [110].

Weitere inelastische Neutronenstreuexperimente, insbesondere auch an anderen amorphen Ferrimagneten, wären sehr wünschenswert.

4.4. Magnetische Anisotropie

Man kann ohne Übertreibung sagen, daß die Entdeckung einer großen magnetischen Anisotropie in gesputterten amorphen Gd–Co- und Gd–Fe-Schichten, die sogar die Existenz von magnetischen Bubbles (s. 4.6.) ermöglicht, durch Chaudhari, Cuomo und Gambino [135] im Jahre 1973 als Sensation aufgenommen wurde. Diese wichtige magnetische Größe wurde in der Folgezeit für amorphe Ferrimagnete intensiv untersucht, da man sich über sie ein tieferes physikalisches Verständnis dieser Systeme erhofft. Grundsätzlich kommen die gleichen Ursachen, die in der Einleitung zu Kapitel 3.5. für amorphe Ferromagnete genannt wurden, auch bei amorphen Ferrimagneten für eine magnetische Anisotropie in Betracht.

Alle amorphen Ferrimagnete besitzen eine makroskopische einachsige magnetische Anisotropie, deren Richtung sowohl in der Schichtebene, als auch senkrecht zu ihr orientiert sein kann. Ihre Größe und Richtung hängt von der Legierung und im starken Maße auch von den Herstellungsbedingungen ab. Der makroskopischen (mittleren) Anisotropie ist im allgemeinen noch eine lokale Anisotropie überlagert, deren Größe und Richtung sich stochastisch ändert. Alle weiteren Ausführungen beziehen sich auf die makroskopische Anisotropie.

Folgende Mechanismen wurden zur Erklärung der magnetischen Anisotropie in amorphen Ferrimagneten vorgeschlagen:

1. Bei *gesputterten* Schichten ist die magnetische Anisotropie eine Folge der richtungsgeordneten Paaranisotropie der ÜM-Atome (vgl. 3.5.2. und [50, 247, 251]). Es entstehen einige Prozent mehr ÜM–ÜM-Paare, deren Verbindungslinie in der Schichtebene liegt, als senkrecht zu ihr, so daß eine makroskopische einachsige magnetische Anisotropie (leichte Magnetisierungsrichtung) senkrecht zur Schichtebene resultiert.

2. Bei *aufgedampften* Schichten handelt es sich um eine wachstumsbedingte Texturanisotropie, die entweder eine Folge anisotroper innerer mechanischer Spannungen (magnetostriktive Anisotropie, s. 3.4.) oder kleiner orientierter pseudokristalliner Bereiche der Größe 10 bis 20 Å [252] ist.

Zu 1.: Die Bindungsenergie zwischen ÜM–ÜM-, ÜM–SE- und SE–SE-Atomen ist unterschiedlich. Der kleine magnetische Anteil zur gesamten Bindungsenergie kann bereits zu einer Bevorzugung von Co–Co-Paaren führen. Ein aus der augenblicklichen Oberfläche „herausragendes“ Co-Atom wird mit etwas größerer Wahrscheinlichkeit durch Resputtern wieder losgelöst als ein Co-Atom in der „Schichtebene". Das ist im Einklang mit der empfindlichen Abhängigkeit der Anisotropie von der Sputterwechselvorspannung (vgl. 1.4.). Sie wächst mit zunehmender Vorspannung, und ihre Orientierung hängt von der Richtung des elektrischen Feldes ab.

Die geringe Temperaturabhängigkeit der magnetischen Anisotropie (hinreichend weit unterhalb T_C) weist darauf hin, daß sie von den ÜM-Atomen verursacht wird, die eine deutlich größere Austauschwechselwirkung aufweisen als die SE-Atome. Nach [253] kann die magnetische Anisotropiekonstante durch

$$K_u = \sum_{i,j=1}^{2} C_{ij} M_i M_j \tag{4.5}$$

genähert dargestellt werden, wobei M_1 und M_2 die Untergittermagnetisierungen darstellen und C_{ij} Konstanten sind. Diese Abhängigekit deutet ebenfalls auf eine Paaranisotropie hin. Für eine weitere Diskussion verweisen wir auf die interessante Arbeit [250].

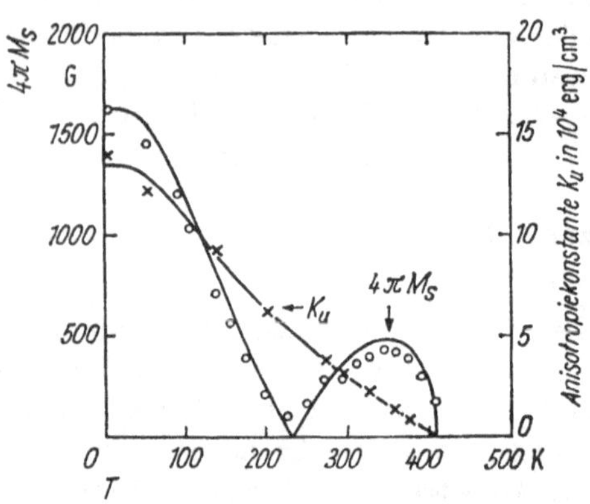

Abb. 4.9. Temperaturabhängigkeit der magnetischen Anisotropiekonstanten K_u und Sättigungsinduktion $4\pi M_S$ (M_S Sättigungsmagnetisierung) für *rf*-gesputtertes amorphes $Co_{0,670}Cd_{0,105}Mo_{0,145}Ar_{0,080}$ nach [254]. Der Ar-Anteil stammt aus dem Sputtergas

Abbildung 4.9 zeigt einen typischen Temperaturverlauf der magnetischen Anisotropiekonstanten K_u. Ein Beispiel für ihre Abhängigkeit von der Sputtervorspannung (Biasspannung) ist in Abbildung 4.10 wiedergegeben. Erst bei einer ausreichend großen Vorspannung entsteht in Gd–Co eine magnetische Anisotropie senkrecht zur Schichtebene (s. auch [251]).

Zu 2.: Nach Heiman u. a. [252] können pseudokristalline Bereiche mit einer bevorzugten Orientierung infolge der aus einer einheitlichen Richtung (Aufdampfrichtung) auftreffenden Atome bei der Herstellung entstehen und

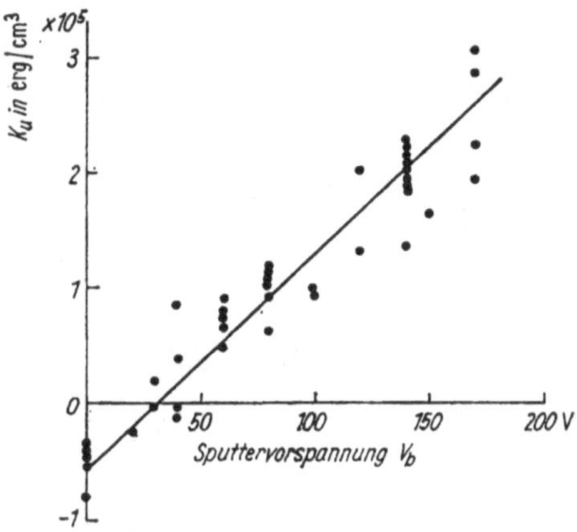

Abb. 4.10. Abhängigkeit der magnetischen Anisotropiekonstanten K_u von der Sputtervorspannung (Bisspannung) V_b von amorphem Gd-Co (nach [255])

eine makroskopische magnetische Anisotropie bewirken. Diese Annahme wird zusäztlich dadurch gestützt, daß die Anisotropie von der Aufdampfrichtung abhängig ist. Magnetostriktive Anisotropie kann nur bei nichtverschwindender Magnetostriktion auftreten (vgl. 3.5.1.). Sicherlich kommt zur Wachstumsanisotropie noch ein Beitrag der Paaranisotropie hinzu. Demgegenüber dürften beim Sputtern die mit großer Energie auftreffenden Atome, das Resputtern und Sputtergaseinschlüsse die Bildung in einer Vorzugsrichtung orientierter pseudokristalliner Bereiche verhindern [233].

3. Dirks und Leamy [256, 257] wiesen mittels Transmissionselektronenmikroskopie in aufgedampften Schichten eine „Säulenstruktur" nach, die durch Selbstabschattung (vgl. 2.3.7.) bei der Herstellung entsteht. Sie ist nach Meinung der Autoren die Ursache für die magnetische Anisotropie. Wir halten diese Deutung für sehr reizvoll und meinen, daß von ihr neue Impulse für weitere Untersuchungen der Anisotropie ausgehen werden. Obwohl diese Interpretation zunächst nur auf amorphe SE–ÜM-Legierungen, d. h. amorphe Ferrimagnete, beschränkt wurde, gibt es keinen Grund, der gegen ihre Anwendbarkeit auch für aufgedampfte ÜM-Legierungen (s. Teil 3) ohne SE spricht.

Die magnetische Anisotropie bei aufgedampften Proben ist im allgemeinen deutlich kleiner als bei gesputterten, insbesondere wenn bei letzteren eine große Wechselvorspannung angelegt wurde. Die Richtung der leichten Magnetisierung (Anisotropiefeld) kann sowohl in der Schichtebene als auch senkrecht zu ihr liegen. Der zweite Fall tritt erst ab einer Mindestschichtdicke (einige 100 Å) ein.

In Abb. 4.11 ist die Anisotropieenergie für aufgedampfte Gd–Fe-Schichten dargestellt. Entsprechende Resultate für Gd–Co findet man in [258]. Ein Ver-

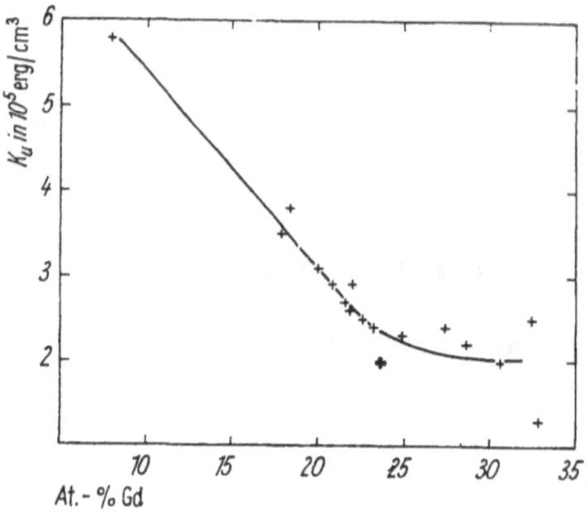

Abb. 4.11. Abhängigkeit der magnetischen Anisotropiekonstanten K_u für aufgedampftes amorphes Gd–Fe bei Zimmertemperatur nach [233]. Der Wert für Gd_8Fe_{92} gilt für die polykristalline Phase

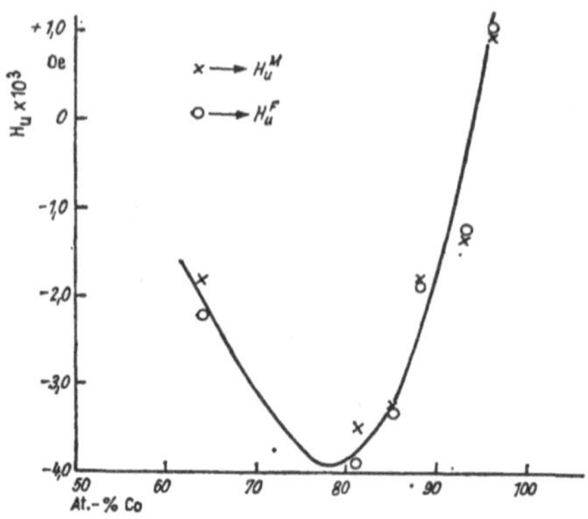

Abb. 4.12. Anisotropiefeld H_u für aufgedampfte amorphe $Gd_{1-x}Co_x$-Schichten in Abhängigkeit von der Co-Konzentration. Die Werte H_u^M bzw. H_u^F folgen aus magnetischen bzw. FMR-Messungen (nach [259])

gleich der Abbildungen 4.9 bis 4.11 zeigt, daß bei Zimmertemperatur die charakteristische Größenordnung $K_u \approx 10^5$ erg/cm^3 beträgt.

Aus der Anisotropiekonstanten K_u ergibt sich gemäß (3.15b) das magnetische Anisotropiefeld H_u. Aus $K_u < 0$ bzw. $K_u > 0$ folgt $H_u < 0$ bzw. $H_u > 0$. Negatives H_u und K_u bedeuten, daß das Anisotropiefeld H_u (leichte Magnetisierungsrichtung) in der Schichtebene liegt, positives H_u und K_u, daß es senkrecht zu ihr orientiert ist. Abbildung 4.12 zeigt das Anisotropiefeld H_u für aufgedampfte amorphe Gd–Co-Schichten. Die Autoren interpretieren die Anisotropie als spannungsinduzierte (magnetostriktive) Anisotropie (vgl. 3.5.3.).

In [258] wurde für aufgedampfte amorphe Gd–Co-Schichten eine empfindliche Abhängigkeit der Anisotropie vom O_2-Druck im Bereich von ca. 10^{-9} bis $2{,}5 \cdot 10^{-8}$ Torr gefunden.

Ionenbeschuß (10^{14} Ionen/cm^2) kann die einachsige Anisotropie zerstören, wenn kein äußeres Magnetfeld anliegt. Erfolgt der Ionenbeschuß in einem starken Magnetfeld, so kann die Anisotropie wieder induziert werden [248].

Läßt man während des Sputtervorgangs das Substrat rotieren, so hängt die Energie der einachsigen Anisotropie K_u für $Gd_{12}Co_{59}Cu_{29}$ im Bereich von ca. 10 Umdrehungen pro Minute sehr empfindlich von der Rotationsgeschwindigkeit ab [260]. Wir bemerken, daß sich bei den letzten drei Beispielen die anderen magnetischen Größen (z. B. $M(T)$, T_C) nicht merklich ändern.

Daran ist zu erkennen, daß die magnetische Anisotropie der amorphen Ferrimagnete ebenso wie die Anisotropie der amorphen Ferromagnete (vgl. 3.5.) eine sehr strukturempfindliche Größe ist.

4.5. Koerzitivfeldstärke H_c und Magnetostriktion λ_s

Für amorphe Ferrimagnete gilt ebenfalls in vielen Fällen genähert der Zusammenhang (3.12) zwischen der Koerzitivfeldstärke H_c und der magnetischen Anisotropie (vgl. auch die Diskussion in [250] und [261]). Fast alle amorphen SE–ÜM-Legierungen besitzen bei und oberhalb Zimmertemperatur eine Koerzitivfeldstärke von einigen Oe [13]. Amorphe Tb–ÜM-Legierungen weisen bei tiefen Temperaturen große H_c-Werte auf (s. u.).

Die empfindliche Abhängigkeit der magnetischen Anisotropie von den Herstellungsbedingungen (Gaseinschlüsse, Ionenbestrahlung usw., s. 4.4.) überträgt sich auf H_c. Wie bei amorphen Ferromagneten kann H_c zum Beispiel für amorphes Gd–Co durch einfaches oder Magnetfeldtempern verringert werden [262]. Die Anisotropiekonstante K_u hat bei der Kompen-

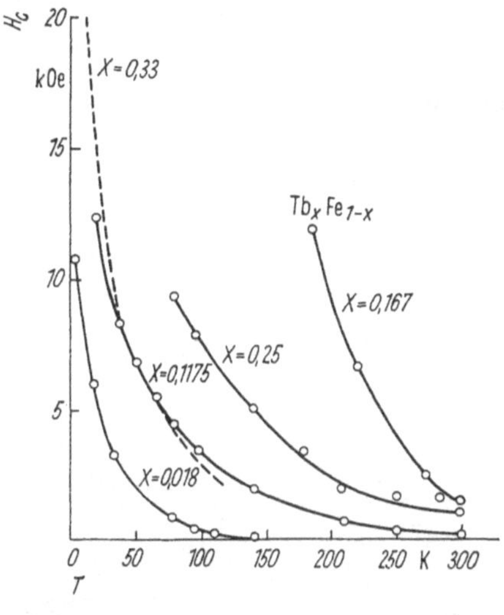

Abb. 4.13. Temperaturabhängigkeit der Koerzitivfeldstärke H_c für einige (gesputterte) amorphe Tb–Fe-Proben. Die gestrichelte Kurve gibt den berechneten Verlauf wieder (nach [264])

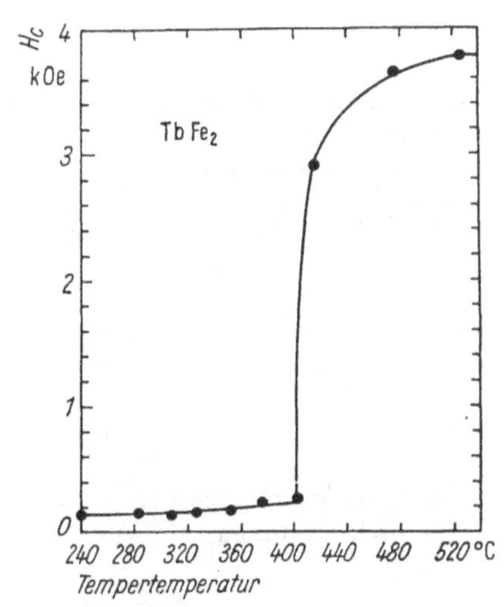

Abb. 4.14. Koerzitivfeldstärke H_c bei Zimmertemperatur für „amorphes" $TbFe_2$. Die gesputterten amorphen Proben wurden vier Stunden in einem Magnetfeld von 6 kOe getempert (nach [265], vgl. auch [266])

sationstemperatur T_{comp} einen endlichen Wert (vgl. Abb. 4.9). Da die Gesamtmagnetisierung in der Nähe von T_{comp} sehr klein wird, nimmt die Koerzitivfeldstärke H_c gemäß (3.12) sehr große Werte an, s. z. B. [263] und Abbildung 4.21.

Abbildung 4.13 zeigt für Tb_xFe_{1-x} das extreme Anwachsen von H_c bei tiefen Temperaturen. Die Autoren [264] erklären dieses besondere Verhalten mit magnetischen Inhomogenitäten ($\approx$ 90 Å), die durch Neutronenkleinwinkelstreuung nachgewiesen werden konnten (vgl. 4.3.), und mit der großen stochastischen magnetischen Anisotropie. Die starke Zunahme von H_c bei geeignetem Tempern (s. Abb. 4.14) wird mit einer partiellen Kristallisation begründet [265, 266]. Man hat durch Tempern von amorphem $TbFe_2$ ein maximales $H_c \approx 3{,}75$ kOe und ein Energieprodukt $(B \cdot H)_{max} = 8{,}7 \cdot 10^6$ erg/cm³ bei Zimmertemperatur erreicht. Diese hohen Werte lassen $TbFe_2$ als vielversprechenden Permanentmagneten (hartmagnetischen Werkstoff) erscheinen [265]. Es handelt sich hier um ein schönes Beispiel, bei dem — ausgehend vom amorphen Zustand — durch Magnetfeldtempern ein zwischen dem amorphen und kristallinen liegender Zustand fixiert wird, der besonders günstige Materialeigenschaften ermöglicht (s. hierzu auch [267]).

Tabelle 4.2.

Sättigungsmagnetostriktion $\lambda_s \cdot 10^6$ einiger gesputterter amorpher und kristalliner SE–ÜM-Legierungen (nach [268])

	amorph¹)	kristallines SE–Fe_2
Gd–Fe	15,5	—
Tb–Fe	2	1753
Dy–Fe	10	433
Ho–Fe	15	—
Y–Fe	1,2	1,7

¹) Die amorphen Proben enthalten etwas mehr Fe als die kristallinen.

Über die Magnetostriktion amorpher Ferrimagnete liegen gegenwärtig noch sehr wenig Angaben vor. Aus Tabelle 4.2 ist ersichtlich, daß die Sättigungsmagnetostriktion λ_s für gesputterte amorphe SE–Fe-Proben extrem klein ist im Vergleich zu den kristallinen Werten. Einige Angaben über die Magnetostriktion gesputterter und aufgedampfter amorpher Gd–Co-Schichten findet man in [269].

4.6. Zylinderdomänen (Magnetische Bubbles)

Liegt die Richtung des Anisotropiefeldes H_u senkrecht zur Schichtebene, so ist die Magnetisierung innerhalb der WEISSschen Bezirke gleichfalls senkrecht zur Schichtebene orientiert, wenn die Bubble-Bedingung

$$K_u > 2\pi M_s^2 \quad \text{bzw.} \quad H_u > 4\pi M_s \tag{4.6}$$

erfüllt ist, und man beobachtet streifenförmige Domänen, zwischen denen sich 180°-BLOCH-Wände befinden. Legt man von außen ein magnetisches Gegenfeld H (nach „unten“) an, so wachsen die Domänen mit entgegengesetzter (nach unten gerichteter) Magnetisierung. Bei weiterer Vergrößerung des Gegenfeldes werden die nach oben gerichteten Magnetisierungsbereiche immer kleiner, bis schließlich für $H > H_1$ isolierte zylinderförmige Domänen (magnetische Bubbles) übrigbleiben, deren Magnetisierung weiterhin nach oben gerichtet ist. Bei zunehmender Vergrößerung von H werden die Bubbles etwas verkleinert. Überschreitet das Gegenfeld (Stützfeld) eine kritische Größe H_{col}, so verschwinden (kollabieren) die Bubbles schlagartig, und die Schicht ist vollständig nach unten magnetisiert. In der Regel ist $H_{\text{col}} \approx (2 \ldots 3)$ H_1, d. h., es gibt einen ganzen Bereich für das Stützfeld, in dem Bubbles existieren können. Bubbles lassen sich durch inhomogene äußere Magnetfelder (Schiebefelder) verschieben. Da man Bubble-Durchmesser von $d \lesssim 1\,\mu\text{m}$ erreichen kann, sind große Bubble-Dichten möglich.

Magnetische Bubbles können in einem digitalen Speichersystem als Informationsträger dienen. Dabei vereinbart man folgende Zuordnung: Bubble vorhanden = 1, keine Bubble vorhanden = 0. Dank der großen Speicherdichte (mehr als 50000 bit/mm² sind im Prinzip erreichbar), der kurzen Zugriffszeiten (einige ms) ohne mechanische Prozeßabläufe und dem Erhalt der Information bei Spannungsausfall (nichtflüchtige Speicherung)[1]) stellen magnetische Bubble-Materialien eine aussichtsreiche Alternative zu den gegenwärtig verwendeten Plattenspeichern dar [270]. Als Bubble-Materialien kommen zwei Gruppen von Ferrimagneten in Betracht:

1. Heteroepitaktisch gewachsene Yttrium-Eisen-Granate der Zusammensetzung

$(Y_{3-x}SE_x)\,(Fe_{5-x}Ga_y)O_{12}$ und $(Y_{3-x-y}SE_xGa_y)\,Fe_{5-y}(GeSi)_yO_{12}$;

2. Amorphe Schichten der Zusammensetzung

$(Gd_xCo_{1-x})_{1-y}\,M_y$ und $(Gd_xFe_{1-x})_{1-y}\,M_y$ mit M = Mo, Au, Cu, Cr .

Bevor wir uns mit den amorphen Bubble-Materialien beschäftigen, stellen wir zuvor kurz einige allgemeine Eigenschaften der Bubbles zusammen und führen weitere Größen zu ihrer Beschreibung ein. Die bisherigen Ausführun-

[1]) Das Stützfeld wird durch Permanentmagnete erzeugt und ist daher von jeder Energiezufuhr unabhängig.

gen und die des folgenden Abschnittes gelten in gleicher Weise für amorphe und kristalline Bubble-Materialien.

Aus (4.6) ist ersichtlich, daß uns im weiteren besonders die magnetische Anisotropie interessieren wird.

4.6.1. Allgemeine Eigenschaften magnetischer Bubbles

Bei der Entstehung einer (streifenförmigen) Domäne ist die Verringerung der magnetostatischen Energiedichte des magnetischen Streufeldes proportional zu M_s^2. Andererseits führt dabei die entstehende BLOCH-Wand zu einer zusätzlichen Wandenergie $\sigma_w = 4\sqrt{AK_u}$ (Energie/Fläche), die gegen die Austauschenergie $A = \mathrm{I}S^2$ und Anisotropieenergie K_u aufgebracht werden muß. Die Summe beider Energiebeiträge wird dann minimal, wenn die sogenannte charakteristische Länge den Wert (vgl. auch [250])

$$l = \frac{\sigma_w}{4\pi M_s^2} \qquad \text{oder} \qquad l = \frac{\sqrt{A\,K_u}}{\pi\,M_s^2} \tag{4.7}$$

annimmt. Man wählt im allgemeinen die Schichtdicke h in der Größenordnung des Bubble-Durchmessers d ($\approx 1\,\mu$m). In diesem Fall gilt (s. Fußnote auf S. 83)

$$l \sim w_s \sim d\,, \tag{4.8}$$

wobei w_s die Breite der streifenförmigen Domänen ist. Die Bubbles sind besonders stabil für $h \approx 1/2\,d$. Dann erhält man

$$d \approx 8\,l\,. \tag{4.9}$$

Um zu charakterisieren, wie gut die Bubble-Bedingung (4.7) erfüllt ist, führt man den sogenannten Qualitätsfaktor

$$Q = \frac{K_u}{2\pi\,M_s^2} \tag{4.10}$$

ein. Damit kann man auch

$$l = \left(\frac{2AQ}{\pi\,M_s^2}\right)^{1/2} \tag{4.11}$$

schreiben.

Die Ausbreitungsgeschwindigkeit v einer magnetischen Bubble (Bubble-Geschwindigkeit) in einem inhomogenen Schiebefeld H_z ist durch

$$v = \frac{1}{2}\,\mu_w \left[d\,|\mathrm{grad}\,H_z| - \frac{8}{\pi}\,\mathrm{H}_c\right] \tag{4.12}$$

gegeben. Dabei sind

$$\mu_w \sim \frac{1}{\alpha}\sqrt{\frac{A}{K_u}} \tag{4.13}$$

die Wandbeweglicheit, H_c die Koerzitivfeldstärke und α die GILBERT-Spindämpfungskonstante. Die inhomogenen Schiebefelder werden durch feine Balkenmuster aus magnetostriktionsfreiem Permalloy, dessen Magnetisierung durch ein äußeres hochfrequentes magnetisches Wechselfeld (10^5 ... 10^6 Hz) geeignet gedreht wird, erzeugt. Man benutzt sogenannte T-, Y-, X- und Chevron-Balkenmuster (s. z. B. [270]). Offensichtlich müssen Bubble-Materialien frei von Inhomogenitäten der Dimension $\approx d$ sein. Man muß daher Einkristalle züchten. Demgegenüber stören Inhomogenitäten im Bereich einiger atomarer Abstände nicht, wie sie in amorphen Schichten auftreten.

Bubbles können — wie bereits erwähnt — durch ein Magnetfeld $H > H_{col}$ im sogenannten Vernichter-Gate vernichtet, d. h., die Information „1" kann gelöscht werden. Mit Hilfe geeigneter Magnetfelder (in der Schreibschleife) kann man Bubbles erzeugen, d. h. Informationen einschreiben. Das Lesen der Information ohne Löschen erfolgt durch einen Detektor aus Permalloy (Leseschleife), dessen Magnetowiderstandsänderung beim Vorbeilaufen einer Bubble man als Lesesignal verwendet. Letzteres kann vergrößert werden, indem man die Bubble vor dem Lesedetektor durch ein äußeres Zusatzfeld in eine Streifendomäne übergehen läßt.

Liegen die Bubble-Durchmesser d unter 1 μm, so stößt man an die Grenzen der Photolithographie. Die Balkenmuster, deren Dimensionen in der Größenordnung d und darunter liegen müssen, können dann mittels Elektronen- oder RÖNTGEN-Strahlen hergestellt werden (s. z. B. [270]).

Weitere technische Details sollen hier nicht behandelt werden. Wir verweisen zu diesem Zweck auf die Arbeit [270] und die dort zitierte Literatur

4.6.2. Amorphe Bubble-Materialien

Die Existenz magnetischer Bubbles in amorphen Ferrimagneten wurde erstmals 1973 von CHAUDHARI, CUOMO und GAMBINO [135] an rf-gesputterten Gd–Co- und Gd–Fe-Schichten nachgewiesen. Diese Proben besitzen eine große magnetische Anisotropie senkrecht zur Schichtebene. Die Bubble-Bedingung (4.6) ist bei $Gd_{1-x}Co_x$ für $0{,}71 < x < 0{,}86$ erfüllt. Der Bubble-Durchmesser d kann in einem großen Bereich variiert werden. Amorphe Gd–Co-Schichten haben jedoch eine große Magnetisierung und erfordern daher große Schiebefelder. Darüber hinaus ist die Temperaturkonstanz der magnetischen Größen, die sich bei einem technischen Einsatz zwischen 0 und 100 °C nicht mehr als um 20% ändern dürfen, nicht ausreichend. Die Möglichkeit, diese Schwierigkeiten durch Hinzulegieren eines weiteren nichtmagnetischen Metalls beheben zu können, haben CHAUDHARI u. a. [271] für amorphe Gd–Co (Mo, Au, Cu) sowie HASEGAWA [272] für Gd–Co–Mo nachgewiesen. HASEGAWA u. a. [234, 272] entwickelten in diesem Zusammenhang eine einfache Molekularfeldnäherung (vgl. 4.2.2.) und konnten damit in einem begrenzten Konzentrationsbereich $M_s(T)$ und T_C vorausbestimmen.

Besonders intensiv wurde Gd–Co–Mo untersucht [235, 254, 271—274], das zur Zeit als aussichtsreichstes amorphes Bubble-Material gilt. Das Hinzufügen einer nichtmagnetischen Komponente (z. B. Mo) ermöglicht die gewünschte Verringerung des Co-Moments (vgl. 4.2.1.), der Austauschenergie A sowie der Kompensationstemperatur und kann die Temperaturkonstanz der magnetischen Eigenschaften verbessern. Die Variationsmöglichkeiten können durch weitere Komponenten — am einfachsten ist zum Beispiel der gezielte Einbau des Sputtergases zu verwirklichen — erweitert werden. Hierbei kommt wiederum die gute Mischbarkeit in der amorphen Phase zum Tragen.

Wir geben im folgenden ein Beispiel aus einer Arbeit von KOBLISKA u. a. [254] wieder. Abbildung 4.15 bzw. 4.17 zeigt die Temperaturabhängigkeit der Domänenbreite (für Streifendomänen) $w_s \sim d$, der Kollapsfeldstärke H_{col} und des Qualitätsfaktors Q. Der Temperaturverlauf der magnetischen Anisotropiekonstanten K_u und der Gesamtmagnetisierung M_s für diese Proben ist in Abbildung 4.9 bzw. 4.16 dargestellt. Der Qualitätsfaktor $Q(T)$ in Abbildung 4.15 bzw. 4.17 wurde aus K_u und M_s in Abbildung 4.9 bzw. 4.16 berechnet (s. (4.10)). Man erkennt, daß die zweite Probe eine deutlich bessere

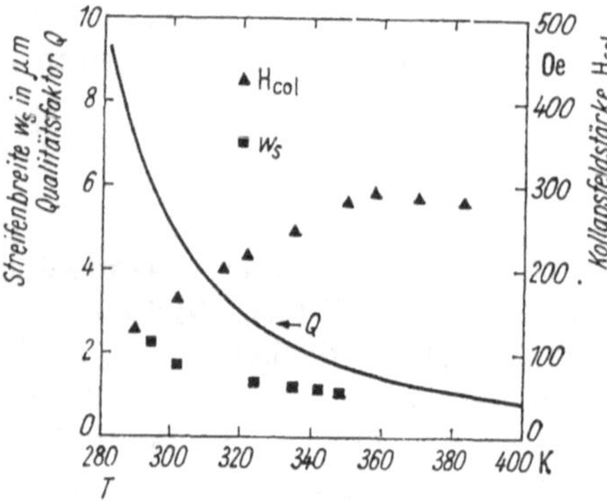

Abb. 4.15. Temperaturabhängigkeit der Streifenbreite (Domänenbreite) w_s, der Kollapsfeldstärke H_{col} und des Qualitätsfaktors Q (berechnet) für rf-gesputtertes amorphes $Co_{0,670}Gd_{0,105}Mo_{0,145}Ar_{0,080}$ (nach [254])

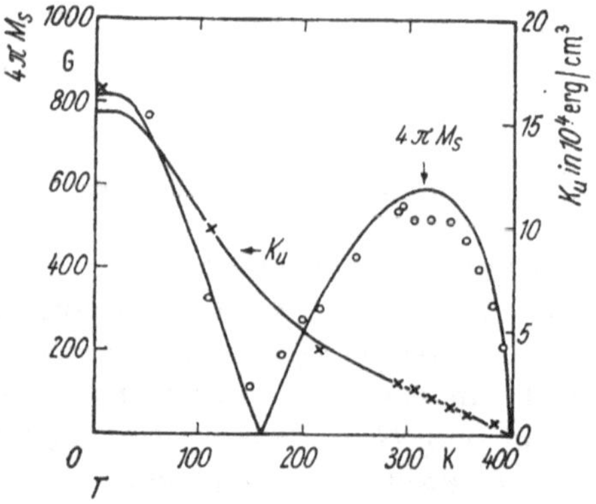

Abb. 4.16. Temperaturabhängigkeit der magnetischen Anisotropiekonstanten K_u und der Sättigungsinduktion $4\pi M_s$ für rf-gesputtertes amorphes $Co_{0,62}Gd_{0,09}Mo_{0,14}Ar_{0,15}$ (nach [254], vgl. mit Abb. 4.9)

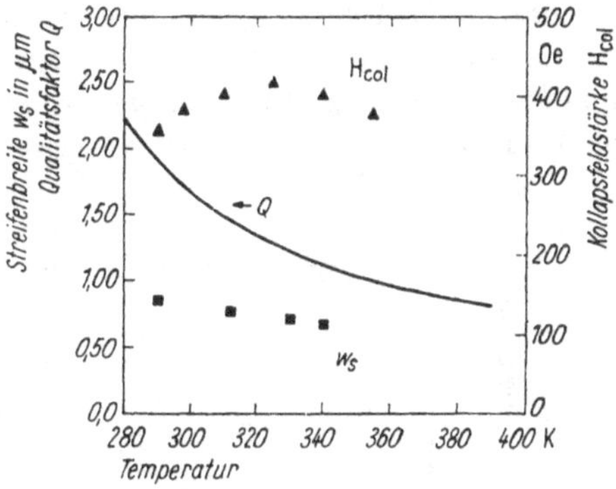

Abb. 4.17. Temperaturabhängigkeit von w_s, H_{col} und Q für rf-gesputtertes amorphes $Co_{0,62}Gd_{0,09}Mo_{0,14}Ar_{0,15}$ (nach [254])

Temperaturkonstanz der entscheidenden magnetischen Parameter w_s, H_{col} und Q aufweist. Sie wurde bei diesem Beispiel vor allem durch die Verringerung der Kompensationstemperatur T_{comp} erreicht. Einschränkend muß man jedoch feststellen, daß der Qualitätsfaktor Q wegen des zu großen M_s für beide Proben zu niedrig liegt. Es müßte $Q > 2{,}5$ erfüllt sein, damit ein stabiles Betriebsregime garantiert ist.

In Abbildung 4.18 ist zu erkennen, daß man für eine Reihe von (gesputterten) amorphen $Gd_{1-x}Co_x$- und $Gd_{1-x}Fe_x$-Legierungen ausreichend große Q-Werte erhalten hat.

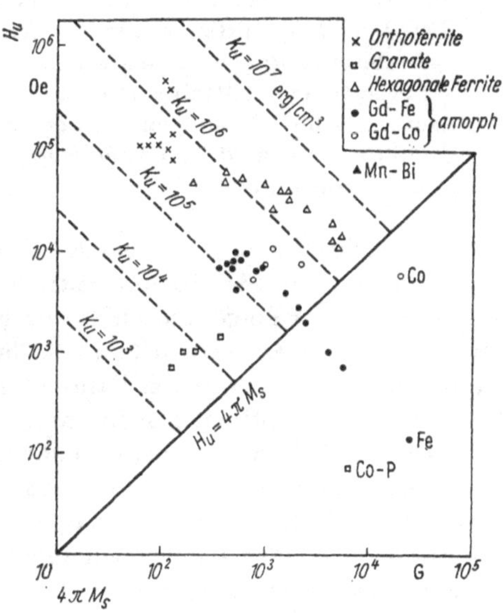

Abb. 4.18. H_u in Abhängigkeit von $4\pi M_s$ (in doppelt logarithmischer Darstellung) für drei kristalline Bubble-Materialien und für (gesputtertes) amorphes Gd–Fe und Gd–Co (nach [32])

In [275] wurde unter anderem der Qualitätsfaktor in Abhängigkeit von der charakteristischen Länge l für zahlreiche amorphe Gd–Co–Mo-Legierungen betrachtet (s. Abb. 4.19). Im allgemeinen wächst Q mit l. Einige Proben erfüllen bei $l \approx 0{,}1\,\mu\text{m}$ (daraus folgt nach (4.9) für den Bubble-Durchmesser $d \approx 0{,}8\,\mu\text{m}$) bereits die Bedingung $Q > 2{,}5$.

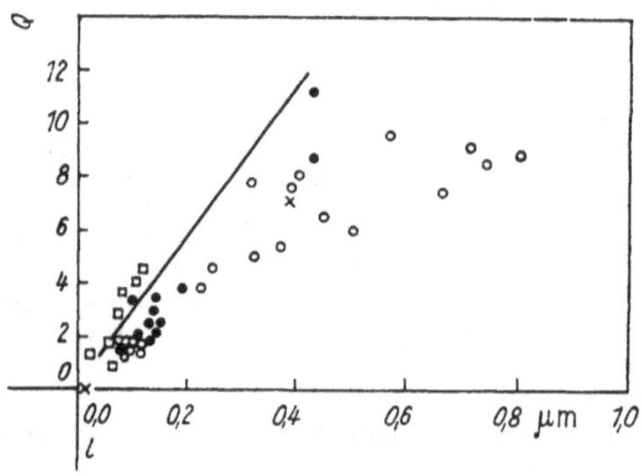

Abb. 4.19. Qualitätsfaktor Q in Abhängigkeit von der charakteristischen Länge l: durchgezogene Gerade für kristalline Granate $(EuTm)_3(FeGa)_5O_{12}$, gesputtertes amorphes Co–Gd–Mo mit 12 At.-% Mo (○), 15 At.-% Mo (□), 17 At.-% Mo (●) sowie Co–Gd–Au mit 10 At.-% Au (×) (nach [275])

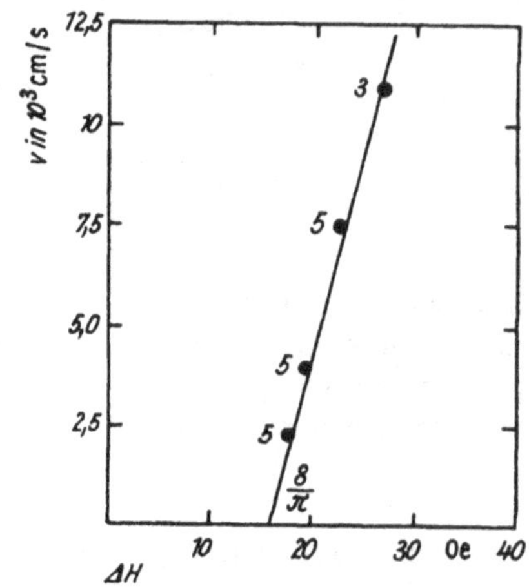

Abb. 4.20. Bubble-Geschwindigkeit v in Abhängigkeit von der Felddifferenz ΔH (s. Text). Die Zahlen bei den Meßpunkten geben die Anzahl der Messungen an, aus denen der eingezeichnete Mittelwert bestimmt wurde. Alle Messungen zu einem Punkt wurden an der gleichen Bubble durchgeführt (nach [280])

Entsprechend (4.10) kann man den Qualitätsfaktor Q durch großes K_u und kleines M_s verbessern. Das hat jedoch nach (4.11) große charakteristische Längen l und damit große Bubble-Durchmesser d zur Folge, die nicht durch eine Verkleinerung der Austauschenergie A aufgehoben werden können, da letzteres die erforderliche Temperaturkonstanz der magnetischen Parameter ausschließt. Es bleibt daher nur die Möglichkeit eines optimalen Kompromisses: möglichst kleiner Bubble-Durchmesser d bei noch ausreichendem Qualitätsfaktor Q und Austauschenergie A. Durch eine günstige Wahl der Kompensationstemperatur (deutlich unterhalb Zimmertemperatur, vgl. Abb. 4.16) hat man dabei noch eine weitere wichtige Variationsmöglichkeit, die eine bessere Temperaturkonstanz zu realisieren erlaubt, ohne mit den anderen Forderungen in Widerspruch zu geraten. Man darf daher sicherlich davon ausgehen, daß man für 4- und höherkomponentige amorphe ferrimagnetische Legierungen magnetische Eigenschaften erreichen kann, die für Anwendungszwecke brauchbar sind. Ein genaueres quantitatives Verständnis der Anisotropie wäre dabei sehr hilfreich.

Die erreichbaren minimalen Bubble-Durchmesser d betragen für kristalline Materialien 3 bis 10 μm. Amorphe Ferrimagnete ermöglichen demnach kleinere d-Werte und damit größere Speicherdichten. Neben Gd–Co–Mo ist auch Gd–Co–Cr ein günstiges Bubble-Material [276].

Die chemische Homogenität der Schichten, die offensichtlich für die Qualität der Bubble-Materialien mit ausschlaggebend ist, konnte in den letzten Jahren dadurch wesentlich erhöht werden, daß man das Substrat während des Sputtervorgangs rotieren ließ [273]. Die strukturelle Homogenität ist für amorphe Legierungen sehr gut, da keine Korngrenzen und andere Störungen der Struktur auftreten.

Bubbles wurden ebenfalls in Gleichstrom-gesputterten amorphen Gd–Fe-, Dy–Fe-, Ho–Fe-Schichten [273] und rf-gesputterten Gd–Co–Cu-Schichten [277] sowie in aufgedampften Gd–Co–Ni- [278] und Ho–Co-Schichten [13, 279] beobachtet.

Nach (4.12) wird die Bubble-Geschwindigkeit v durch die Koerzitivfeldstärke H_c und die Wandbeweglichkeit μ_w bestimmt. Sie ist in Abbildung 4.20 für eine amorphe Gd-Co-Schicht der Dicke $h = 1{,}7$ μm dargestellt, die eine Sättigungsinduktion $4\pi M_s = 1100$ G und eine charakteristische Länge $l = 0{,}2$ μm besitzt. $\Delta H = d\,|\mathrm{grad}\,H_z|$ ist die Magnetfelddifferenz entlang des Bubble-Durchmessers. In Übereinstimmung mit (4.12) ist die Geschwindigkeit v proportional ΔH. Für die Wandbeweglichkeit folgt $\mu_w = 2000$ cm/s·Oe. Der Gilbert-Parameter α (s. (4.13)) ist für amorphe Schichten ca. 3- bis 6mal größer als für kristalline, so daß die Wandbeweglichkeit μ_w um diesen Faktor kleiner wird (s. z. B. die instruktive Übersichtsarbeit [281]).

Zum Abschluß nennen wir kurz einige Vor- und Nachteile amorpher Bubble-Materialien im Vergleich zu kristallinen. Ein wesentlicher Vorteil der amorphen Materialien besteht in ihren niedrigen Herstellungskosten. Sie betragen weniger als 20% der für kristalline [281]. Die Granate müssen als Einkristalle gezüchtet werden. Dazu benötigt man zusätzlich einen nichtmagnetischen Einkristall als Substrat. Die Herstellung amorpher Schichten ist demgegenüber einfach. Es können gewöhnliche Si-Substrate benutzt werden. Jedoch muß ihre Oberfläche in jedem Fall präzise bearbeitet werden (polieren, reinigen, ...). Die Variationsbreite der entscheidenden magnetischen Größen M_s, A, K_u ist für amorphe Schichten größer [281]. Ihre Reproduzierbarkeit wurde in hohem Maße erreicht. Amorphe Schichten ermöglichen kleinere Bubble-Durchmesser d und damit größere Speicherdichten. Ihr

Qualitätsfaktor Q liegt im allgemeinen niedriger, ist aber bei einigen Zusammensetzungen und entsprechenden Herstellungsverfahren ausreichend. Die Ausbreitungsgeschwindigkeit der Bubbles liegt bei den amorphen Materialien um das 3- bis 6fache niedriger. Dieser Nachteil kann aber durch die größeren Bubble-Dichten zum Teil kompensiert werden. Für weitere Informationen verweisen wir insbesondere auf die Arbeiten [275, 281].

4.7. Thermomagnetische Aufzeichnung und Kontaktkopieren

Gesputterte und aufgedampfte amorphe ferrimagnetische Schichten, die eine magnetische Anisotropie senkrecht zur Schichtebene besitzen und die Bubble-Bedingung (4.6) erfüllen, können zur thermomagnetischen Aufzeichnung und zum Kontaktkopieren (contact printing) eingesetzt werden. Dank ihrer äußerst homogenen Struktur weisen sie ein wesentlich besseres Signal-Rausch-Verhältnis auf als kristalline Konkurrenzmaterialien. Die Verwendbarkeit amorpher Schichten zur thermomagnetischen Aufzeichnung wurde erstmals 1973 von Chaudhari, Cuomo und Gambino [225] für gesputterte Gd–Co- und Gd–Fe-Schichten nachgewiesen. Wir geben zunächst kurz die physikalischen Grundlagen der thermomagnetischen Aufzeichnung wieder und stellen dann einige Resultate und Eigenschaften amorpher Schichten zur thermomagnetischen Aufzeichnung und zum Kontaktkopieren dar.

4.7.1. Physikalische Grundlagen

In eine magnetische Schicht können Zeichen eingeschrieben werden, indem man sie in einem Magnetfeld kurzzeitig lokal mit einem Laserstrahl bis zu einer geeigneten Temperatur erwärmt und danach wieder abkühlt. Wir folgen im weiteren der Übersichtsarbeit von Lee [282], in der die thermomagnetischen Eigenschaften der wichtigsten kristallinen Materialien enthalten sind.

Es werden in Abhängigkeit von den magnetischen Eigenschaften der Schicht folgende drei Varianten verwendet:

1. Curie-Punkt-Schreiben: Die Schicht wird kurzzeitig lokal bis über die Curie-Temperatur T_C erhitzt. Während der Abkühlung stellt sich die Magnetisierung in Richtung des äußeren Magnetfeldes H oder, wenn $H = 0$ ist, in Richtung des entmagnetisierenden Feldes der nichterhitzten Nachbarbereiche ein.

2. Reduktion der Koerzitivfeldstärke H_c: H_c sinkt monoton mit zunehmender Temperatur und verschwindet bei T_C. Durch Erwärmung bis $T < T_C$

wird H_c soweit verringert, daß die Magnetisierung sich in Richtung des äußeren Magnetfeldes einstellen kann.

3. Kompensationspunkt-Schreiben: Hier ist Voraussetzung, daß die Arbeitstemperatur (Zimmertemperatur) etwa gleich der Kompensationstemperatur T_{comp} ist. Bei T_{comp} nimmt H_c extrem große Werte an (vgl. 4.5.), die oberhalb und unterhalb von T_{comp} sehr schnell abnehmen (s. u.). Nach lokaler Erwärmung bis ca. 10 ... 30 K oberhalb T_{comp} stellt sich die Magnetisierung in Richtung des äußeren Magnetfeldes ein.

Die erreichbare Temperaturerhöhung hängt von der Laserleistung und den Eigenschaften der magnetischen Schicht sowie des Substrats (spezifische Wärmekapazität, thermische Leitfähigkeit, optisches Absorptionsvermögen) ab.

Die eingeschriebenen Zeichen können mit polarisiertem Licht durch Transmission (Faraday-Effekt) oder Reflexion (Kerr-Effekt) optisch sichtbar gemacht werden. Beim Durchlaufen der Schicht wird die Polarisationsebene des Lichts in Abhängigkeit von der Magnetisierungsrichtung links- oder rechtsherum gedreht (Faraday-Effekt). Bei Reflexion erfolgt die Drehung entsprechend in der oberen Schicht (Kerr-Effekt).

4.7.2. Amorphe Schichten zur thermomagnetischen Aufzeichnung

Zum Curie-Punkt-Schreiben eignen sich gesputterte und aufgedampfte amorphe Tb–Fe-Schichten mit 30 bis 70 At.-% Fe [283, 284]. Der Kerr-Kontrast ändert sich mit dem äußeren Magnetfeld und der Schichtdicke. Gute

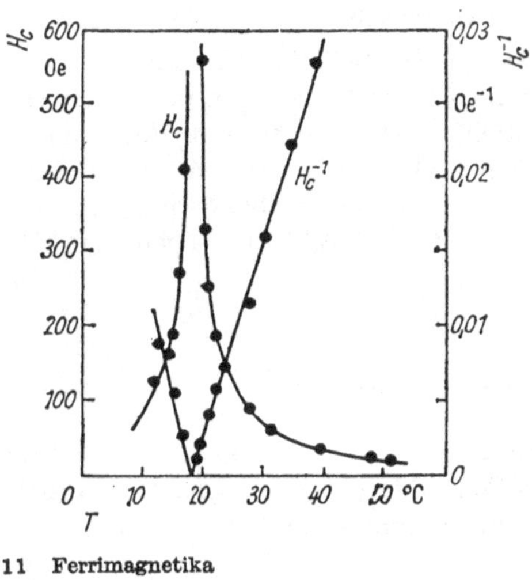

Abb. 4.21. Änderung der Koerzitivfeldstärke H_c in der Nähe der Kompensationstemperatur T_{comp} = 18 °C für eine gesputterte amorphe Gd–Co-Schicht mit ca. 78,2 At.-% Co (nach [286])

Kontraste erhält man durchweg für Schichtdicken von ca. 1000 Å. Da die Curie-Temperaturen relativ niedrig sind (40 bis 70 °C), genügen kurze Impulse (1 ms) eines He–Ne-Lasers mit einer Leistung von einigen mW. Es können auf diese Weise noch „Flecken" mit einem Durchmesser von weniger als 1 μm eingeschrieben werden.

Zum Kompensationspunkt-Schreiben eignen sich gesputterte amorphe Gd–Co-Schichten [285, 286] sowie aufgedampfte Ho–Co-Schichten [287]. Die Abbildung 4.21 zeigt die starke Änderung der Koerzitivfeldstärke in der Umgebung von T_{comp}. Bezüglich Fleckengröße, Schichtdicke und Laserleistung gelten etwa die gleichen Angaben wie für die obige Tb–Fe-Schicht.

Amorphe gesputterte und aufgedampfte SE–ÜM-Schichten können somit vorteilhaft als thermomagnetische Speicher und zur Transformation gespeicherter Informationen in optische Bilder eingesetzt werden.

4.7.3. Kontaktkopieren mit amorphen Schichten

Unlängst wurde gezeigt, daß gesputterte amorphe (Gd, Tb, Dy)–Fe- [288] und aufgedampfte Tb–Fe-Schichten [289] zum Kontaktkopieren eingesetzt werden können, wenn die Bubble-Bedingung (4.6) erfüllt ist. Bringt man die amorphe Schicht mit einer Platte in Kontakt, die ein magnetisches Muster enthält (z. B. ein Magnettonband oder eine magnetische Speicherkarte), und erhitzt sie kurzzeitig durch einen Wärmeimpuls bis oberhalb T_C, so übertragen die magnetischen Streufelder der Platte während des Abkühlprozesses das magnetische Muster auf die amorphe Schicht. Dieses Muster kann durch den Kerr-Effekt optisch sichtbar gemacht werden. Dabei sind solche amorphen Schichten günstig, bei denen T_C etwa zwischen 60 und 100 °C liegt.

Der erhaltene Kerr-Kontrast hängt von der Schichtdicke und der Sättigungsfeldstärke ab. Einen sehr guten Kontrast bis in den μm-Bereich erhält man für Schichtdicken von ca. 1000 Å. Die Übertragung des magnetischen Musters kann sehr schnell erfolgen. In [289] wurden zum Beispiel Kontaktkopien von einem Magnettonband mit einer Geschwindigkeit von 38 cm/s bei einem Bitabstand von 190, 19 und 4,75 μm angefertigt. Der Kontrast ist in jedem Fall ausgezeichnet.

4.8. Elektrischer Widerstand und mechanische Eigenschaften

Der elektrische Widerstand reiner kristalliner SE hängt stark von der Temperatur ab. Das ist in erster Linie eine Folge des großen Anteils der magnetischen Streuung, die mit der thermischen Spinunordnung anwächst.

Amorphe Ferrimagnete zeigen demgegenüber ähnlich wie amorphe Ferromagnete (vgl. 3.8.) eine überaus schwache Temperaturabhängigkeit im gesamten Temperaturbereich. Die Ursache dafür ist der große Restwiderstand, zu dem ebenfalls die strukturbedingte Spinunordnung auch bei tiefen Temperaturen beiträgt. Für gesputtertes amorphes $Gd_{21,5}Co_{78,5}$ findet man zum Beispiel $\varrho \approx 265\ \mu\Omega$ cm [290] und für aufgedampftes amorphes $Gd_{21}Fe_{79}$ bzw. $Gd_{26,6}Fe_{73,4}$ 195 bzw. 211 $\mu\Omega$ cm [291].

In den letztgenannten Arbeiten wurden auch der Magnetowiderstand und der HALL-Effekt untersucht. Der Magnetowiderstand kann mehrere Prozent des Gesamtwiderstands betragen, und der spontane HALL-Effekt ist deutlich größer als in kristallinen Proben.

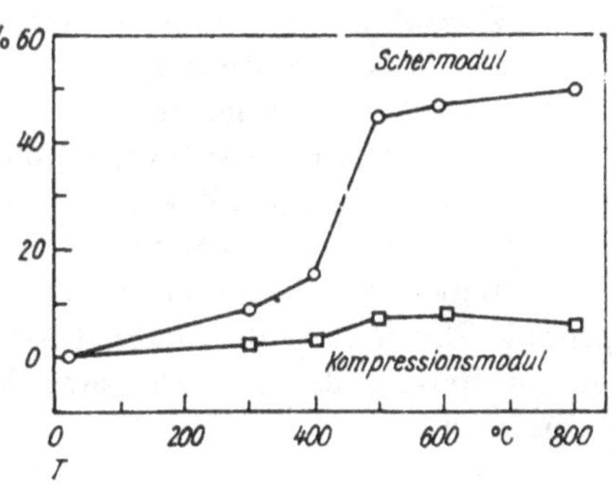

Abb. 4.22. Prozentuale Änderung des Scher- und des Kompressionsmoduls von gesputtertem amorphem Sm_2Co_{17} mit der Temperatur (nach [292])

An gesputtertem amorphen Sm_2Co_{17}, das bei dieser Zusammensetzung auch in einer homogenen kristallinen Phase existiert, wurden der elastische Scher- und Kompressionsmodul gemessen (Abb. 4.22). Etwas unterhalb 500 °C setzt die Kristallisation ein, und beide Größen wachsen an. Verglichen mit dem Kristall, nimmt der Schermodul ähnlich wie bei den amorphen Ferromagneten (vgl. 3.9.1.) im amorphen Zustand stärker ab als der Kompressionsmodul.

4.9. Schlußbemerkungen

Man ist gegenwärtig in der Lage, eine große Klasse von amorphen SE–ÜM-Legierungen, von denen die wichtigsten Gd–Co, Gd–Co–Mo, Gd–Fe und Tb–Fe sind, durch Sputtern oder Aufdampfen als Schichten mit reproduzierbaren magnetischen Eigenschaften relativ einfach herzustellen. Die magnetische Struktur kann sowohl kollinear (ferrimagnetisch), als auch stochastisch nichtkollinear oder in einigen Fällen auch spinglasähnlich sein. Dank der guten Mischbarkeit verschiedener Komponenten im amorphen Zustand können die magnetischen Größen wie Sättigungsmagnetisierung, CURIE- und Kompensationstemperatur kontinuierlich in einem großen Bereich variiert werden. Das Konzept des reduzierten Ladungsübergangs und das Zwei-Untergitter-Modell ermöglichen es, das Verhalten dieser Größen qualitativ und teilweise auch halbquantitativ zu erfassen.

Zahlreiche amorphe Ferrimagnete besitzen eine große magnetische Anisotropie senkrecht zur Schichtebene, so daß magnetische Bubbles in ihnen existieren können. Die Größe der Anisotropie kann speziell beim Sputtern in einfacher Weise in weiten Grenzen variiert werden. Die große magnetische Anisotropie senkrecht zur Schichtebene bildet auch die Grundlage für die Verwendung amorpher Ferrimagnete zur thermomagnetischen Aufzeichnung und magnetischen Kontaktkopie. Amorphe Ferrimagnete können daher als Informationsspeicher mit großer Speicherdichte eingesetzt werden.

Amorphe Bubble-Materialien (ohne Balkenmuster!) können um ca. 80% billiger als kristalline hergestellt werden. Dabei erreicht man eine größere Speicherdichte und dank der guten Mischbarkeit im amorphen Zustand außerdem eine größere Flexibilität und Variationsbreite der magnetischen Eigenschaften. Nachteilig ist die geringere Wandbeweglichkeit. Weitere Untersuchungen sind notwendig, um eine optimale Einstellung der magnetischen Parameter amorpher Bubble-Materialien zu finden, da mehrere zum Teil gegenläufige Forderungen erfüllt werden müssen.

5. Weitere magnetische Zustände (Experimente)

5.1. Flüssige Ferromagnete?

Es existiert ein umfangreiches experimentelles Material über die Suszeptibilität χ flüssiger reiner Übergangsmetalle und ÜM-Legierungen sowie der daraus bestimmten magnetischen Momente $\bar{\mu}$ und extrapolierten paramagnetischen Curie-Temperaturen T_p (s. z. B. [293—297]). Wir geben hier lediglich die $1/\chi$-Kurven für reines Ni, Co und Fe nach [293] wieder (Abb. 5.1). Die flüssige Phase kann in der Regel deutlich bis unter die Schmelztemperatur T_s unterkühlt werden. Beim Phasenübergang flüssig → kristallin ändert sich $1/\chi$ für

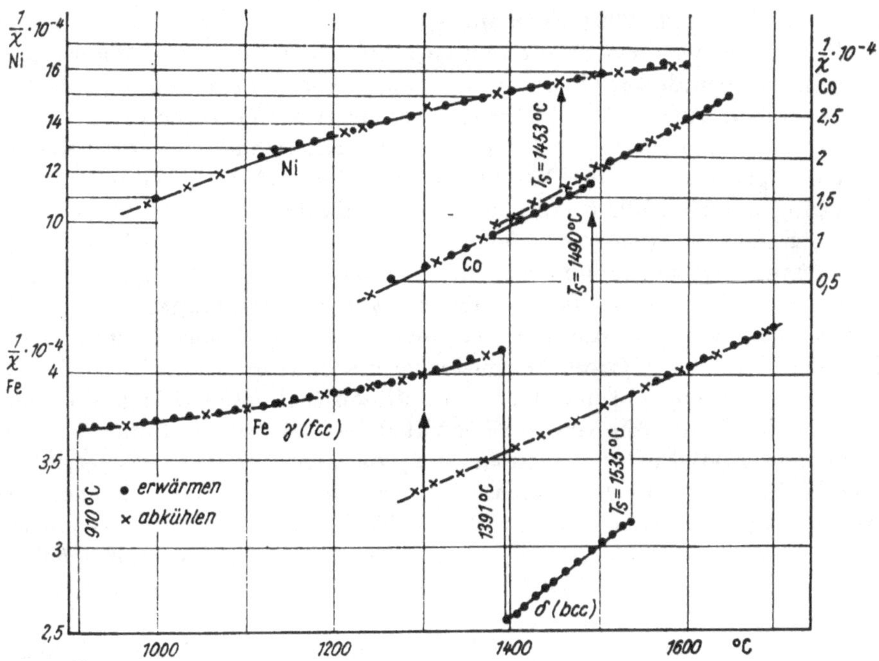

Abb. 5.1. Temperaturabhängigkeit der reziproken Suszeptibilität $1/\chi$ für Ni, Co und Fe nach [293]. T_s ist die Schmelztemperatur

Ni nicht und für Co nur sehr geringfügig. Daraus kann man auf gleiche Nahordnung (insbesondere $z \approx 12$) in beiden Phasen schließen. Flüssiges und kristallines Co besitzt daher die gleichen Werte $\bar{\mu} = 1{,}71\,\mu_B$ und $T_p \approx$ 1140 °C. Für flüssiges Fe kann man ebenfalls für die mittlere Zahl der nächsten Nachbarn $z \approx 12$ annehmen. Kristallines δ–Fe (*bcc*-Struktur) hat jedoch $z = 8$ und kristallines γ–Fe (*fcc*-Struktur) $z = 12$, d. h., hier tritt eine radikale Änderung der Nahordnung auf. Interessanterweise kann man die δ-Phase beim Abkühlen überspringen. Daß beim Übergang flüssig $\rightarrow \gamma$-Phase eine deutliche Änderung von $1/\chi$ auftritt, obwohl z in beiden Phasen etwa gleich groß ist, dürfte an der empfindlichen Abstandsabhängigkeit des magnetischen Moments und des Autauschintegrals beim Eisen liegen (vgl. 3.2.2. und 3.2.3.). Die Dichte ändert sich bei T_s um ca. 2%.

Die Veröffentlichung von Busch und Güntherodt [298] über die Entdeckung von Ferromagnetismus in einer flüssigen $Co_{27}Au_{73}$-Legierung löste eine umfangreiche Diskussion aus [299–303]. Die Autoren fanden ferromagnetisches Verhalten bis 70 K oberhalb der Schmelztemperatur $T_s =$ 996 °C, d. h., die Curie-Temperatur wäre $T_C \approx 1066$ °C (kristallines Co: $T_C = 1133$ °C!), vgl. [299]. Es ist wenig einleuchtend, daß bei einer so starken Verdünnung nahezu das T_C für reines Co erreicht werden soll. Wahrscheinlicher ist dagegen, daß größere Co-Cluster auch oberhalb T_s eine gewisse Zeit erhalten bleiben und die Ursache für das ferromagnetische Verhalten sind. Tatsächlich fand man oberhalb T_s eine ausgeprägte Zeitabhängigkeit der magnetischen Eigenschaften. In [300] wurde zum Beispiel die genannte Co–Au-Legierung unterschiedlich lange (bis zu 60 Minuten) bei 1045 °C gehalten. Dabei nahm χ im gesamten „ferromagnetischen" Temperaturbereich mit wachsender Haltedauer kontinuierlich ab. Damit im Einklang erhielt man auch eine Abhängigkeit der $\chi(T)$-Kurve von der Aufheizgeschwindigkeit. Daraus schlossen die Autoren, daß das ferromagnetische Verhalten der flüssigen Phase durch Co-reiche Cluster verursacht wird, die sich bei $T > T_s$ innerhalb etwa einer Stunde langsam auflösen (vgl. auch [301]). Die paramagnetische Curie-Temperatur T_p sinkt dabei auf 610 °C! Damit übereinstimmende T_p-Werte sind auch in [302] zu finden. Obwohl bis jetzt kein direkter Nachweis von Co-reichen Clustern gelungen ist [303], meinen wir, daß die Argumentation in [300, 301] schlüssig ist, d. h., thermodynamisch stabile flüssige Ferromagnete wurden noch nicht gefunden. Wir möchten jedoch bemerken, daß in [299] ein entgegengesetzter Standpunkt vertreten wird.

Neuartig und sehr originell wurde die Frage nach der Existenz flüssiger Ferromagnete von Chen u. a. [304] angegangen. Sie bestimmten für eine Reihe amorpher Legierungen die Curie-Temperatur T_C und die Glastemperatur T_g (s. Abb. 5.2). In einigen Fällen folgt $T_C > T_g$, d. h., auch oberhalb der

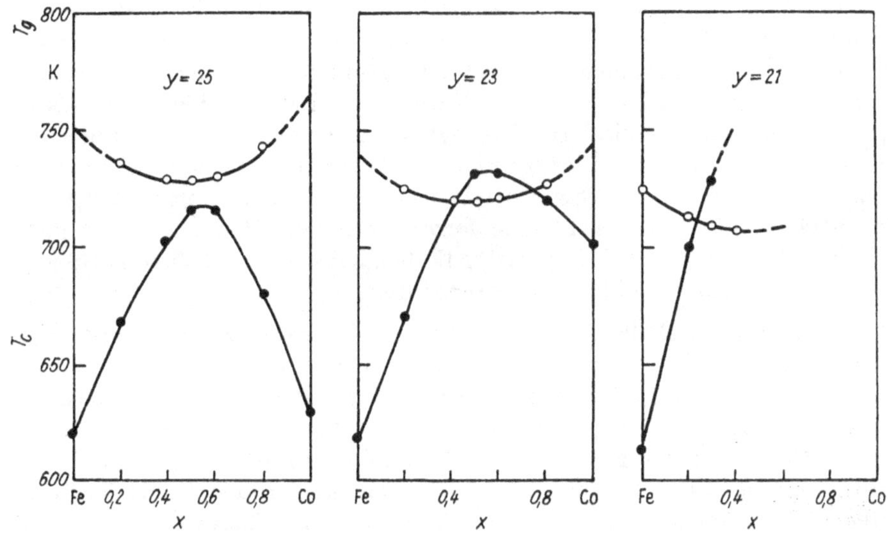

Abb. 5.2. CURIE-Temperatur T_C und Glastemperatur T_g für amorphes $(Fe_{1-x}Co_x)_{100-y}B_6Al_3P_{y-9}$ (nach [304])

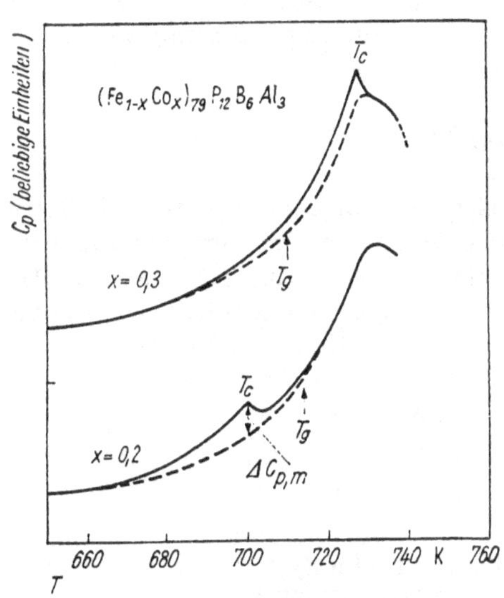

Abb.5.3. Temperaturabhängigkeit der spezifischen Wärmekapazität C_p für zwei amorphe $(Fe_{1-x}Co_x)_{79}P_{12}B_6Al_3$-Legierungen. $\Delta C_{p,m}$ ist der magnetische Anteil. Die Heizrate beträgt 20 K/min (nach [304])

Glastemperatur T_g kann eine ferromagnetische Phase existieren. An Abbildung 5.3 ist zu erkennen, daß bei T_C ein scharfer Phasenübergang zweiter Art auftritt. Die Autoren geben als Strukturrelaxationszeit 1 s für

$(Fe_{0,7}Co_{0,3})_{79}P_{12}B_6Al_3$ bei $T = T_C$ an, d. h., die Probe erreicht relativ schnell ein inneres Gleichgewicht. Der sich dabei einstellende (metastabile) Zustand ist im Gegensatz zum amorphen Zustand unabhängig von der Vorgeschichte [304]. Kurz oberhalb $T'_C \approx T_g + 20$ K setzt die Kristallisation ein. Man kann bedingt von einer unterkühlten Flüssigkeit sprechen, die aus der amorphen Phase erhalten wurde. Leider machen die Autoren keine Angaben über die Langzeitstabilität. Da die Strukturrelaxation nicht mehr infolge einer großen Viskosität blockiert ist, liegt eine ferromagnetische Phase in einer metastabilen Flüssigkeit vor. Die prinzipielle Möglichkeit der Existenz flüssiger Ferromagnete kann somit als bewiesen gelten.

Von praktischer Bedeutung wären flüssige Ferromagnete aber erst, wenn es gelingt, $T_C > T_s$ zu erreichen. Dann hätte man einen thermodynamisch stabilen flüssigen Ferromagneten. Es ist kein physikalisches Prinzip bekannt, das diese Bedingung verbieten würde, und es besteht daher durchaus eine gewisse Chance, durch geschicktes Legieren die Schmelztemperatur T_s ausreichend zu erniedrigen und gleichzeitig genügend große CURIE-Temperaturen T_C zu garantieren, um $T_C > T_s$ zu erfüllen. Flüssige Ferromagnete müßten völlig isotrop und daher ideale Weichmagnete sein.

Interessant wäre eine Untersuchung der magnetischen Eigenschaften, insbesondere der Anisotropie, der Proben aus Abbildung 5.2 bei tieferen Temperaturen nach erfolgter Strukturrelaxation ohne Kristallisation.

5.2. Amorphe Antiferromagnete (Experimente)

Der experimentelle Nachweis der Existenz amorpher Ferro- und Ferrimagnete war die Bestätigung dafür, daß eine magnetische Fernordnung nicht an das Vorhandensein einer strukturellen Fernordnung gebunden ist. Ob jedoch auch amorphe Antiferromagnete existieren können, ist gegenwärtig noch nicht eindeutig zu beantworten (s. auch 6.7.). Bereits bei der Betrachtung kristalliner Substanzen wird ersichtlich, daß die antiferromagnetische Ordnung viel empfindlicher von der konkreten Struktur abhängt als die ferromagnetische. Die Ursache ist der sogenannte Misfit (s. 6.7.), der bei amorphen Strukturen groß ist und möglicherweise die Entstehung einer antiferromagnetischen Phase verhindert.

Die experimentelle Untersuchung von amorphen Systemen mit antiferromagnetischer Wechselwirkung begann im Jahre 1965. SCHINKEL und RATHENAU [305] untersuchten die Suszeptibilität von Boratgläsern, die einen relativ hohen Anteil von Manganionen enthielten. Die paramagnetische CURIE-Temperatur dieser Gläser lag bei —85 K, und die reziproke Suszeptibilität als Funktion der Temperatur zeigte bei tiefen Temperaturen eine ungewöhnliche Krümmung zur T-Achse hin. Ähnliche Ergebnisse erhielten SIMPSON und LUCAS [224] für amorphe Substanzen auf der Basis von Yttrium-Eisen-Oxyden. Die erwähnte Krümmung der Kurven trat nicht mehr auf, wenn die Proben 1 h bei 500 °C getempert wurden.

Detaillierte Untersuchungen wurden an Phosphorpentoxydgläsern durchgeführt, die Übergangsmetallionen Mn^{2+}, Fe_3^+, Ni^{2+}, Co^{2+} und Cu^{2+} enthielten [306]. Dabei unterschieden sich die Gläser mit Eisenionen in ihrem Verhalten von den übrigen. Bei ersteren wurde eine NÉEL-Temperatur von 7 K festgestellt. Ein Peak in den Neutronenstreukurven bei 4,2 K (Abb. 5.4), welcher bei 77 K und höheren Temperaturen nicht auftrat, wurde als Bestätigung für

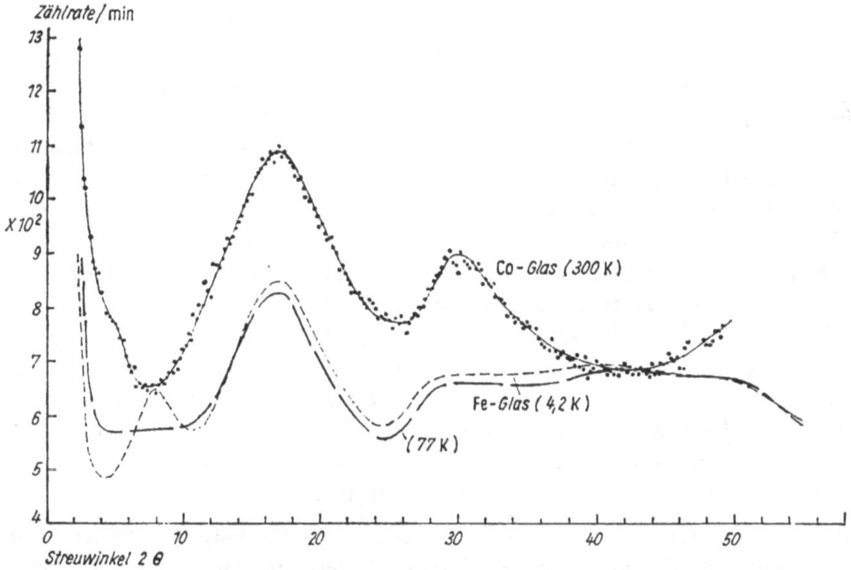

Abb. 5.4. Änderung der Neutronenzählrate mit dem Streuwinkel (2 Θ) für $(Fe_2O_3)_{0,79} \cdot P_2O_5$-Glas bei 4,2 und 77 K und für $(CoO)_{1,4} \cdot P_2O_5$-Glas bei 300 K. Bei dem Fe-Glas wurden die einzelnen Meßpunkte weggelassen (nach [306])

eine Art langreichweitige antiferromagnetische Ordnung angesehen. Jedoch wurde nicht ausgeschlossen, daß die Ursache dieses Verhaltens in eventuell noch vorhandenen Eisenorthophosphat-Mikrokristalliten zu suchen ist. Im Gegensatz dazu wurden bei den Kobaltgläsern keine Hinweise auf einen magnetischen Phasenübergang gefunden, auch die Neutronenstreuexperimente zeigten keine Unterschiede in dem Temperaturbereich von 1,8 bis

300 K, d. h., die obere Kurve in Abbildung 5.4 erweist sich als temperaturunabhängig.

Eine weitere Substanzklasse, die an dieser Stelle einzuordnen ist, stellen die Alkaliborat- und Aluminiumsilikatgläser dar, die einen größeren Anteil von Übergangselementen enthalten [307]. Je nach Präparationsverfahren und Zusammensetzung konnten verschiedene magnetische Eigenschaften beobachtet werden, die sowohl paramagnetischem und superparamagnetischem Verhalten als auch antiferromagnetischer Ordnung dieser Substanzen zugeschrieben wurde.

Als Beispiel soll $Co \cdot Al_2O_3 \cdot SiO_2$ hier behandelt werden [308]. Proben mit 17 bzw. 24 At.-% Co zeigen einen relativ scharfen Peak in der Suszeptibilität bei ungefähr 5 bzw. 7 K. Jedoch waren bei der Untersuchung der spezifischen Wärmekapazität bzw. der Schallgeschwindigkeit keine Anomalien in diesem Temperaturbereich festzustellen, die auf einen kooperativen Effekt schließen ließen. Während die Autoren diese Erscheinungen mit Hilfe eines Modells superparamagnetischer Domänen erklären können, deuten einige Fakten darauf hin, daß eventuell viele dieser Substanzen als Spingläser im erweiterten Sinne aufzufassen sind. Dabei ist der Begriff „Spinglas" ein Synonym für eine magnetische Ordnung, bei der die magnetischen Momente unterhalb einer bestimmten Temperatur, der sogenannten Einfrier-Temperatur zwar unterschiedliche Richtungen und Größen haben, jedoch in dieser Ordnung beharren. Es soll an dieser Stelle bemerkt werden, daß der Begriff „Einfrieren" sich dabei allein auf die Einstellung der magnetischen Momente bezieht und nichts zu tun hat mit dem „Einfrieren" einer „Flüssigkeitsstruktur" bei der Herstellung amorpher Substanzen. Es ist sehr wahrscheinlich, daß ein solches Verhalten auch für eine amorphe Struktur mit negativer Austauschkopplung auftritt. Weitere Ausführungen zu diesem Punkt sind in den Kapiteln 5.3. und 6.8. zu finden.

Zum Schluß dieses Kapitels soll noch auf eine interessante Substanz hingewiesen werden, die als eindimensionaler Grenzfall eines amorphen antiferromagnetischen Systems aufzufassen ist. Scott u. a. [309] untersuchten das magnetische Verhalten eines anorganischen Übergangsmetall-Polymers. Solche Substanzen zum Beispiel mit der Monomereinheit $Cr(OH)\,OP(CH_3)(C_6H_5)O_2$ bilden Ketten, deren Segmente untereinander nur schwach magnetisch gekoppelt sind. Durch die verschiedenen Möglichkeiten der Brücken zwischen den Übergangsmetallatomen und den angeschlossenen Molekülgruppen ist die magnetische Wechselwirkung nicht einheitlich. Wir haben es daher mit einem linearen amorphen antiferromagnetischen System zu tun, in dem jedoch kein Antiferromagnetismus, d. h. keine spontane antiferromagnetische Ordnung auftritt.

5.3. Spingläser

Spingläser im engeren Sinne sind einige kristalline (Edel-) Metalle mit wenigen ÜM-Verunreinigungen wie z. B. AgMn, CuMn, AuFe. Die Konzentration c der ÜM liegt dabei zwischen 0,2 und 10 At.-%. Die ÜM tragen lokale magnetische Momente und wechselwirken miteinander über den RUDERMANN-KITTEL-Austausch

$$I_{ij} \sim F(x_{ij}) \qquad \text{mit} \qquad F(x) = \frac{x \cos x - \sin x}{x^4}, \tag{5.1}$$

$x_{ij} = 2k_F\,|\boldsymbol{R}_i - \boldsymbol{R}_j|$ (k_F = FERMI-Wellenzahl; $\boldsymbol{R}_i, \boldsymbol{R}_j$ = Ortsvektoren der magnetischen Momente),

der durch die Spinpolarisation der s-Elektronen der Matrix vermittelt wird und zu einer weitreichenden oszillierenden Austauschwechselwirkung führt. Bei höheren Konzentrationen $c \gtrsim 10$ At.-% bilden sich kleine magnetische Cluster. (Diesen Zustand bezeichnet man mitunter auch als Mictomagnetismus.) Da die ÜM-Atome stochastisch in der metallischen kristallinen Matrix verteilt sind und das Austauschintegral (5.1) in Abhängigkeit vom Abstand sein Vorzeichen ändert, kann kein Zustand mit einer magnetischen Fernordnung entstehen, es bildet sich unterhalb der sogenannten Einfriertemperatur T_f eine zeitlich relativ stabile Anordnung der Spins mit einer stochastischen Orientierung aus (vgl. Abb. 4.2c). Daher kommt auch die Bezeichnung „Spinglas", die von COLES und ANDERSON [310] eingeführt wurde.

Die Suszeptibilität $\chi(T)$ der Spingläser weist für $H = 0$ bei $T = T_f$, der Einfriertemperatur, eine Spitze auf, die mit wachsendem Magnetfeld H abgerundet und flacher wird. Dieses Verhalten wurde erstmals von CANELLA und MYDOSH [311] beobachtet. Für die spezifische Wärmekapazität folgt bei tiefen Temperaturen $C \sim T$. Abgesehen von χ zeigen die anderen Größen, z. B. C, die Temperaturableitung des spezifischen elektrischen Widerstands $\mathrm{d}\varrho/\mathrm{d}T$, die Ultraschallabsorption, bei T_f kein singuläres Verhalten. Unterhalb T_f beobachtet man bei χ eine Temperaturhysterese und Relaxationserscheinungen, d. h., der einem bestimmten Magnetfeld entsprechende Endzustand stellt sich erst nach einer bestimmten (Relaxations-)Zeit ein.

MIZOGUCHI u. a. [312] erhielten für gesputtertes amorphes $Gd_{0,37}Al_{0,63}$ vollkommen analoge Resultate für $\chi(T)$ (s. Abb. 5.5) und schlossen daraus, daß in diesem amorphen magnetischen System ebenfalls ein Spinglas-Zustand vorhanden ist. Dieses Beispiel zeigt, daß der Spinglas-Zustand nicht auf kristalline Systeme mit ÜM-Verunreinigungen und den ursprünglich angenommenen Konzentrationsbreich ($c \lesssim 10$ At.-%) der magnetischen Atome beschränkt

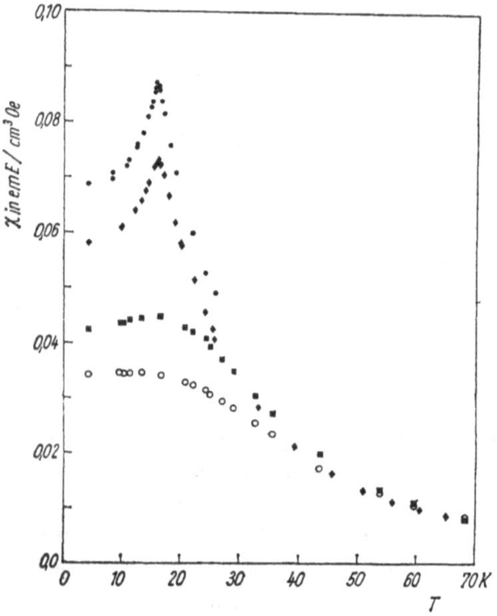

Abb. 5.5. Temperaturabhängigkeit der Suszeptibilität von gesputtertem amorphem $Gd_{0,37}Al_{0,63}$ für $H = 0{,}12$ (●), 9,0 (◆), 3000 (■) und 6000 Oe (○) (nach [312])

ist. Auch eine weitreichende Austauschwechselwirkung ist keine notwendige Voraussetzung (vgl. 4.1., 4.2., 6.7. und 6.8.).

Obwohl bereits ein umfangreiches Material über die Eigenschaften von kristallinen Spingläsern vorliegt, können wir an dieser Stelle nicht näher darauf eingehen, sondern verweisen auf die Übersichtsarbeiten [313, 314].

5.4. Schlußbemerkungen

Während die Existenz des Spinglas-Zustands in ungeordneten kristallinen Legierungen experimentell und theoretisch als gesichert angesehen werden kann, gibt es lediglich erste Ansätze zu seiner Untersuchung in amorphen Legierungen. Man kann davon ausgehen, daß er infolge der Strukturfluktuationen in amorphen Legierungen auch bei größeren Konzentrationen der magnetischen Atome auftritt.

Die Frage, ob eine stabile antiferromagnetische Phase auch im amorphen Zustand existieren kann, ist nach wie vor offen. Wegen des zu erwartenden großen Misfits und möglicher positiver Austauschintegrale ist dies jedoch unwahrscheinlich. Die Vermutung liegt nahe, daß auch amorphe Systeme mit negativer Austauschwechselwirkung bei tiefen Temperaturen ein spinglasartiges Verhalten zeigen. Der Begriff „Spinglas-Zustand“ dürfte also sowohl hinsichtlich der Konzentration der magnetischen Atome als auch der Art und Reichweite der Austauschwechselwirkung den magnetischen Zustand einer weit größeren Klasse von Substanzen charakterisieren als jene kristallinen Legierungen, in denen er zuerst entdeckt wurde (s. a. 6.8.).

Ferromagnetismus in einer eingefrorenen Flüssigkeit, die sich im inneren metastabilen Gleichgewicht befindet, konnte vor kurzem in einem kleinen Temperaturbereich nachgewiesen werden. Ob jedoch auch in flüssigen Metallen eine Curie-Temperatur oberhalb der Schmelztemperatur erreichbar ist, kann zur Zeit noch nicht beantwortet werden.

6. Theorie amorpher Ferromagnetika

Zur theoretischen Beschreibung kristalliner Ferro-, Ferri- und Antiferromagnete verwendet man entweder das HEISENBERG- (3.1) oder das Bandmodell, welches aus dem HUBBARD-Modell (3.2) erhalten werden kann. Beim HEISENBERG-Modell sind die atomaren magnetischen Momente (Spins) vollkommen lokalisiert und besitzen daher feste Werte, während sie beim Bandmodell unterschiedlich stark lokalisiert sein können und erst durch das Zusammenspiel von Korrelations- und kinetischer (hopping) Energie der Elektronen entstehen.

Eine befriedigende Berechnung der Modellparameter — Austauschintegrale $\mathrm{I}_{ij} = \mathrm{I}(\boldsymbol{r}_i - \boldsymbol{r}_j)$ beim HEISENBERG-Modell, Hopping-Integrale $t_{ij} = t(\boldsymbol{r}_i - \boldsymbol{r}_j)$ und Korrelationsenergie $U_i = U(\boldsymbol{r}_i)$ beim HUBBARD-Modell — ist auch für den kristallinen Fall noch nicht gelungen. Sie gehen daher als offene Konstanten in die Theorie ein und müssen durch Anpassen an experimentelle Ergebnisse festgelegt werden.

Eine weitere Schwierigkeit kommt dadurch hinzu, daß beide Modelle ein quantenstatistisches Vielteilchenproblem mit starker Wechselwirkung beschreiben, das man nur näherungsweise lösen kann. Für Kristalle wird die Berechnung in bekannter Weise durch die Gittersymmetrie erleichtert. Sie hat zur Folge, daß der Quasiimpuls $\hbar\boldsymbol{k}$ eine gute Quantenzahl ist und die quantenmechanischen Zustände nach dem Wellenzahlvektor $\boldsymbol{k}$ klassifiziert werden können. Weiterhin tritt im einfachsten Fall zum Beispiel nur ein einziges Austauschintegral I als offener Parameter auf.

Im amorphen Fall fehlt die Gittersymmetrie. Daher ist $\boldsymbol{k}$ keine gute Quantenzahl mehr. Die Abstände zwischen den Atomen können in gewissen Grenzen ein ganzes Kontinuum von Werten annehmen (s. Teil 2), so daß die Modell-„Parameter" zu praktisch unbekannten Funktionen des Abstandes, z. B. $\mathrm{I}(\boldsymbol{r} - \boldsymbol{r}')$, werden. Die Resultate hängen außerdem von dem verwendeten Strukturmodell ab.

Aus diesen Bemerkungen ist zu erkennen, daß die theoretische Behandlung amorpher Ferromagnete — oder allgemeiner, quantenstatistischer Vielteilchenprobleme mit starker Wechselwirkung — ohne Gittersymmetrie eine reizvolle Herausforderung an den Theoretiker darstellt.

Im Vergleich zu kristallinen und amorphen nehmen die ungeordneten kristallinen Ferromagnete eine Zwischenstellung ein. Hier sind die verschiedenen magnetischen (und nichtmagnetischen) Atome auf ein wohldefiniertes Gitter im allgemeinen stochastisch verteilt. In diesen Systemen tritt daher keine positionelle, sondern allein chemische Unordnung auf. Als Modellparameter benötigt man nur wenige Größen, z. B. im HEISENBERG-Modell $S_A, S_B, I_{AA}, I_{BB}, I_{AB}$ für eine zweikomponentige Legierung (S_A — Spin der Komponente A, I_{AA} — Austauschintegral zwischen benachbarten Spins der Komponente A usw.). Über ungeordnete kristalline Ferromagnete gibt es zahlreiche theoretische Arbeiten[1]), auf die wir jedoch nur insoweit eingehen können, wie sie Einsichten für amorphe Systeme ermöglichen.

Die erheblichen Schwierigkeiten bei der theoretischen Behandlung amorpher Ferromagnete machen zusätzliche vereinfachende Annahmen erforderlich. Es bieten sich folgende Möglichkeiten an:

1. Genäherte Behandlung des quantenstatistischen Vielteilchenproblems mit starker Wechselwirkung;

2. Vereinfachte Strukturmodelle und damit zusammenhängend vereinfachte Annahmen über die möglichen Modell-„Parameter";

3. Exakte qualitative Aussagen.

Entscheidend ist dabei jedoch, daß die für amorphe Systeme wesentlichen Eigenschaften durch die Näherungen und vereinfachenden Annahmen zumindest qualitativ richtig erfaßt werden.

Zu 1.: Bei der genäherten Behandlung des quantenstatistischen Vielteilchenproblems mit starker Wechselwirkung kann man sich an den für Kristalle entwickelten Methoden orientieren. Dabei werden gezielt „kleine Parameter" ausgenutzt. Für das HEISENBERG- bzw. ISING-Modell sind die Effektiv-Feld-Näherungen: Molekularfeldnäherung, OGUCHI-, Constant-Coupling- und BETHE-PEIERLS-WEISS-Näherung, am einfachsten (s. 6.1.). Der kleine Parameter ist hier $1/z$ (z = Zahl der nächsten Nachbarn). Bei tiefen Temperaturen (T als kleiner Parameter) kann man die Spinwellennäherung (s. 6.3.), bei hohen Temperaturen die Hochtemperaturentwicklung ($1/T$ als kleiner Parameter) verwenden (s. 6.1., 6.2.). Ist die Korrelation zwischen den Spinwellen bzw. Elektronen hinreichend schwach, so stellen die TJABLIKOW-Näherung für das HEISENBERG-Modell (s. 6.3.) bzw. die HARTREE-FOCK-Näherung für das HUBBARD-Modell (s. 6.5.) eine brauchbare Näherung im gesamten Temperaturbereich dar.

[1]) Eine sehr instruktive Übersicht über den theoretischen Stand auf dem Gebiet der ungeordneten kristallinen Ferromagnete gaben ELLIOTT u. a. [315].

Bei hinreichend kleinen Abweichungen vom Kristall kann ein geeigneter Unordnungsparameter zur Entwicklung einer Störungstheorie verwendet werden (s. 6.2. und 6.3.).

Zu 2.: In amorphen Ferromagneten ist die positionelle Unordnung mit der Unordnung der (Modell-)Kopplungs-„Parameter", z. B. des Austauschintegrals $\mathrm{I}_{ij} = \mathrm{I}(\boldsymbol{r}_i - \boldsymbol{r}_j)$, verknüpft. Da man weder die Abstandsabhängigkeit der Modellparameter noch die Struktur ausreichend kennt, führt man verschiedene vereinfachte Modelle zur Strukturbeschreibung ein.

Häufig wurde das stochastische Gittermodell verwendet. Dabei befinden sich die Spins auf den Plätzen eines geeigneten kubischen Gitters, und die Kopplungsparameter I_{ij} bzw. t_{ij} nehmen entsprechend einer vorgegebenen Verteilungsfunktion $P(\mathrm{I}_{ij})$ bzw. $P(t_{ij})$ stochastische Werte an. In diesem Modell wird also die Geometrie der amorphen Struktur nicht richtig wiedergegeben. Da jedoch sowohl das Austausch- als auch das Hopping-Integral sehr empfindlich vom Abstand abhängen, kann man davon ausgehen, daß sich wesentliche Einflüsse der amorphen Struktur durch eine stochastische Verteilung dieser Parameter darstellen lassen. Es liegt nahe, bei diesem Modell den „korrespondierenden" oder virtuellen Kristall einzuführen, bei dem die abstandsabhängigen Parameter zwischen den nächsten Nachbarn durch ihren Strukturmittelwert $\mathrm{I} = \langle \mathrm{I}_{ij} \rangle = \langle \mathrm{I} \rangle$; $t = \langle t_{ij} \rangle = \langle t \rangle$ ersetzt werden. Dann erhält man $\mathrm{I}_{ij} = \langle \mathrm{I} \rangle + \Delta \mathrm{I}_{ij}$; $t_{ij} = \langle t \rangle + \Delta t_{ij}$. Die Abweichungen vom korrespondierenden Kristall $\Delta \mathrm{I}_{ij}$ bzw. Δt_{ij} beschreiben dann die für amorphe Systeme *charakteristischen Strukturfluktuationen.* Ihren Einfluß auf die magnetischen Größen aufzuklären, ist daher eine wichtige Aufgabe (s. 6.1. bis 6.5.).

Alternativ zum stochastischen Gittermodell kann man versuchen, die Geometrie der amorphen Struktur auf der Grundlage von Strukturmodellen (s. 2.3.) möglichst exakt zu berücksichtigen. Für die Abstandsabhängigkeit der I_{ij} bzw t_{ij} werden dabei plausible Funktionen angenommen. Bei der Verwendung dieser Modellsysteme erweist sich ihre Endlichkeit und der numerische Aufwand als nachteilig. Zur detaillierten Aufklärung von Neutronenstreuexperimenten wurde dieser Zugang erfolgreich verwendet. In diesem Fall spielt für die Impulsübertragung die konkrete Geometrie eine Rolle. Weniger bedeutsam dürfte sie für die Berechnung der thermodynamischen Eigenschaften sein, da diese vorwiegend durch die Größe der Modellparameter und die Nahordnung (am einfachsten beschrieben durch die mittlere Zahl der nächsten Nachbarn z) bestimmt werden. Offensichtlich müßte man beide Strukturmodelle kombinieren. Das ist aber infolge der Unkenntnis der Abstandsabhängigkeit der I_{ij} und t_{ij} zur Zeit nicht möglich.

Zu 3.: In Anbetracht der Komplexität des Problems kommt qualitativen exakten Aussagen, die man mit Hilfe statistischer Methoden erhalten kann, eine besondere Bedeutung zu (s. 6.2.).

Wir werden im weiteren fast ausschließlich amorphe Ferromagnete behandeln, die nur eine magnetische Komponente enthalten. Die meisten Resultate sind jedoch auch auf amorphe ferromagnetische Legierungen übertragbar.

Durchweg setzten wir eine feste amorphe Struktur voraus, d. h., die Struktur soll insbesondere weder von der Temperatur noch vom Magnetfeld abhängen.

6.1. Effektiv-Feld-Methoden

Der Grundgedanke der Effektiv–Feld-Methoden zur näherungsweisen Behandlung des Heisenberg- oder Ising-Modells besteht in folgendem: Man behandelt das quantenstatistische Problem eines (Molekularfeldnäherung), zweier (Oguchi- und Constant–Coupling-Näherung) oder $z + 1$ (Bethe-Peierls-Weiss-Näherung) Spins, die sich im effektiven Feld der angrenzenden Spins befinden. Das zunächst unbekannte effektive Feld wird selbstkonsistent bestimmt. Die quantenstatistischen Fluktuationen der zum effektiven Feld beitragenden Spins werden dabei vernachlässigt. Diese Fluktuationen werden um so unwichtiger, je größer die Zahl der an den betrachteten Spincluster angrenzenden Spins ist. Man erhält daher eine Entwicklung nach $1/z$ (z = mittlere Zahl der nächsten Nachbarn). Die Molekularfeld- und Oguchi-Näherung liefern im gesamten Temperaturbereich physikalisch sinnvolle Ergebnisse, während die höheren Näherungen nur für $T \gtrless T_C$ vernünftige Resultate ergeben.[1]) Diese Aussagen gelten in gleicher Weise für kristalline und amorphe Ferromagnete. Bei letzteren treten zusätzlich strukturbedingte Fluktuationen der Austauschintegrale und der effektiven Felder auf.

6.1.1. Molekularfeldnäherung

Die einfachste genäherte Beschreibung amorpher Ferromagnete erhält man innerhalb der Molekularfeldnäherung (MFN) [317, 318]. Ausgehend vom Heisenberg-Modell (Bezeichnungen s. S. 52)

$$\hat{\mathscr{H}} = -\sum_{i,j} \mathrm{I}_{ij}\, \hat{\mathbf{S}}_i \hat{\mathbf{S}}_j - \mu_B\, gH \sum_i \hat{S}_i^z\,, \tag{6.1}$$

1) Eine sehr gute Darstellung der Effektiv-Feld-Methoden kann man in [316] finden.

gelangt man zur MFN, indem man alle Spinoperatoren $\hat{S}_j$ genähert durch ihren quantenstatistischen Mittelwert $\hat{S}_j \approx \overline{S_j^z}$ ersetzt. Damit folgt aus (6.1)

$$\hat{\mathcal{H}} \approx - \sum_i \hat{S}_i^z \Big(\sum_j \mathrm{I}_{ij} \overline{S_j^z} + \mu_B g H \Big) = - \mu_B g \sum_i \hat{S}_i^z (H_m^i + H) \,. \tag{6.2}$$

$H_m^i = \frac{1}{\mu_B g} \sum_j \mathrm{I}_{ij} \overline{S_j^z}$ ist das effektive (Molekular-) Feld der (nächsten) Nachbarn, das auf den Spin i wirkt. Aus Symmetriegründen kann es nur in Richtung des äußeren Magnetfeldes (z-Richtung) liegen. Beachtet man, daß bei seiner Einführung die quantenstatistischen Fluktuationen $\Delta \hat{\mathbf{S}}_j = \hat{\mathbf{S}}_j - \overline{S_j^z}$ vernachlässigt werden, so ist es nur folgerichtig, wenn man im Molekularfeld H_m^i auch die strukturbedingten Fluktuationen $\Delta \overline{S_j^z} = \overline{S_j^z} - \langle \overline{S^z} \rangle$ vernachlässigt![1]) Eine Berücksichtigung dieser Strukturfluktuationen wäre eine Überschreitung der Genauigkeit der MFN und muß zur Inkonsistenz führen. Tatsächlich erhält man bei ihrer Mitnahme eine unphysikalische Erhöhung der CURIE-Temperatur (s. z. B. [319, 320]) als Folge der Strukturfluktuationen. Nach der Ersetzung $\overline{S_j^z} \approx \langle \overline{S^z} \rangle$ in (6.2) folgt in bekannter Weise

$$\overline{S_i^z} = S_i \, B_{S_i}\Big[\beta \Big(\sum_j \mathrm{I}_{ij} \langle \overline{S^z} \rangle + \mu_B g H \Big)\Big] \,.^{2)} \tag{6.3}$$

Dabei ist $\beta = 1/k_B T$. Im weiteren setzen wir gleiche atomare Spins $S_i = S$ voraus.

Für $T \gtrapprox T_C$ ist das Argument der BRILLOUIN-Funktion B_S klein, so daß man $B_S(x)$ nach x entwickeln kann. Man erhält nach Strukturmittelung

$$\langle \overline{S^z} \rangle = \frac{S(S+1)}{3} \beta \Big(\sum_j \langle \mathrm{I}_{ij} \rangle \langle \overline{S^z} \rangle + \mu_B g H \Big),$$

woraus für die CURIE-Temperatur

$$T_C = T_p = \frac{S(S+1)}{3k_B} 4\pi \sum_j \int r^2 \,\mathrm{d}r \, g(|\mathbf{r} - \mathbf{r}_j|) \, \mathrm{I}\,(|\mathbf{r} - \mathbf{r}_j|) \approx \frac{S(S+1)}{3k_B} z \langle \mathrm{I} \rangle$$

(z — mittlere Zahl der nächsten Nachbarn) (6.4)

[1]) Wir bezeichnen im weiteren die quantenstatistische Mittelung durch das Symbol $\overline{\ldots}$ und die Strukturmittelung durch $\langle \ldots \rangle$. Letztere erfolgt über ein gedachtes Strukturensemble.

[2]) Wir betonen nochmals, daß die Spinoperatoren $\hat{S}_i$ und $\hat{S}_j$ bereits in der MFN für Kristalle ungleich behandelt werden, was zu der bekannten Inkonsistenz dieser Näherung führt. Eine „genauere" Berücksichtigung der strukturbedingten stochastischen Fluktuationen von $\overline{S_j^z}$ stünde daher im Widerspruch zu dieser bereits vorher vorhandenen Inkonsistenz. Offensichtlich ist daher die MFN nur für hinreichend kleine Strukturfluktuationen anwendbar.

folgt. Wie für Kristalle stimmen auch in dieser Näherung die ferromagnetische und paramagnetische CURIE-Tempreatur überein ($T_C = T_p$).

Für die Suszeptibilität erhält man ein CURIE-WEISS-Gesetz

$$\chi = \frac{C_W}{T - T_p} \tag{6.5}$$

mit $C_W = \mu_B\, gS(S+1)/3k_B$ als CURIE-WEISS-Konstante. Setzt man in (6.3) $\mathrm{I}_{ij} = \langle \mathrm{I} \rangle + \Delta \mathrm{I}_{ij}$ ein und entwickelt B_S nach $\sum_j \Delta \mathrm{I}_{ij}$ in eine TAYLOR-Reihe, so treten die Größen $\left(\sum_j \Delta \mathrm{I}_{ij}\right)^n$ auf. Nimmt man für die stochastischen Größen $\sum_j \Delta \mathrm{I}_{ij}$ die spezielle Verteilungsfunktion

$$P\Big(\sum_j \Delta \mathrm{I}_{ij}\Big) = \frac{1}{2}\left\{\delta\Big(\sum_j \Delta \mathrm{I}_{ij} - z\Delta\Big) + \delta\Big(\sum_j \Delta \mathrm{I}_{ij} + z\Delta\Big)\right\} \tag{6.6}$$

an, so findet man

$$\left\langle \Big(\sum_j \Delta \mathrm{I}_{ij}\Big)^n \right\rangle = \begin{cases} z^n \Delta^n & \\ 0 & \end{cases} \quad \text{für } n \quad \begin{matrix}\text{gerade,}\\ \text{ungerade}\end{matrix} \tag{6.7}$$

und kann die Reihe aufsummieren. Man erhält

$$\left.\begin{aligned} &\sigma = \frac{1}{2}\{B_s[x(1+\delta)] + B_s[x(1-\delta)]\} \\ &\text{mit} \\ &\sigma \equiv \frac{\langle \overline{S^z} \rangle}{S}, \quad x = \frac{3S}{S+1}\frac{\sigma}{\tau}, \quad \tau = \frac{T}{T_C}, \\ &\delta = \frac{\Delta}{\langle \mathrm{I} \rangle}, \quad \Delta^2 = \frac{1}{z}\langle(\Delta \mathrm{I}_{12})^2\rangle + \frac{z-1}{z}\langle \Delta \mathrm{I}_{12}\, \Delta \mathrm{I}_{13}\rangle\,. \end{aligned}\right\} \tag{6.8}$$

Die letzte Beziehung für Δ^2 ergibt sich unmittelbar aus (6.7), wenn man z. B. $n = 2$ setzt. Der Parameter δ ist ein Maß für die relativen Strukturfluktuationen. Für Temperaturen deutlich unterhalb T_C erhält man (6.8) auch ohne die etwas künstliche Verteilung (6.6), da dann die Ableitungen der BRILLOUIN-Funktion kleine Werte ergeben und man die Reihe nach dem ersten nichtverschwindenden Glied $\sim \delta^2$ abbrechen kann.

In Abbildung 6.1 ist die aus (6.8) folgende reduzierte Magnetisierung $\sigma = M(\tau)/M(0)$ als Funktion der reduzierten Temperatur $\tau = T/T_C$ dargestellt. Das wichtigste Resultat der MFN ist die Abflachung der $\sigma(\tau)$-Kurve für amorphe Ferromagnete im Vergleich zum korrespondierenden Kristall. Es wurde in zahlreichen Experimenten immer wieder bestätigt (s. z. B. [25, 97, 136], vgl. auch Abb. 3.15). Aus der graphischen Konstruktion von σ in Abbildung 6.1a ergibt sich, daß die Abflachung nicht ein Ergebnis der spe-

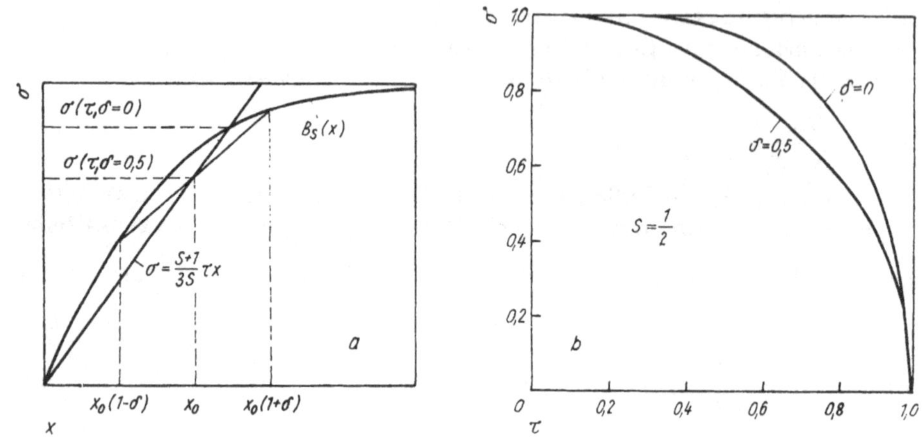

Abb. 6.1. a) Graphische Bestimmung der reduzierten Magnetisierung σ nach (6.8); b) σ als Funktion der reduzierten Temperatur $\tau = T/T_C$ für $S = 1/2$ und $\delta = 0{,}5$ (relative Strukturfluktuationen). Die Kurve $\delta = 0$ entspricht dem korrespondierenden Kristall [317]

ziellen Verteilung (6.6) ist, sondern für eine beliebige Verteilung der ΔI_{ij} bei allen Temperaturen infolge der Krümmung der $B_S(x)$-Funktion folgt [318]. Wenn auch die MFN die Abflachung von $\sigma(\tau)$ qualitativ gut beschreibt, so sind doch die quantitativen Resultate nicht zu hoch zu bewerten. Die MFN ist bei tiefen Temperaturen ($T \ll T_C$) für das Ising-Modell eine gute Näherung, nicht aber für das Heisenberg-Modell, bei dem in diesem Temperaturbereich Spinwellen auftreten, die durch die MFN grundsätzlich nicht beschrieben werden können. Auch in der Nähe von T_C liefert die MFN schlechte Resultate. Sie täuscht eine zu große Stabilität der ferromagnetischen Phase vor, da die quantenstatistischen Fluktuationen, die in der Nähe von T_C besonders groß sind, vernachlässigt werden. Dieser Mangel tritt erneut bei der Behandlung amorpher Ferromagnete auf, denn die ferromagnetische Curie-Temperatur T_C wird durch die Strukturfluktuationen nicht verringert. Bei besseren Näherungen führen diese dagegen zu einer Verringerung von T_C. Aus dem gleichen Grunde kann man schließen, daß die Abflachung von $\sigma(\tau)$ in Wirklichkeit deutlich stärker sein muß. Experimentelle Hinweise dafür fand Litterst [69] anhand von Mössbauer-Messungen, aus denen er die relative Fluktuation der inneren Magnetfelder $\langle(\Delta H_m^i)^2\rangle / \langle H_m^i\rangle^2 \equiv \delta_M^2$ bestimmte (s. auch [317]). Es zeigte sich, daß δ_M wesentlich kleiner war als das aus der Magnetisierungskurve mit (6.8) bestimmte δ. Das Verhalten der Suszeptibilität χ für $T \gg T_C$ wird dagegen durch die MFN richtig wiedergegeben.

KANEYOSHI [321—323] und FERCHMIN [324] führten eine genauere Untersuchung der MFN für amorphe und ungeordnete Legierungen durch (s. auch [320, 325]). Allerdings wurde in diesen Arbeiten die Strukturmittelung ohne die zusätzliche Forderung $\overline{S_j^z} \approx \langle \overline{S^z} \rangle$ betrachtet. Auch auf amorphe Ferrimagnete wurde die MFN erfolgreich angewendet [241].

Der Einfluß einer stochastischen einachsigen magnetischen Anisotropie, die im HAMILTON-Operator (6.1) zu dem Zusatzstrom $\sum_i D_i(\hat{S}_i^z)^2$ führt, wurde von PATTERSON und WEGER [326] in MFN untersucht. Es wurde angenommen, daß die Austauschintegrale alle den gleichen Wert und die Anisotropiekonstanten D_i stets die gleiche Richtung haben, während sich der Betrag von D_i stochastisch ändert. Die Fluktuationen von D_i verursachen eine Verringerung der spontanen Magnetisierung. Anhand der ebenfalls berechneten freien Energie wurde die Stabilität der ferromagnetischen Phase diskutiert. Es folgte unter anderem, daß sowohl für den korrespondierenden Kristall als auch im amorphen Fall mit wachsendem $\langle D \rangle / \langle I \rangle$ aus dem magnetischen Phasenübergang 2. Art bei T_C ein Phasenübergang 1. Art wird.

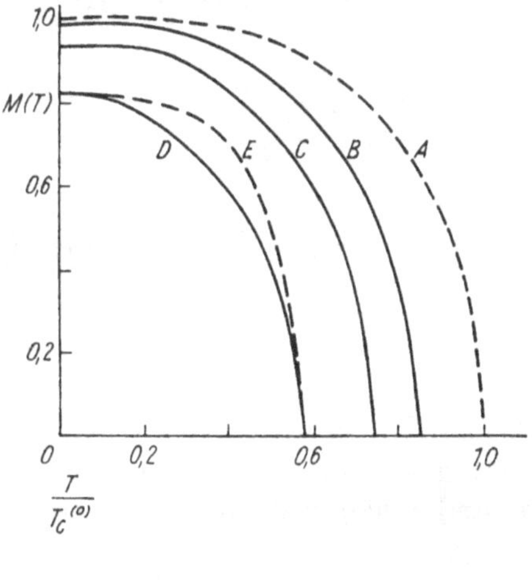

Abb. 6.2. Temperaturabhängigkeit der spontanen Magnetisierung $M(T)$ für verschiedene $\alpha = D/zI$ und $S = 1$. Die gestrichelten Kurven geben den kristallinen Fall wieder (einheitliche Anisotropierichtung). Kurven A, B: $\alpha = 0{,}4$, C: $\alpha = 0{,}8$, D: $\alpha = 1{,}6$, E: reduzierter kristalliner Fall für $\alpha = 1{,}6$; $T_C^{(0)}$ ist die jeweilige CURIE-Temperatur für den kristallinen Fall (nach [327])

HARRIS, PLISCHKE und ZUCKERMANN [327] (s. auch [328, 329]) betrachteten den Einfluß einer einachsigen magnetischen Anisotropie, deren Betrag $|D_i| = D$ konstant ist, die aber alle Richtungen mit gleicher Wahrscheinlichkeit annimmt. Diese Anisotropie führt zu einem Zusatzsterm $+ \sum_i D(\hat{S}_{z_i}^z(i))^2$ im HAMILTON-Operator (6.1), wobei die z_i die lokalen Richtungen der magnetischen Anisotropie bedeuten. Die Austauschwechselwirkung wurde durch ein einheitliches Molekularfeld beschrieben, d. h., die Strukturfluktuationen wirken sich nur auf die Richtung der Anisotropie aus. Die spontane Magnetisierung wird durch diese Anisotropie erwartungsgemäß im gesamten Temperaturbereich verringert (s. Abb. 6.2). Dieses Modell ist zur qualitativen Beschreibung amorpher Ferrimagnete geeignet, in denen eine große magnetische Anisotropie mit stochastischen Richtungen auftritt.

6.1.2. Constant-Coupling- und Bethe-Peierls-Weiss-Näherung

Der HAMILTON-Operator für die quantenmechanische Behandlung eines Spinpaares im effektiven Feld der jeweils nächsten Nachbarn lautet

$$\hat{\mathscr{H}}_{ij} = -\mathrm{I}_{ij}\,\hat{\boldsymbol{S}}_i\,\hat{\boldsymbol{S}}_j - \mu_B\, g(H_i\,\hat{S}_i^z + H_j\,\hat{S}_j^z)\,, \tag{6.9}$$

wobei I_{ij} das zwischen den benachbarten Spins i und j auftretende Austauschintegral und H_i (bzw. H_j) das effektive Feld der restlichen nächsten Nachbarn für den Spin i (bzw. j) sind [330]. Speziell für $S = 1/2$ hat der Operator (6.9) die Eigenwerte und Eigenfunktionen

$$\left.\begin{aligned} &E_{1,2} = -\frac{1}{4}\mathrm{I}_{ij} \mp \frac{1}{2}H_\pm\,,\\ &E_{3,4} = +\frac{1}{4}\mathrm{I}_{ij} \pm \frac{1}{2}Q\\ &\text{mit}\\ &H_\pm = \mu_B\, g(H_i \pm H_j)\,,\\ &Q = (\mathrm{I}_{ij}^2 + H_-^2)^{1/2}\,. \end{aligned}\right\} \tag{6.10}$$

Bei E_l, Q und $H_\pm$ wurden die Indizes i, j weggelassen. Mit der Kenntnis der Energieeigenwerte, die alle nicht entartet sind, erhalten wir für die Zustandssumme

$$Z_{ij} = 2\left(\mathrm{e}^{\beta\frac{\mathrm{I}_{ij}}{4}}\,\mathrm{ch}\,\frac{\beta}{2}H_+ + \mathrm{e}^{-\beta\frac{\mathrm{I}_{ij}}{4}}\,\mathrm{ch}\frac{\beta}{2}Q\right). \tag{6.11}$$

Aus

$$\overline{S_i^z} = \frac{1}{\beta Z_{ij}}\frac{\partial Z_{ij}}{\partial H_i} \tag{6.12}$$

kann der quantenstatistische Mittelwert des Spinoperators $\overline{S_i^z}$ berechnet werden. Für das Spinpaar (i, j) erhalten wir

$$\left.\begin{aligned}(\overline{S_i^z} + \overline{S_j^z})_{\text{Paar}} &= \frac{\operatorname{sh}\frac{\beta}{2} H_+}{\operatorname{ch}\frac{\beta}{2} H_+ + e^{\frac{-\beta}{2}\mathrm{I}_{ij}} \operatorname{ch}\frac{\beta}{2} Q}, \\ (\overline{S_i^z} - \overline{S_j^z})_{\text{Paar}} &= \frac{H_- \operatorname{sh}\frac{\beta}{2} Q}{Q\left(e^{\frac{\beta}{2}\mathrm{I}_{ij}} \operatorname{ch}\frac{\beta}{2} H_+ + \operatorname{ch}\frac{\beta}{2} Q\right)}.\end{aligned}\right\} \tag{6.13}$$

Das effektive Feld H_i können wir in der Form $H_i = \sum_{k(\neq i,j)} h_{ik}$ schreiben, wobei h_{ik} der Beitrag des nächsten Nachbars k ist. (Die Austauschwechselwirkung mit dem Spin j wurde exakt berücksichtigt und darf daher im effektiven Feld nicht mehr auftreten.) In MFN wird die Wechselwirkung zwischen den Spins i und j ebenfalls durch ein effektives Feld h_{ij} beschrieben. Wir fordern jetzt, daß das zusätzliche Feld h_{ij} zu demselben Ergebis für den Spinmittelwert führen soll wie die exakte Berücksichtigung der Austauschwechselwirkung I_{ij} zwischen i und j. Insbesondere soll

$$(\overline{S_i^z} \pm \overline{S_j^z})_{\text{MFN}} = (\overline{S_i^z} \pm \overline{S_j^z})_{\text{Paar}} \tag{6.14}$$

(Constant-Coupling-Näherung) gelten oder explizit

$$\left.\begin{aligned}\operatorname{th}[\beta(H_i + h_{ij})] + \operatorname{th}[\beta(H_j + h_{ji})] &= \frac{\operatorname{sh}\frac{\beta}{2} H_+}{\operatorname{ch}\frac{\beta}{2} H_+ + e^{\frac{-\beta}{2}\mathrm{I}_{ij}} \operatorname{ch}\frac{\beta}{2} Q}, \\ \operatorname{th}[\beta(H_i + h_{ij})] - \operatorname{th}[\beta(H_j + h_{ij})] &= \frac{H_- \operatorname{sh}\frac{\beta}{2} Q}{Q\left(e^{\frac{\beta}{2}\mathrm{I}_{ij}} \operatorname{ch}\frac{\beta}{2} H_+ + \operatorname{ch}\frac{\beta}{2} Q\right)}.\end{aligned}\right\} \tag{6.15}$$

Durch entsprechende Wahl der Paare (i, j) könnte man im Prinzip sämtliche partiellen Molekularfelder $h_{ij} \neq h_{ji}$ aus der Konsistenzforderung (6.15) berechnen. Die partiellen Molekularfelder h_{ij} sind selbstverständlich verschieden von den entsprechenden Werten der MFN $h_{ij} = \mathrm{I}_{ij}\overline{S_j^z} \approx \mathrm{I}_{ij} \langle \overline{S^z} \rangle$, denn sie müssen zu dem gleichen Ergebnis führen wie die exakte Berücksichtigung der Austauschwechselwirkung zwischen i und j, wobei allerdings alle restlichen Wechselwirkungen durch die Felder H_i und H_j erfaßt werden. Der letzte Umstand bedingt, daß es sich nach wie vor um eine selbstkonsistente Näherung handelt.

In der Nähe von T_C gehen alle inneren effektiven Felder gegen Null, und man kann nach ihnen entwickeln. In erster Ordnung erhält man nach der Strukturmittelung

$$\langle H_i + h_{ij} + H_j + h_{ji}\rangle = \left\langle (H_i + H_j) \frac{4}{3 + \mathrm{e}^{-\beta_C \mathrm{I}_{ij}}} \right\rangle \tag{6.16}$$

mit $\beta_C = 1/k_B T_C$. Setzt man eine stochastische Verteilung der Austauschintegrale I_{ij} voraus, so werden in dieser Gleichung nur die Felder h_{ij} und h_{ji} mit I_{ij} stark korreliert sein, die anderen partiellen Felder jedoch nicht. Da h_{ij} und h_{ji} in H_i und H_j nicht enthalten sind, kann man für die rechte Seite von (6.16) genähert

$$\langle H_i + H_j\rangle \left\langle \frac{4}{3 + \mathrm{e}^{-\beta_C \mathrm{I}_{ij}}} \right\rangle \tag{6.17}$$

schreiben. Nimmt man an, daß nur z nächste Nachbarn zum gesamten inneren Feld beitragen, so folgt

$$\langle H_i + h_{ij} + H_j + h_{ji}\rangle = 2z\langle h_{ij}\rangle \text{ und } \langle H_i + H_j\rangle = 2(z-1)\langle h_{ij}\rangle .$$

Mit (6.16) und (6.17) erhält man daher für das HEISENBERG-Modell

$$\frac{1}{4}\frac{z}{z-1} = \left\langle \frac{1}{3 + \mathrm{e}^{-\beta_C \mathrm{I}_{ij}}} \right\rangle \tag{6.18}$$

als Bestimmungsgleichung für T_C. In gleicher Näherung ergibt sich für das ISING-Modell

$$\frac{1}{2}\frac{z}{z-1} = \left\langle \frac{1}{1 + \mathrm{e}^{-\mathrm{I}_{ij}\beta_C/2}} \right\rangle. \tag{6.19}$$

Spaltet man das Austauschintegral in der Form $\mathrm{I}_{ij} = \langle \mathrm{I}\rangle + \Delta \mathrm{I}_{ij}$ auf, so findet man für kleine Strukturfluktuationen (kleine $\Delta \mathrm{I}_{ij}$)

$$\left.\begin{aligned} &\frac{\Delta T_c}{T_c^{(0)}} = -A\Delta^2 \quad \text{mit} \\ &A = \frac{1}{4}\frac{z+2}{z-1}\ln\frac{z}{z-4} \quad \left(\text{HEISENBERG-Modell}, S = \frac{1}{2}\right), \\ &A = \frac{1}{2}\frac{1}{z-1}\ln\frac{z}{z-2} \quad \left(\text{ISING-Modell}, S = \frac{1}{2}\right). \end{aligned}\right\} \tag{6.20}$$

Dabei ist $\Delta^2 = \langle(\Delta I_{ij})^2\rangle/\langle I\rangle^2$ und $T_C^{(0)}$ die Curie-Temperatur des korrespondierenden Kristalls ($\Delta I_{ij} = 0$). Aus (6.20) folgt, daß die Strukturfluktuationen die Curie-Temperatur verringern. Die Güte der Effektiv-Feld-Näherungen wächst mit der Zahl der nächsten Nachbarn z. Für $z \to \infty$ folgt für das Heisenberg-Modell aus (6.20) $A = 1/z$ (s. auch Abb. 6.6, 6.7). Für weitere Spinwerte S wurde A in [331, 332] berechnet.

Treten neben positiven I_{ij} auch verschwindende und negative Austauschintegrale mit der jeweiligen Konzentration c_+, c_0 und c_- auf ($c_+ + c_0 + c_- = 1$), so findet man aus (6.18), daß T_C nur für

$$\frac{1}{4}\frac{z}{z-1} < \frac{1}{3}c_+ + \frac{1}{4}c_0 \qquad (6.21)$$

endlich und reell sein kann [333], d. h. Ferromagnetismus möglich ist. Dieses Resultat ist unabhängig von der konkreten Verteilung der positiven und negativen Austauschintegrale und hängt nur von ihrer jeweiligen relativen Häufigkeit ab. Sind nur positive und verschwindende Austauschintegrale vorhanden, so folgt aus (6.18) bzw. (6.19), daß nur unter der Bedingung

$$\left.\begin{aligned} &\frac{3}{z-1} < c_+ \text{ (Heisenberg-Modell)}, \\ &\frac{1}{z-1} < c_+ \text{ (Ising-Modell)} \end{aligned}\right\} \qquad (6.22)$$

Ferromagnetismus möglich ist (percolation limit für das bond-Problem in Constant-Coupling-Näherung). Auch dieses Resultat ist von der speziellen Verteilung der positiven Austauschintegrale unabhängig. Ein Vergleich mit (6.21) zeigt, daß negative I_{ij} die Stabilität des Ferromagnetismus wesentlich drastischer reduzieren als verschwindende I_{ij}.

In [334] wurde die Suszeptibilität χ und in [332] die spezifische Wärmekapazität C in Constant-Coupling-Näherung berechnet. Mit wachsenden Strukturfluktuationen folgte eine immer stärkere Abweichung von der Curie-Weiss-Geraden für $1/\chi$, während C oberhalb T_C zunahm. Bei sehr großen Strukturfluktuationen zeigte die spezifische Wärmekapazität oberhalb T_C einen breiten „Schottky-ähnlichen" Peak.

Obwohl die Constant-Coupling-Näherung für $T \gtrless T_C$ deutlich bessere Ergebnisse als die MFN liefert, dürfen die quantitativen Resultate nicht überbewertet werden. So ist z. B. der Ferromagnetismus in Wirklichkeit länger stabil, als es aus (6.21) und (6.22) folgt (s. 6.3.). Tatsächlich werden alle magnetischen Eigenschaften in der Constant-Coupling-Näherung allein durch die nächsten Nachbarn des Spinpaares bestimmt; in Wirklichkeit geht jedoch die genaue Topologie des Systems ebenfalls ein.

Die gefundene Reduzierung der CURIE-Temperatur T_C durch die Strukturfluktuationen und der Zusammenbruch des Ferromagnetismus bei entsprechend großer Konzentration verschwindender und negativer Austauschintegrale unabhängig von ihrer jeweiligen konkreten Verteilung wird auch durch bessere Näherungen bestätigt (s. 6.3.). Auch der Einfluß der Strukturfluktuationen auf χ und C wird durch die Constant-Coupling-Näherung qualitativ richtig wiedergegeben (s. 6.2.).

Die BETHE-PEIERLS-WEISS-Näherung wurde z. B. in [335] auf amorphe Ferromagnete angewendet. Die rechentechnischen Schwierigkeiten sind größer als für die Constant-Coupling-Näherung, während die durch die Näherung bedingten Probleme analog sind. Qualitativ kommt man innerhalb der BETHE-PEIERLS-WEISS-Näherung zu sehr ähnlichen Resultaten (vgl. auch [336]).

6.2. Allgemeine Statistik amorpher Ferromagnete

Die Methoden der Gleichgewichtsstatistik ermöglichen einen systematischen Zugang zur Beschreibung der thermodynamischen magnetischen Eigenschaften amorpher Ferromagnete und gestatten, auf relativ einfachem Wege eine Reihe exakter Aussagen zu erhalten.

Wir betrachten, wenn nichts anderes vermerkt wird, durchweg nur das magnetische Teilsystem und setzen eine feste Struktur (unveränderliche positionelle und chemische Unordnung) voraus.

6.2.1. Freie Energie (magnetischer Beitrag)

Das magnetische Untersystem möge durch den HAMILTON-Operator $\hat{H}_{st}$, z. B. (6.1), beschrieben werden. Für eine konkrete Struktur, angedeutet durch den Index „st", folgt für den magnetischen Anteil der freien Energie

$$F_{st} = -\frac{1}{\beta} \ln \operatorname{Sp} e^{-\beta \hat{\mathscr{H}}_{st}}. \tag{6.23}$$

Wir dürfen diese Beziehung aus der Gleichgewichtsstatistik für das magnetische Untersystem verwenden, obwohl sich das amorphe System als Ganzes im metastabilen Zustand befindet, da sich im magnetischen Untersystem infolge der ungehemmt ablaufenden Relaxationsprozesse ein thermodynamisches Gleichgewicht einstellt, bei dem die metastabile Struktur die Rolle von (mikroskopischen) äußeren Parametern spielt.

Die Mittelung über ein Strukturensemble (Strukturmittelung) ergibt

$$F(T, H) = \langle F_{st}(T, H) \rangle = -\frac{1}{\beta} \langle \ln \mathrm{Sp}\, \mathrm{e}^{-\beta \hat{\mathscr{H}}_{st}} \rangle . \tag{6.24}$$

Infolge der vorausgesetzten festen Struktur kann die Operation der Strukturmittelung $\langle ... \rangle$ unter anderem mit der Differentiation nach der Temperatur T und dem äußeren Magnetfeld H vertauscht werden. Daraus folgt

$$\left.\begin{aligned} -\left(\frac{\partial F}{\partial H}\right)_T &= -\left\langle \left(\frac{\partial F_{st}}{\partial H}\right)_T \right\rangle = \langle M_{st} \rangle = M(T, H)\,, \\ -\left(\frac{\partial F}{\partial T}\right)_H &= -\left\langle \left(\frac{\partial F_{st}}{\partial T}\right)_H \right\rangle = \langle S_{st} \rangle = S(T, H)\,, \\ &\ldots\ldots\ldots\ldots \end{aligned}\right\} \tag{6.25}$$

Dabei sind M die Magnetisierung, S die Entropie, ... Man sieht unmittelbar, daß man aus der freien Energie F (6.24) die gesamte Gleichgewichtsthermodynamik des magnetischen Untersystems in bekannter Weise erhält. Daher sind auch alle Hauptsätze, insbesondere der 3. Hauptsatz der Thermodynamik, für dieses Untersystem gültig (s. auch [337]).

Spaltet man einen beliebigen HAMILTON-Operator $\hat{\mathscr{H}}$ in der Form $\hat{\mathscr{H}} = \hat{\mathscr{H}}_0 + \hat{\mathscr{H}}_1$ auf, wobei $\hat{\mathscr{H}}_0$ und $\hat{\mathscr{H}}_1$ selbstadjungiert, ansonsten aber beliebig sind, so folgt das BOGOLJUBOW-Theorem für die freie Energie (s. z. B. [338])

$$\left.\begin{aligned} &F[\hat{\mathscr{H}}] \leqq F[\hat{\mathscr{H}}_0] + \overline{\hat{\mathscr{H}}_1}^{0} \\ &\text{mit} \\ &\overline{\hat{\mathscr{H}}_1}^{0} \equiv \mathrm{Sp}\,(\hat{\mathscr{H}}_1\, \mathrm{e}^{-\beta \hat{\mathscr{H}}_0}) \,/\, \mathrm{Sp}\, \mathrm{e}^{-\beta \hat{\mathscr{H}}_0} . \end{aligned}\right\} \tag{6.26}$$

Betrachtet man das HEISENBERG-Modell innerhalb des (stochastischen) Gittermodells und nimmt an, daß als Folge der Strukturfluktuationen nur die Austauschintegrale schwanken, so kann man die Aufspaltung

$$\left.\begin{aligned} \hat{\mathscr{H}}_0 &= -\sum_{i,j} \langle \mathrm{I}_{ij} \rangle\, \hat{\mathbf{S}}_i\, \hat{\mathbf{S}}_j - \mu_B\, g H \sum_i \hat{S}_i^z\,, \\ \hat{\mathscr{H}}_{1,st} &= -\sum_{i,j} \Delta \mathrm{I}_{ij}\, \hat{\mathbf{S}}_i\, \hat{\mathbf{S}}_j \end{aligned}\right\} \tag{6.27}$$

wählen. $\hat{\mathscr{H}}_0$ beschreibt dann den korrespondierenden Kristall, während $\hat{\mathscr{H}}_{1,st}$ die für den amorphen Ferromagneten charakteristischen Strukturfluktuationen enthält. Nur diese können zu einem veränderten Verhalten der amorphen im Vergleich zu den kristallinen Ferromagneten führen.

Aus dem Bogoljubow-Theorem (6.26) folgt mit (6.27) für eine konkrete Struktur

$$F[\hat{\mathscr{H}}_{st}] \leqq F[\hat{\mathscr{H}}_0] + \overline{\mathscr{H}}^{0}_{1,st} \tag{6.28}$$

und nach Strukturmittelung

$$F \equiv \langle F[\hat{\mathscr{H}}_{st}]\rangle \leqq F[\hat{\mathscr{H}}_0] \equiv F_0 . \tag{6.29}$$

Der verbleibende Beitrag in (6.28) wird Null, denn es gilt

$$\langle \overline{\mathscr{H}}^{0}_{1,st}\rangle = -\langle \sum_{i,j} \Delta \mathrm{I}_{ij} \overline{\boldsymbol{S}_i \boldsymbol{S}_j}^{0}\rangle = -\sum_{i,j} \langle \Delta \mathrm{I}_{ij}\rangle \overline{\boldsymbol{S}_i \boldsymbol{S}_j}^{0} = 0 . \tag{6.30}$$

Die Spinkorrelationsfunktion

$$\overline{\boldsymbol{S}_i \boldsymbol{S}_j}^{0} \equiv \mathrm{Sp}\,(\hat{\boldsymbol{S}}_i\hat{\boldsymbol{S}}_j\,\mathrm{e}^{-\beta\hat{\mathscr{H}}_0}) \,/\, \mathrm{Sp}\,\mathrm{e}^{-\beta\hat{\mathscr{H}}_0}$$

ist bereits eine strukturgemittelte Größe, da sie allein durch $\hat{\mathscr{H}}_0$ bestimmt ist. Sie wird daher von der Strukturmittelung in (6.30) nicht mehr berührt. Wir haben damit die einfache Ungleichung

$$\Delta F \equiv F - F_0 \leqq 0 \tag{6.31}$$

gefunden. Sie besagt, daß die Strukturfluktuationen die freie Energie des magnetischen Untersystems stets nur verringern bzw. höchstens ungeändert lassen können. Dieses Resultat ist vom Gittermodell unabhängig, wenn man ganz allgemein

$$\hat{\mathscr{H}}_0 = \langle\hat{\mathscr{H}}\rangle \quad \text{und} \quad \hat{\mathscr{H}}_{1,st} = \hat{\mathscr{H}}_{st} - \langle\hat{\mathscr{H}}\rangle \tag{6.32}$$

wählt.

Mit dem Bogoljubow-Theorem (6.26) kann man weitere nützliche Ungleichungen beweisen. Wählt man

$$\left.\begin{aligned} \hat{\mathscr{H}}_0 &= -\sum_{i,j} \mathrm{I}_{ij} \overline{S^z_j}\, \hat{S}^z_i - \mu_B g H \sum_i \hat{S}^z_i \equiv \hat{\mathscr{H}}_M ,\\ \hat{\mathscr{H}}_1 &= -\sum_{i,j} \mathrm{I}_{ij}\, (\hat{S}^z_j - \overline{S^z_j})\, \hat{S}^z_i , \end{aligned}\right\} \tag{6.33}$$

so stellt $\hat{\mathscr{H}}_0$ gerade den Hamilton-Operator in Molekularfeldnäherung (6.2) und

$$\hat{\mathscr{H}} = \hat{\mathscr{H}}_0 + \hat{\mathscr{H}}_1 = -\sum_{i,j} \mathrm{I}_{ij}\, \hat{S}^z_i \hat{S}^z_j - \mu_B g H \sum_i \hat{S}^z_i \equiv \hat{\mathscr{H}}_I$$

den des Ising-Modells dar. Es folgt wiederum (ohne Strukturmittelung) $\overline{\mathscr{H}}^{0}_1 = 0$ und damit

$$F_I \leqq F_M , \tag{6.34}$$

wobei F_I die freie Energie des ISING-Modells und F_M die in MFN bedeuten.

Wählt man

$$\left.\begin{aligned}\hat{\mathscr{H}}_0 &= \hat{\mathscr{H}}_I\,,\\ \hat{\mathscr{H}}_1 &= -\sum_{i,j} \mathrm{I}_{ij}\,(\hat{S}_i^x \hat{S}_j^x + \hat{S}_i^y \hat{S}_j^y)\,,\end{aligned}\right\} \tag{6.35}$$

so beschreibt $\hat{\mathscr{H}} = \hat{\mathscr{H}}_0 + \hat{\mathscr{H}}_1 = \hat{\mathscr{H}}_H$ das HEISENBERG-Modell, und man findet $\overline{\mathscr{H}}_1^0 = 0$ und damit

$$F_H \leqq F_I \tag{6.36}$$

mit F_H als freie Energie des HEISENBERG-Modells. Da bei dem Beweis der Ungleichungen (6.34) und (6.36) keine spezielle Struktur zugrunde gelegt werden muß, gelten sie in gleicher Weise für kristalline und amorphe Systeme. Ein Vergleich von (6.36), (6.34) mit (6.29) zeigt die Ähnlichkeit der drei Ungleichungen.

Bevor wir aus diesen Ungleichungen eine Reihe von physikalischen Aussagen herleiten, geben wir noch eine Verallgemeinerung an. Betrachtet man die freie Energie

$$F(t) = -\frac{1}{\beta}\ln \mathrm{Sp}\, \mathrm{e}^{-\beta(\hat{\mathscr{H}}_0 + t\hat{\mathscr{H}}_1)} \tag{6.37}$$

($\hat{\mathscr{H}}_0$, $\hat{\mathscr{H}}_1$ selbstadjungiert, t — reeller Parameter), so folgt

$$\frac{\partial F}{\partial t} = \overline{\mathscr{H}}_1^t \equiv \mathrm{Sp}\,(\hat{\mathscr{H}}_1\, \mathrm{e}^{-\beta(\hat{\mathscr{H}}_0 + t\hat{\mathscr{H}}_1)}) \,/\, \mathrm{Sp}\, \mathrm{e}^{-\beta(\hat{\mathscr{H}}_0 + t\hat{\mathscr{H}}_1)}\,.$$

Es ist einfach zu zeigen, daß stets $\dfrac{\partial \overline{\mathscr{H}}_1^t}{\partial t} = \dfrac{\partial^2 F}{\partial t^2} \leqq 0$ gilt (s. z. B. [338]).

Wählt man $\hat{\mathscr{H}} = \hat{\mathscr{H}}_0 + (t + t')\,\hat{\mathscr{H}}_1$ (t, t' reell und positiv), so ergibt das BOGOLJUBOW-Theorem (6.26)

$$F(t + t') - F(t) \leqq t'\, \overline{\mathscr{H}}_1^t \leqq t' \overline{\mathscr{H}}_1^{t=0}\,. \tag{6.38}$$

Für die oben betrachteten drei Fälle war $\overline{\mathscr{H}}_1^{t=0} = 0$.

Das bedeutet, daß mit wachsenden Strukturfluktuationen $t\,\hat{\mathscr{H}}_{1,\mathrm{st}}$ in (6.27), charakterisiert durch wachsendes t, die freie Energie F (6.29) bzw. ΔF (6.31) monoton abnimmt. Das gleiche gilt, wenn man das Austauschintegral für die x- und y-Komponente in (6.35) allmählich einschaltet ($t = 0$ entspricht dann dem ISING-, $t = 1$ dem HEISENBERG-Modell). Auch hier fällt die freie Energie mit wachsendem t monoton von F_I nach F_H ab. Für sehr große Temperaturen kann man die freie Energie stets nach $\beta = \dfrac{1}{k_B T}$ entwickeln (Hochtemperaturentwickelung). Man erhält für $T \to \infty$

$$\Delta F = 0 \quad \text{und} \quad F_M = F_I = F_H \,, \tag{6.39}$$

d. h., bei sehr hohen Temperaturen stimmen die thermodynamischen magnetischen Eigenschaften des amorphen Systems und des korrespondierenden Kristalls einerseits sowie des HEISENBERG- und ISING-Modells und der MFN andererseits überein. Ersteres ist besonders wichtig, da somit bei hohen Temperaturen der korrespondierende Kristall realisiert wird und so seine Modellparameter (z. B. $\langle I_{ij} \rangle$) experimentell bestimmt werden können. Speziell folgt, daß das amorphe System und der korrespondierende Kristall die gleiche paramagnetische CURIE-Temperatur T_p haben. Es sei jedoch betont, daß der korrespondierende Kristall nicht mit dem amorphen System nach der Kristallisation verwechselt werden darf, bei der sich im allgemeinen die Nahordnung (z. B. Abstand und Zahl der nächsten Nachbarn) ändert, woraus eine zusätzliche Änderung der Modellparameter resultiert. Wegen $F_M = F_H$ liefert außerdem bereits die MFN den exakten Wert für T_p, d. h., (6.4) liefert das exakte T_p für amorphe HEISENBERG- und ISING-Ferromagnete!

Wie eingangs bemerkt, sind alle thermodynamischen Beziehungen für die freie Energie F des amorphen Systems und auch für die des korrespondierenden Kristalls F_0 gültig. Daher gelten sie auch für $\Delta F = F - F_0$: [1])

$$\left.\begin{aligned} &\Delta S = -\left(\frac{\partial \Delta F}{\partial T}\right)_H, \quad \Delta U = \Delta F + T\,\Delta S\,, \\ &\Delta C = \left(\frac{\partial \Delta U}{\partial T}\right)_H = T\left(\frac{\partial \Delta S}{\partial T}\right)_H = -\,T\left(\frac{\partial^2 \Delta F}{\partial T^2}\right)_H, \\ &\Delta M = -\left(\frac{\partial \Delta F}{\partial H}\right)_T, \\ &\dots\dots\dots\dots\dots\dots \end{aligned}\right\} \tag{6.40}$$

Man erhält speziell für $T = 0$

$$(\Delta \mathcal{H})_{\rm gr} = \Delta U = \Delta F \leqq 0\,. \tag{6.41}$$

Diese Ungleichung folgt aus dem BOGOLJUBOW-Theorem (6.31), das auch für $T = 0$ gültig bleibt. Die Energie des Grundzustands wird also durch die Strukturfluktuationen stets nur verringert oder bleibt höchstens unverändert. Sind (fast) alle Austauschintegrale positiv, so müssen bei $T = 0$ alle

[1]) Im weiteren bezeichnen wir die Änderung einer thermodynamischen Größe A infolge der Strukturfluktuationen mit ΔA.

Spins parallel orientiert sein, und es folgt

$$(\Delta\mathcal{H})_{gr} = \Delta U = \Delta F = 0 \quad \text{für} \quad T = 0\,. \tag{6.42}$$

Unabhängig davon erfordert die Gültigkeit des 3. Hauptsatzes in *jedem* Fall

$$\Delta S = \Delta C = 0 \quad \text{für} \quad T = 0\,. \tag{6.43}$$

Gilt (6.42), so nimmt das amorphe System auch bei $T = 0$ die thermodynamischen Eigenschaften des korrespondierenden Kristalls an. Auch gilt in diesem Fall

$$F_M = F_I = F_H \quad \text{für} \quad T = 0\,. \tag{6.44}$$

Die in diesem und im folgenden Abschnitt dargelegten Ergebnisse wurden in [339—341] erhalten. Vertauscht man im Bolgojubow-Theorem (6.26) die Rollen von $\hat{\mathcal{H}}_0$ und $\hat{\mathcal{H}}_1$ (wir erinnern, daß die Aufspaltung beliebig vorgenommen werden kann), indem man $\hat{\mathcal{H}}_0 = \hat{\mathcal{H}}_{st} - \hat{\mathcal{H}}_{1,st}$ einsetzt, so ergibt sich

$$F[\hat{\mathcal{H}}_0] \leqq F[\hat{\mathcal{H}}_{st}] - \overline{\mathcal{H}_{1,st}}^{st}\,.$$

Hier ist der quantenstatistische Mittelwert $\overline{\mathcal{H}_{1,st}}^{st}$ mit dem vollen $\mathcal{H}$-Operator zu berechnen. Nach Strukturmittelung folgt

$$|\Delta F| = -\Delta F = F_0 - F \leqq -\langle\overline{\mathcal{H}_{1,st}}^{st}\rangle\,.$$

Mit (6.27) erhält man

$$-\langle\overline{\mathcal{H}_{1,st}}^{st}\rangle = +\sum_{i,j}\langle\Delta \mathrm{I}_{ij}\,\overline{\mathbf{S}_i\mathbf{S}_j}^{st}\rangle \leqq \sum_{i,j}\langle|\Delta \mathrm{I}_{ij}|\rangle\,S^2 \tag{6.45}$$

und damit die grobe Abschätzung (vgl. [340, 342])

$$|\Delta F| \leqq \sum_{i,j}\langle|\Delta \mathrm{I}_{ij}|\rangle\,S^2\,. \tag{6.46}$$

6.2.2. Einfluß der Strukturfluktuationen auf die magnetischen Größen (allgemeine Resultate)

Wir sind jetzt in der Lage, eine Reihe von allgemeinen Eigenschaften amorpher (Ferro-) Magnete zu beweisen. Der Anschaulichkeit halber legen wir das Gittermodell zugrunde. In Abbildung 6.3a ist die einfachste Funktion $\Delta F(T, H)$ (H = const) dargestellt, die das Bogoljubow-Theorem

$$\Delta F \leqq 0 \tag{6.31}$$

und die Randbedingungen

$$\Delta F = 0 \quad \text{für} \quad \begin{array}{ll} T \to \infty & (6.39) \\ T = 0 & (6.42) \end{array}$$

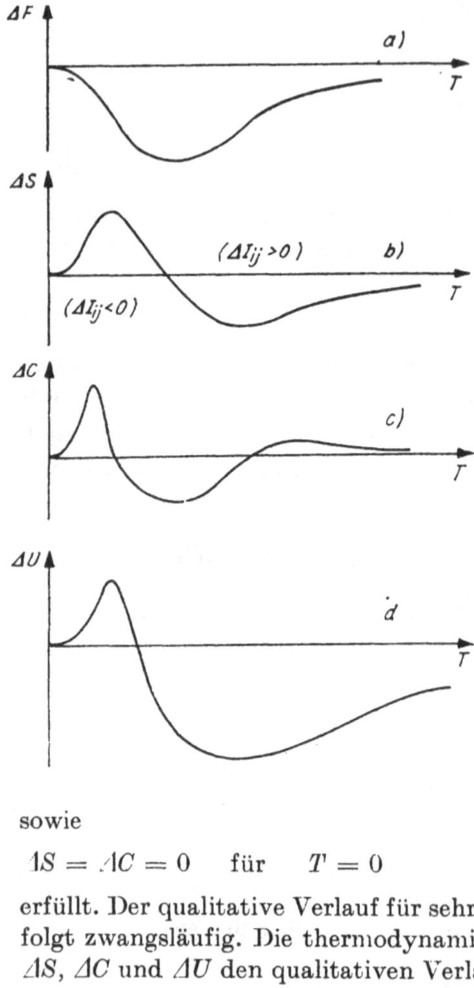

Abb. 6.3. Qualitative Änderung des magnetischen Anteils a) der freien Energie ΔF, b) der Entropie ΔS, c) der spezifischen Wärmekapazität ΔC und d) der inneren Energie ΔU infolge der Strukturfluktuationen [340, 341]

sowie

$$\Delta S = \Delta C = 0 \quad \text{für} \quad T = 0 \tag{6.43}$$

erfüllt. Der qualitative Verlauf für sehr hohe und sehr niedrige Temperaturen folgt zwangsläufig. Die thermodynamischen Beziehungen (6.40) ergeben für ΔS, ΔC und ΔU den qualitativen Verlauf in den Abbildungen 6.3 b bis d.

Zunächst überraschend ist das Verhalten der Entropie ΔS (Abb. 6.3b), insbesondere für höhere Temperaturen, wo ΔS negativ wird. Dies läßt sich jedoch folgendermaßen in einfacher Weise verstehen ([340, 341], s. auch [343]): Die Strukturfluktuationen (enthalten in $\hat{\mathscr{H}}_1$ (6.27) bzw. (6.32)) bewirken, daß für etwa die Hälfte aller Austauschintegrale $\Delta \mathrm{I}_{ij} < 0$ gilt. Das führt zu einer schwächeren Austauschkopplung zahlreicher Spins. Sie können daher leichter thermisch angeregt werden als im korrespondierenden Kristall, in dem alle Spins gleich stark durch das strukturgemittelte Austauschintegral $\langle \mathrm{I} \rangle$ gekoppelt sind. Dies führt zu einer Zunahme der Entropie, spezifischen

Wärmekapazität und inneren Energie bei niedrigen Temperaturen als Folge der Strukturfluktuationen. Die spontane Magnetisierung der schwächer gekoppelten Spins wird mit wachsender Temperatur schneller abgebaut als für die restlichen. Bei besonders schwach gekoppelten Spins entstehen daher bei endlicher Temperatur lokale „magnetische Löcher" (lokale Bereiche kleiner Magnetisierung). Die Magnetisierung ist also in amorphen Ferromagneten keineswegs räumlich homogen. Andererseits gilt für etwa die Hälfte aller Austauschintegrale $\Delta I_{ij} > 0$, d. h., zahlreiche Spins sind stärker gekoppelt als im korrespondierenden Kristall. Ihre Austauschkopplung ist daher schwerer thermisch aufzubrechen, und es entsteht eine zusätzliche strukturbedingte magnetische Nahordnung bei höheren Temperaturen, die zu einer Abnahme der Entropie und inneren Energie führt.

Damit ist gezeigt, daß sich der merkwürdige Temperaturverlauf von ΔS und ΔU einfach interpretieren läßt (gleiches gilt für $\Delta C(T)$, s. [340, 341]). Die thermodynamischen Eigenschaften stützen umgekehrt auch den angenommenen einfachsten Verlauf von ΔF bei mittleren Temperaturen. So wären zum Beispiel zusätzliche Oszillationen der $\Delta F(T)$-Kurve physikalisch nicht zu verstehen. Wir können daraus schließen, daß der qualitative Verlauf von ΔF in Abbildung 6.3a für alle Temperaturen gesichert ist.

Die Zunahme der Entropie des magnetischen Untersystems bei niedrigen Temperaturen kann nur eine Folge des schnelleren Abbaus der magnetischen Ordnung, d. h. der spontanen Magnetisierung sein. Es gilt also

$$\Delta M(T, H) \leqq 0 \tag{6.47}$$

für niedrige Temperaturen. Die Abnahme der Magnetisierung und das Anwachsen der Entropie, inneren Energie und spezifischen Wärmekapazität bei niedrigen Temperaturen als Folge der Strukturfluktuationen ist aber nur möglich, wenn die Zustandsdichte $\varrho(E)$ (E = Energie der Spinanregungen) bei kleinen E zunimmt, d. h., wir erhalten

$$\Delta\varrho(E) \geqq 0 \tag{6.48}$$

für kleine Energien.

Zumindest ein großer Teil der niederenergetischen magnetischen Anregungen kann durch langwellige Spinwellen (s. 3.3.2.) beschrieben werden. Bei größeren Strukturfluktuationen sind auch lokale Zustände, z. B. in unmittelbarer Umgebung ausreichend „tiefer magnetischer Löcher", denkbar (s. 6.4.2.). Langwellige Spinwellen können gemäß (6.48) leichter angeregt werden als im korrespondierenden Kristall, d. h., die Stiffnesskonstante $D = D_0 + \Delta D$ wird durch die Strukturfluktuationen verringert:

$$\Delta D \leqq 0\,. \tag{6.49}$$

Die thermisch schwerer anzuregenden Spins müssen zu einer Zunahme der Zustandsdichte bei größeren Energien führen. Da die Gesamtzahl der Zustände jedoch im amorphen System und im korrespondierenden Kristall gleich ist, muß die Zustandsdichte bei mittleren Energien verringert werden [340, 341], s. auch Abbildung 6.9.

Für den kristallinen HEISENBERG-Ferromagneten erhält man für die spezifische Wärmekapazität bei tiefen Temperaturen $C_0 \sim T^{\alpha_0}$ mit $\alpha_0 = 3/2$. Nimmt man für den amorphen Fall $C \sim T^{\alpha}$ an, so folgt unmittelbar aus $\Delta C = C - C_0 \geqq 0$ (s. Abb. 6.3c) die strenge Aussage

$$\alpha \leqq \alpha_0 \, . \tag{6.50}$$

Unter gewissen einschränkenden Bedingungen [340, 341] kann man sämtliche Schlußfolgerungen dieses Abschnitts auch für den Fall der allgemeineren Randbedingungen (6.41) aufrechterhalten. Alle hier gefundenen Aussagen stimmen mit den bis jetzt in der Literatur existierenden Resultaten völlig überein (s. auch 6.3.).

Alle Ergebnisse sind ebenfalls für ungeordnete kristalline magnetische Legierungen und somit auch für amorphe magnetische Legierungen gültig. Darüber hinaus gelten die Aussagen über die freie Energie, Entropie, spezifische Wärmekapazität, innere Energie und Zustandsdichte auch für den Beitrag der Gitterschwingungen. Analog zur Verringerung der Stiffnesskonstanten folgt in diesem Fall eine Abnahme der Schallgeschwindigkeit im langwelligen Bereich als Folge der Strukturfluktuationen [340, 341].

Zum Abschluß diskutieren wir noch ein einfaches physikalisches Modell. Schreibt man die Ungleichungen (6.34) bzw.(6.36) in der Form

$$\Delta F_{I,M} \equiv F_I - F_M \leqq 0 \quad \text{bzw.} \quad \Delta F_{H,I} \equiv F_H - F_I \leqq 0 \tag{6.51}$$

und berücksichtigt die Randbedingungen (6.39) und (6.44), so erhält man für kristalline (Ferro-) Magnete den gleichen qualitativen Verlauf der thermodynamischen Größen $\Delta F_{I,M}$, $\Delta F_{H,I}$; $\Delta S_{I,M}$, $\Delta S_{H,I}$; $\Delta C_{I,M}$, $\Delta C_{H,I}$ und $\Delta U_{I,M}$, $\Delta U_{H,I}$ wie in Abb. 6.3. An zahlreichen Modellen kann z. B. der Verlauf von $\Delta C_{I,M}$, $\Delta C_{H,I}$ (Abb. 6.3c) direkt bestätigt werden. Es gilt außerdem

$$\Delta M_{I,M} \equiv M_0 - M_M \leqq 0 \, , \quad \Delta M_{H,I} \equiv M_H - M_I \leqq 0 \tag{6.52}$$

für alle Temperaturen, d. h., die Magnetisierung für das HEISENBERG-Modell M_H ist stets kleiner als die für das ISING-Modell M_I, und diese ist abermals kleiner als in der MFN M_M.

Wir haben somit eine vollkommene Analogie für die Änderung der thermodynamischen Eigenschaften beim Übergang von der MFN zum ISING-Modell und vom ISING-Modell zum HEISENBERG-Modell einerseits und beim Übergang vom korrespondierenden Kristall zum amorphen Fall andererseits. Tatsächlich treten in allen drei Fällen zusätzliche Fluktuationen (innere

Freiheitsgrade) auf, die jeweils in $\hat{\mathscr{H}}_1$ enthalten sind [340, 341]. Sie verursachen die charakteristischen Änderungen der thermodynamischen Größen. Wir können daher einen amorphen Ferromagneten bedingt als kristallinen Ferromagneten mit zusätzlichen Fluktuationen der inneren (Operator-) Felder (zusätzlichen inneren Freiheitsgraden) als Folge der Strukturfluktuationen betrachten.

Da für die Curie-Temperaturen stets $T_C^H \leqq T_C^I \leqq T_C^M$ gilt, schließen wir, daß auch

$$T_C \leqq T_C^{(0)}$$

(T_C bzw. $T_C^{(0)}$ — Curie-Temperaturen des amorphen Systems bzw. des korrespondierenden Kristalls) folgt.[11]) Auf ähnliche Weise findet man für die Suszeptibilität $\Delta\chi \leqq 0$. Aus diesem physikalischen Bild resultiert ein qualitativer $M(T)$- und $\chi(T)$-Verlauf, wie er in Abbildung 6.4 dargestellt ist. Innerhalb des Heisenberg- und Ising-Modells sowie mit der MFN erhält man bei T_C einen scharfen Phasenübergang 2. Art. Die gezeigte Analogie legt daher nahe, daß auch in amorphen Ferromagneten bei (nahezu) stochastischer Verteilung der Austauschintegrale ein scharfer Phasenübergang auftreten sollte [340, 341], vgl. auch 3.4.

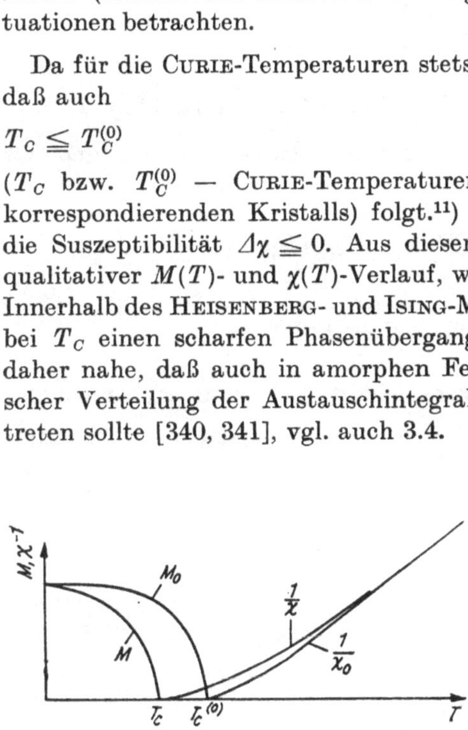

Abb. 6.4. Qualitativer Verlauf der Magnetisierung M und der reziproken Suszeptibilität $1/\chi$ in Abhängigkeit von der Temperatur für amorphe Heisenberg- und Ising-Ferromagnete. M_0 und $1/\chi_0$ beschreiben den korrespondierenden Kristall [341]

6.2.3. Ising-Modell $\left(S = \frac{1}{2}\right)$

Mit Hilfe einer einfachen thermodynamischen Störungstheorie kann man für das Ising-Modell ($S = \frac{1}{2}$) im Falle kleiner Strukturfluktuationen innerhalb des stochastischen Gittermodells die in den beiden vorhergehenden Abschnitten gefundenen allgemeinen Aussagen bestätigen [344, 345].

11) Die gefundene Erhöhung von T_C innerhalb der „genaueren" MFN [319, 320] steht nicht im Widerspruch zu dieser Aussage, wenn man beachtet, daß man in diesem Falle den strukturgemittelten Hamilton-Operator von (6.2) zu wählen hat.

Spaltet man den Ising-Operator in der Form

$$\left.\begin{aligned}\hat{\mathscr{H}} &= \hat{\mathscr{H}}_0 + \hat{\mathscr{H}}_1\,,\\ \hat{\mathscr{H}}_0 &= -\langle \mathrm{I}\rangle \sum_{(i,j)} \sigma_i\sigma_j - \mu_B gH \sum_i \sigma_i\,,\\ \hat{\mathscr{H}}_1 &= -\sum_{(i,j)} \Delta \mathrm{I}_{ij}\,\sigma_i\sigma_j \qquad (\sigma = 2S^z)\end{aligned}\right\} \tag{6.54}$$

auf, wobei $\sum_{(i,j)}$ die Summe über nächste Nachbarn ist, so kann die freie Energie (6.24) bei kleinen Strukturfluktuationen nach $\hat{\mathscr{H}}_1$ entwickelt werden, und man erhält in niedrigster Ordnung

$$\begin{aligned}\Delta F = F - F_0 &= -\frac{\beta}{2}\{\langle\overline{\mathscr{H}_1^2}^{\,0}\rangle - \langle(\overline{\mathscr{H}_1}^{\,0})^2\rangle\} + \mathrm{O}(\beta^2\overline{\mathscr{H}_1^3})\\ &= -\frac{\beta}{2}\sum_{(i,j)}\sum_{(k,l)}\langle\Delta \mathrm{I}_{ij}\,\Delta \mathrm{I}_{kl}\rangle\,[\overline{\sigma_i\sigma_j\sigma_k\sigma_l}^{\,0} - \overline{\sigma_i\sigma_j}^{\,0}\cdot\overline{\sigma_k\sigma_l}^{\,0}]\,.\end{aligned} \tag{6.55}$$

In der letzten Gleichung haben wir berücksichtigt, daß die mit $\hat{\mathscr{H}}_0$ berechneten Spinkorrelationsfunktionen $\overline{\sigma_i\sigma_j}^{\,0}, \ldots$ bereits strukturgemittelte Größen sind. Für das stochastische Gittermodell gilt

$$\frac{\langle\Delta \mathrm{I}_{ij}\,\Delta \mathrm{I}_{kl}\rangle}{\langle \mathrm{I}\rangle^2} = \Delta^2(\delta_{ik}\,\delta_{jl} + \delta_{il}\,\delta_{jk}) \tag{6.56}$$

mit $\Delta^2 = \langle(\Delta \mathrm{I}_{ij})^2\rangle \,/\, \langle \mathrm{I}\rangle^2$. Beachtet man, daß die σ_i nur die Eigenwerte ± 1 annehmen können und daher $\sigma_i^2 = 1$ folgt, so erhält man aus (6.55) mit (6.56)

$$\Delta F = -\beta\,\Delta^2\langle \mathrm{I}\rangle^2\,Nz\,\{1 - [(\overline{\sigma_1\sigma_2}^{\,0})_{nn}]^2\}\,, \tag{6.57}$$

wobei N die Gesamtzahl der Spins, z die Zahl der nächsten Nachbarn sind und der Index „nn" anzeigt, daß σ_1 und σ_2 nächste Nachbarn sind.

Für den korrespondierenden Kristall hat man den offensichtlichen Zusammenhang

$$\begin{aligned}(\overline{\sigma_1\sigma_2}^{\,0})_{nn} &= \frac{1}{Nz}\frac{1}{Q_0}\,\mathrm{Sp}\{\sum_{(i,j)}\sigma_i\sigma_j\,\mathrm{e}^{\beta[\langle \mathrm{I}\rangle\sum_{(k,l)}\sigma_k\sigma_l + \mu_B gH\sum_k \sigma_k]}\}\\ &= -\frac{1}{Nz}\frac{\partial f_0}{\partial\langle \mathrm{I}\rangle} = -\frac{1}{Nz}\frac{u_0}{\langle \mathrm{I}\rangle}\,,\end{aligned} \tag{6.58}$$

wobei Q_0 die Zustandssumme des Gesamtsystems, f_0 die freie Energie und u_0 die innere Energie pro Spin des korrespondierenden Kristalls bezeichnen, die wir als bekannt voraussetzen. Aus (6.57) und (6.58) erhalten wir

$$\begin{aligned} \Delta M(T, H) &= -\left(\frac{\partial \Delta F}{\partial H}\right)_T = -\frac{2}{z} \Delta^2\beta \, |u_0(T, H)| \, \frac{\partial M_0(T, H)}{\partial\langle \mathrm{I}\rangle} \langle \mathrm{I}\rangle , \\ \Delta\chi(T, H) &= \left(\frac{\partial \Delta M}{\partial H}\right)_T = -\frac{2}{z} \Delta^2\beta \, |u_0(T, H)| \, \frac{\partial \chi_0(T, H)}{\partial\langle \mathrm{I}\rangle} \langle \mathrm{I}\rangle , \end{aligned} \tag{6.59}$$

wobei M_0 bzw. χ_0 die Magnetisierung bzw. Suszeptibilität des korrespondierenden Kristalls sind. Da stets $\partial M_0/\partial\langle \mathrm{I}\rangle \geqq 0$ und $\partial\chi_0/\partial\langle \mathrm{I}\rangle \geqq 0$ gilt, haben wir das Resultat $\Delta M \leqq 0$, $\Delta\chi \leqq 0$ (s. auch Abb. 6.4) in völliger Übereinstimmung mit dem vorherigen Abschnitt. Wir bemerken, daß diese einfache thermodynamische Störungstheorie in der Nähe von $T_C^{(0)}$ versagt, da f_0 dort nicht analytisch ist.

Zur quantitativen Berechnung von ΔF, ΔS, ΔM, ... benötigt man die thermodynamischen Größen f_0, u_0, M_0, ... für das kristalline Ising-Modell. Exakte Lösungen für beliebiges T und H kennt man im eindimensionalen, für $H = 0$ im zweidimensionalen kristallinen Fall. Für das dreidimensionale Ising-Modell hat man nur Näherungslösungen zur Verfügung. In [345] wurden die thermodynamischen Größen Δf, Δs, Δc, Δu, Δm und $\Delta\chi$ (alle Größen pro Spin) für den eindimensionalen und in [332] für den zwei- und dreidimensionalen Fall berechnet. Als Beispiel ist in Abbildung 6.5 die Änderung der freien Energie Δf für das eindimensionale amorphe Ising-Modell wiedergegeben. Die qualitative Übereinstimmung mit Abbildung 6.3 ist offensichtlich. Das gleiche gilt auch für alle anderen berechneten thermodynamischen Größen. Fan und McCoy [346] erhielten für das eindimensionale Modell analoge Resultate. Sie konnten mit Hilfe ihrer Methode in diesem Fall beliebig große Strukturfluktuationen behandeln.

Unter Verwendung der Griffithschen Ungleichung konnten Kowalski [347] sowie Falk und Gehring [348] für das Ising-Modell ($S = 1/2$) innerhalb des stochastischen Gittermodells folgende Ungleichungen streng beweisen:

$$T_C \leqq T_C^{(0)}, \quad \Delta M \leqq 0, \quad \Delta\chi \leqq 0,$$

$$\overline{\langle \sigma_i\sigma_j\rangle} \leqq \overline{\sigma_i\sigma_j}^{\,0} \qquad (i, j \text{ beliebig}).$$

Letztere Ungleichung besagt, daß die Spinkorrelationen eines amorphen Ising-Modells schneller als (oder gleich schnell wie) für den korrespondierenden Kristall abnehmen [348].

Schließlich erwähnen wir noch, daß die Abflachung der reduzierten Magnetisierung als Funktion der reduzierten Temperatur (vgl. 6.1.1.) mit Hilfe

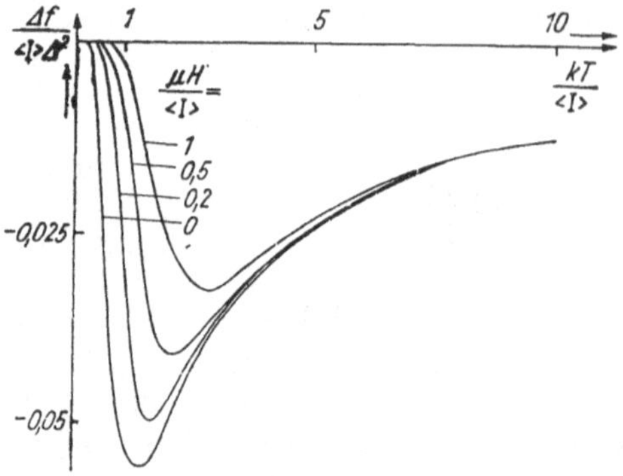

Abb. 6.5. Änderung der freien Energie pro Spin Δf für das eindimensionale amorphe Ising-Modell bei kleinen Strukturfluktuationen. H ist das äußere Magnetfeld [345]

einer sogenannten Tieftemperaturentwicklung für das amorphe Ising-Modell ($S = 1/2$) in den niedrigsten Ordnungen bestätigt werden konnte [332].

6.2.4. Hochtemperaturentwicklung (HTE)

Bei der Hochtemperaturentwicklung wird die freie Energie (6.24) bzw. die daraus folgende Suszeptibilität χ nach Potenzen von $1/T$ entwickelt. Sie wurde in [331, 332, 349, 350] für das amorphe Ising- und Heisenberg-Modell innerhalb des stochastischen Gittermodells unter der Voraussetzung kleiner Strukturfluktuationen angewandt. Wie auch im kristallinen Fall steigt der Rechenaufwand mit der Ordnung stark an. Für das amorphe Ising-Modell wurden die Koeffizienten der χ-Reihe bis zur 5. und für das Heisenberg-Modell bis zur 4. Ordnung für $z = 6, 8, 12$ und $S = \frac{1}{2}, 1, 3, \infty$ berechnet. Wir führen die Abkürzungen $I(S, z)$ bzw. $H(S, z)$ ein, die sowohl das Modell als auch die Größe des atomaren Spins und die Zahl der nächsten Nachbarn bezeichnen.

Zunächst kann man streng bestätigen, daß $T_p^{(0)} = T_p$ gilt [331]. Bei hohen Temperaturen erhält man $\Delta\chi \leqq 0$ für $H(S, z)$ und $I\left(\frac{1}{2}, z\right)$, während für $I(S, z)$ bei $S \geqq 1$ $\Delta\chi \geqq 0$ folgt. Es tritt beim Ising-Modell somit eine „Spinanomalie" für $S \geqq 1$ auf [331, 350]. Die Extrapolation der Curie-Temperatur T_C ist hier besonders unsicher.

In den Abbildungen 6.6 und 6.7 sind eine Reihe von Ergebnissen dargestellt, die aus der Hochtemperaturentwicklung (HTE) und der Constant-Coupling-Näherung (CC) (s. 6.1.2.) erhalten wurden. Die Änderung der Curie-Temperatur T_C infolge der Strukturfluktuationen hängt von S und z

ab. T_C fällt um so stärker, je kleiner S und z sind. Das ist physikalisch sinnvoll, denn mit abnehmendem S und z wachsen die quantenstatistischen Fluktuationen, und die weiteren strukturbedingten Fluktuationen sollten daher für kleine S und z die Stabilität der ferromagnetischen Phase stärker herabsetzen. Die CC-Näherung überschätzt teilweise den Einfluß der Strukturfluktuationen auf T_C. Dieser Sachverhalt spiegelt sich u. a. in der Stabilitätsbedingung (6.22) wider, aus der als kritische Konzentration für die positiven Austauschintegrale $c_k = \frac{3}{z-1}$ folgt (vgl. 6.3.).

Als grobes Maß für die Größe der quantenstatistischen Fluktuationen im kristallinen Fall kann der Parameter p in Abbildung 6.7 dienen. Berücksichtigt man die Unsicherheit der Extrapolation, so ist es erstaunlich, daß alle A-Werte der HTE auf einer universellen Kurve zu liegen scheinen, d. h., es gilt $A = A(p(S, z))$ für beliebiges S und z und beide Modelle. Die A-Werte der CC-Näherung fallen aus dieser „universellen" Kurve etwas heraus, zeigen aber grundsätzlich eine ähnliche Abhängigkeit.

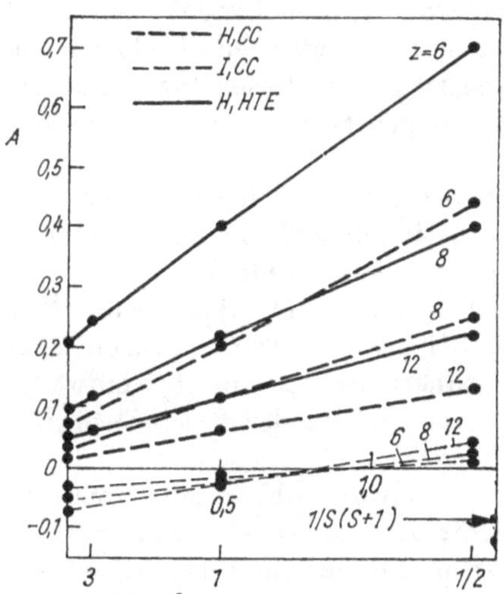

Abb. 6.6. Parameter A — definiert durch $T_C = T_C^{(0)}(1 - A\Delta^2)$, s. (6.20) — in Abhängigkeit von $1/S(S+1)$ für verschiedene z für das Ising- (I) und Heisenberg-Modell (H) [331] (weitere Bezeichnungen s. Text)

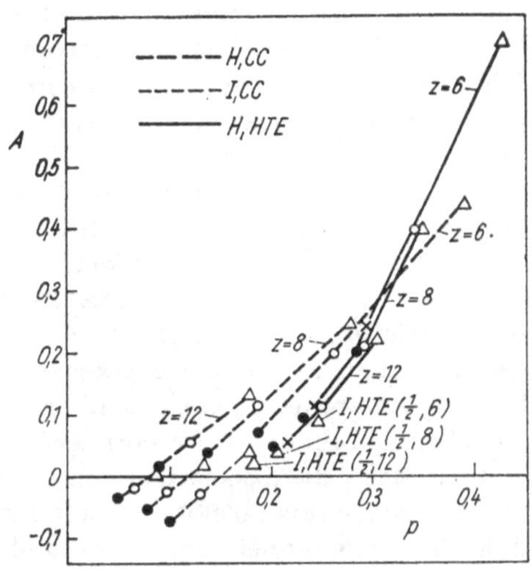

Abb. 6.7. Parameter A in Abhängigkeit von $p = \frac{T_p - T_C^{(0)}}{T_p}$ [331] (s. Text)

Unsicher bleibt bis jetzt, ob den negativen A-Werten, die eine Erhöhung von T_C infolge der Strukturfluktuationen bedeuten (!), eine reale Bedeutung zukommt. Wir müssen aber feststellen, daß sie sowohl aus der HTE (hier besonders unsicher) als auch aus der CC-Näherung für $I(S, z)$, $S \geqq 1$ folgen. Denkbar wäre, daß p im kristallinen Fall einen Mindestwert überschreiten muß, damit $A < 0$ möglich wird. Eine endgültige Klärung dieser Frage steht noch aus.

6.3. Greensche Funktionen

Quantenstatistische Vielteilchenprobleme mit Wechselwirkung können mit Hilfe GREENscher Funktionen (GF) erfolgreich behandelt werden, s. z. B. [338, 351]. Der Vorzug der GF besteht in ihrem direkten Zusammenhang mit meßbaren Größen. Bei der folgenden Untersuchung amorpher Ferromagnete wollen wir uns auf die Einteilchen-GF beschränken. Ihr Imaginärteil ist proportional zum inelastischen Streuquerschnitt, aus dem man alle wichtigen Informationen über mögliche Einteilchenzustände erhält und den man mittels Neutronenstreuung messen kann. Die Pole der Einteilchen-GF liefern die Energien der möglichen kollektiven Anregungen oder Quasiteilchen. Sie führen bei inelastischer Neutronenstreuung zu großen Intensitätspeaks. Die im Festkörper möglichen kollektiven Anregungen bestimmen seine thermodynamischen Eigenschaften.

Bei kristallinen und amorphen Ferromagneten stellen die Spinwellen oder Magnonen, die sowohl aus dem HEISENBERG-Modell, auf das wir uns hier im weiteren vorwiegend beschränken, als auch aus dem Bandmodell folgen, die energetisch niedrigsten angeregten Zustände dar. Sie sind daher für das Tieftemperaturverhalten entscheidend. Auch bei höheren Temperaturen kann das Verhalten kristalliner Ferromagnete näherungsweise durch Spinwellen beschrieben werden, jedoch wird ihre Energie infolge der Wechselwirkung zwischen den Spinwellen renormiert (verringert).

Auch wenn die Lebensdauer der Spinwellen vergleichbar mit ihrer reziproken Frequenz ist, bleibt die Zustandsdichte der magnetischen Anregungen, d. h. die pro Energieintervall vorhandenen und daher zur thermischen Anregung zur Verfügung stehenden Zustände, eine sinnvolle Größe. Aus der Zustandsdichte allein können alle thermodynamischen Größen berechnet werden, vorausgesetzt, man weiß, welcher Statistik die anzuregenden „Teilchen“ genügen.

Die Gleichung zur Berechnung der Einteilchen-GF enthält bei Zweiteilchen-Wechselwirkung bekanntlich die nächsthöhere Zweiteilchen-GF, die Gleichung für die Zweiteilchen-GF die Dreiteilchen-GF usw. Man erhält eine

Gleichungshierarchie („Wechselwirkungshierarchie"), die geeignet abgebrochen werden muß. Das gilt für amorphe Systeme ebenso wie für kristalline.

Für amorphe HEISENBERG-Ferromagnete hat man bis jetzt nur die einfachsten Näherungen betrachtet, die zum Abbruch dieser Wechselwirkungshierarchie führen: die einfache Spinwellennäherung und die TJABLIKOW-Näherung (RPA). Bei beiden erhält man eine abgeschlossene Gleichung für die Einteilchen-GF. Die Gültigkeit der einfachen Spinwellennäherung ist auf tiefe Temperaturen beschränkt, während die TJABLIKOW-Näherung im gesamten Temperaturbereich brauchbare Ergebnisse liefert. Letztere führt auf die oben erwähnten renormierten Spinwellen.

Für die Beschränkung auf diese einfachsten Näherungen gibt es folgenden Grund: Analog zur strukturgemittelten freien Energie (6.24) benötigt man für amorphe Systeme die strukturgemittelte Einteilchen-GF. In die Gleichung für die GF gehen aber auch die Austauschintegrale I_{ij} ein, die ebenfalls von der Struktur abhängen. Bei der Strukturmittelung treten daher neben der gesuchten strukturgemittelten GF auch Strukturmittelwerte von Produkten aus der GF und dem Austauschintegral auf (symbolisch: IG), die man nicht kennt. Es steht somit keine geschlossene Gleichung zur Verfügung. Schreibt man die Gleichung für IG auf, so tritt in ihr IIG auf und so fort, d. h., man erhält erneut eine Hierarchie, deren Ursache diesmal nicht die Wechselwirkung, sondern die amorphe Struktur ist. (Für ungeordnete kristalline Ferromagnete ist die Situation ganz ähnlich.) Auch diese „Strukturhierarchie" kann nur näherungsweise behandelt werden.[1])

In Abhängigkeit von der Behandlung der Strukturmittelung der GF kann man die existierenden Arbeiten in folgende Gruppen einteilen:

1. MONTGOMERY u. a. [352—354] behandelten erstmals die Strukturfluktuationen (ΔI_{ij}) innerhalb des stochastischen Gittermodells (für *sc*-, *bcc*- und *fcc*-Gitter) mit Hilfe einer Störungstheorie. Sie berechneten die Zustandsdichte der renormalisierten Spinwellen und fanden ein Verschwinden der VAN HOVE-Singularitäten sowie eine Verringerung von T_C infolge der Strukturfluktuationen.

2. Im Strukturmodell von GUBERNATIS und TAYLOR [355—357] wird vorausgesetzt, daß jeder Zentralspin von einer konstanten Zahl nächster Nachbarn z umgeben ist, deren Abstände, Winkelverteilungen und Austauschintegrale wie im Kristall konstant sind. Die Orientierung dieser Cluster, die aus $(z + 1)$ Spins bestehen, ändert sich jedoch stochastisch von

[1]) Bei strenger Berücksichtigung der Wechselwirkung und der amorphen Struktur erhält man offenbar eine doppelte Hierarchie: „Wechselwirkungshierarchie mal Strukturhierarchie".

Zentralspin zu Zentralspin. Diese rein geometrische Unordnung wurde störungstheoretisch behandelt. Dabei diente der perfekte Kristall als 0. Näherung. Die Autoren berechneten die Zustandsdichte (für ein *sc*-, *bcc*- und *fcc*-Gitter als 0. Näherung) und die Temperaturabhängigkeit der spontanen Magnetisierung. Die Van-Hove-Singularitäten traten im „amorphen" Fall nicht auf.

3. Tahir-Kheli [358] verwendete das stochastische Gittermodell (*sc*-Gitter) und berechnete innerhalb der sogenannten Paar-CPA (s. 6.3.2.) die reduzierte Magnetisierung als Funktion der reduzierten Temperatur.

4. Kaneyoshi [359, 360] behandelte die Strukturhierarchie systematisch, indem er den Strukturfaktor (s. 2.1.) einführte und die höheren Verteilungsfunktionen näherungsweise durch den experimentell meßbaren Strukturfaktor ausdrückte. Die Strukturbeschreibung erfolgt ähnlich wie bei der Behandlung von Flüssigkeiten. Wir wollen diesen Zugang daher kurz als „Flüssigkeitsnäherung" bezeichnen. Man erhält in einfacher Weise die quasikristalline Näherung (Pseudo-Kristall). Kaneyosui berechnete unter anderem die Stiffnesskonstante und die Lebensdauer langwelliger Spinwellen.

5. Kürzlich führte Alben [361] Computerexperimente durch. Er verwendete die aus dem Finney-I- bzw. Bennett-Strukturmodell (s. 2.3.) folgenden Ortskoordinaten für die Spins und löste die Bewegungsgleichung für die GF numerisch. Berechnet wurde der inelastische Neutronenstreuquerschnitt in Abhängigkeit von der Energie E und dem Impuls $\boldsymbol{q}$, der von den Neutronen auf das Spinsystem übertragen wird (s. 6.3.4.).

In den Arbeiten 1. bis 3. wurde die Tjablikow-Näherung, in 4. und 5. die einfache Spinwellennäherung verwendet. Lediglich Montgomery u. a. (s. 1.) betrachteten neben dem amorphen System auch den korrespondierenden Kristall. Die im vorigen Kapitel allgemein begründeten Änderungen der Stiffnesskonstanten ΔD, Zustandsdichte $\Delta\varrho(E)$ und Magnetisierung ΔM infolge der Strukturfluktuationen werden voll bestätigt. Als besonders fruchtbar erwiesen sich die Methoden zur Strukturbehandlung unter 3. bis 5., auf die wir im weiteren näher eingehen. Die Ergebnisse von 1. sind für kleine Strukturfluktuationen in den CPA-Resultaten (6.3.2.) enthalten.

6.3.1. Einteilchen-Green-Funktionen

Wir definieren im folgendem die in der Literatur verwendeten Einteilchen-GF für (amorphe) Heisenberg-Ferromagnete, geben ihre Bewegungsgleichungen und ihren Zusammenhang mit physikalischen Größen an.

Die temperatur- und zeitabhängige retardierte Einteilchen-GF ist nach Subarew [362] (s. auch [338, 351]) durch[1])

$$G_{ij}(t) = \langle\langle S_i^+(t); S_j^-(0) \rangle\rangle \equiv -i\,\Theta(t)\,\overline{[S_i^+(t), S_j^-(0)]} \tag{6.61}$$

definiert mit

$$\overline{[S_i^+(t), S_j^-(0)]} = \mathrm{Sp}\,\{[\hat{S}_i^+(t), \hat{S}_j^-(0)]\,\mathrm{e}^{-\beta\hat{\mathcal{H}}}\} \,/\, \mathrm{Sp}\,\mathrm{e}^{-\beta\hat{\mathcal{H}}} .$$

$[\hat{S}_i^+(t), \hat{S}_j^-(0)]$ ist der Kommutator der Spinflipoperatoren $\hat{S}_i^\pm = \hat{S}_i^x \pm i\hat{S}_i^y$ in Heisenberg-Darstellung, $\Theta(t)$ die bekannte Stufenfunktion.

Aus dem Heisenberg-Operator (6.1) ohne äußeres Magnetfeld erhält man unter Verwendung der Vertauschungsrelationen der Spinoperatoren die Bewegungsgleichung in Energiedarstellung

$$EG_{ij}(E) = 2\overline{S^z_i}\,\delta_{ij} + 2\sum_l \mathrm{I}_{il}\,\{\langle\langle S_l^z S_i^+; S_j^- \rangle\rangle - \langle\langle S_i^z S_l^+; S_j^- \rangle\rangle\} ,$$

wobei der Zusammenhang $G_{ij}(E) = \frac{1}{2\pi}\int_{-\infty}^{\infty} \mathrm{d}t\, G_{ij}(t)\,\mathrm{e}^{\frac{i}{\hbar}Et}$ gilt. In Tjablikow-Näherung ersetzt man die rechts auftretenden Zweiteilchen-GF durch

$$\langle\langle S_l^z S_i^+; S_j^- \rangle\rangle \approx \overline{S_l^z}\,\langle\langle S_i^+, ; S_j^- \rangle\rangle = \overline{S_l^z}\,G_{ij}$$

und erhält die abgeschlossene Gleichung $\left(S = \frac{1}{2}\right)$

$$EG_{ij} = 2\,\overline{S_i^z}\delta_{ij} + 2\sum_l \mathrm{I}_{il}\,\{\overline{S_l^z}\,G_{ij} - \overline{S_i^z}\,G_{lj}\} . \tag{6.62}$$

Man unterdrückt demnach die quantenstatistischen Fluktuationen von $\hat{S}_l^z$ um den Mittelwert $\overline{S_l^z}$. Das ist sinnvoll, da sie wesentlich kleiner sind als die Fluktuationen von $\hat{S}_i^\pm$. Diese Näherung ist jedoch für $T \approx T_C$ schlecht. Mit der gleichen Begründung wie bei der MFN (6.1.1.) kann man in (6.62) $\overline{S_i^z} = \overline{S_l^z} \approx \langle\overline{S^z}\rangle$ setzen. Diese Annahme wurde in allen Arbeiten über amorphe Ferromagnete innerhalb der Tjablikow-Näherung gemacht. Eine „genauere" Berücksichtigung von $\overline{S_i^z}$ wäre inkonsistent und stößt außerdem auf erhebliche zusätzliche Schwierigkeiten, da $\overline{S_i^z}$ in komplizierter Weise von der konkreten Struktur abhängt.

Die genäherte Bewegungsgleichung für die Einteilchen-GF $\left(S = \frac{1}{2}\right)$ lautet damit

$$EG_{ij} = 2\,\langle\overline{S^z}\rangle\,\delta_{ij} + 2\,\langle\overline{S^z}\rangle \sum_l \mathrm{I}_{il}(G_{ij} - G_{lj}) . \tag{6.63}$$

[1]) Die Klammern $\langle\langle\ldots\rangle\rangle$ haben hier nichts mit der Strukturmittelung zu tun. G_{ij} ist noch nicht strukturgemittelt.

Man sieht unmittelbar, daß bei Strukturmittelung dieser Gleichung neben $\langle G_{ij} \rangle$ auch $\langle I_{il} G_{lj} \rangle$ usw. auftreten, d. h., es folgt die oben erwähnte Strukturhierarchie. Die Magnetisierung, genauer $\langle \overline{S^z} \rangle$, erhält man für $S = \frac{1}{2}$ aus der impliziten Gleichung

$$\langle \overline{S^z} \rangle = \frac{1}{2} + \frac{1}{\pi} \int\limits_{-\infty}^{\infty} \mathrm{d}E \, \frac{\operatorname{Im} \langle G_{ii}(E) \rangle}{\mathrm{e}^{\beta E} - 1} . \tag{6.64}$$

Die strukturgemittelte GF $\langle G_{ij} \rangle$ kann für das Gittermodell durch FOURIER-Transformation aus der strukturgemittelten GF in $\boldsymbol{q}$-Darstellung folgendermaßen erhalten werden:

$$\langle G_{ij}(E) \rangle = \frac{1}{N} \sum_{\boldsymbol{q}} G(\boldsymbol{q}, E) \, \mathrm{e}^{i\boldsymbol{q}(\boldsymbol{r}_i - \boldsymbol{r}_j)} \tag{6.65}$$

Für den inelastischen Neutronenstreuquerschnitt $S(\boldsymbol{q}, E)$ gilt dann

$$\frac{\mathrm{d}^2\sigma}{\mathrm{d}E \, \mathrm{d}\Omega} = S(\boldsymbol{q}, E) \sim \operatorname{Im} G(\boldsymbol{q}, E) \sim \chi(\boldsymbol{q}, E) , \tag{6.66}$$

wobei $\chi(\boldsymbol{q}, E)$ die dynamische Suszeptibilität bedeutet.

Wir betrachten nunmehr die einfache Spinwellennäherung. Bei tiefen Temperaturen sind nur wenige Spinwellen angeregt oder, anders ausgedrückt, nur wenige Spins sind aus der Richtung der spontanen Magnetisierung umgeklappt. In diesem Fall kann man die Spinoperatoren mit Hilfe der HOLSTEIN-PRIMAKOFF-Transformation genähert durch Erzeugungs- $\hat{a}_i^+$ und Vernichtungsoperatoren $\hat{a}_i$ für BOSE-Teilchen in der Form

$$\hat{S}_i^+ \approx \frac{1}{\sqrt{2S}} \hat{a}_i , \quad \hat{S}_i^- \approx \frac{1}{\sqrt{2S}} \hat{a}_i^+, \quad \hat{S}_i^z = S - \hat{a}_i^+ \hat{a}_i \tag{6.67}$$

ausdrücken. Der HEISENBERG-Operator (6.1) nimmt dann die Gestalt

$$\hat{\mathscr{H}} \approx 2S \sum_{i,j} \mathrm{I}_{ij} \, (\hat{a}_i^+ \hat{a}_i - \hat{a}_i^+ \hat{a}_j) \tag{6.68}$$

an. Da bei tiefen Temperaturen nur wenige Spinwellen angeregt sind und daher die Wechselwirkung zwischen ihnen schwach ist (ideales „Magnonengas"), ist die Vernachlässigung höherer Produkte in den a-Operatoren in (6.67), (6:68) berechtigt.

In Analogie zu (6.61) definiert man die Einteilchen-GF

$$G_{ij}(t) = \langle\!\langle a_i(t); a_j^+(0) \rangle\!\rangle \equiv - i\Theta(t) \, \overline{[\hat{a}_i(t), \hat{a}_j^+(0)]} \, . \tag{6.69}$$

Mit den Vertauschungsrelationen für BOSE-Operatoren und dem HAMILTON-Operator (6.68) erhält man die Bewegungsgleichung der Einteilchen-GF in einfacher Spinwellennäherung (Energiedarstellung)

$$EG_{ij} = \delta_{ij} + 2S \sum_l I_{il} (G_{ij} - G_{lj}) \,. \tag{6.70}$$

Die Übereinstimmung mit (6.63) für $S = \frac{1}{2}$ ist leicht zu sehen, da für tiefe Temperaturen $\langle \overline{S^z} \rangle \approx \frac{1}{2}$ gilt. Beschränkt man sich auf die Untersuchung von Spinwellen bei $T = 0$ (z. B. mittels Neutronenstreuung), so entfällt die quantenstatistische Mittelung in (6.69), und man erhält einfach

$$G_{ij}(t) = -i\,\Theta(t)\,\langle 0 \mid [\hat{a}_i(t), \hat{a}_j^+(0)] \mid 0 \rangle \,, \tag{6.71}$$

wobei $|0\rangle$ hier der Grundzustand ist, d. h., $G_{ij}(t)$ ist in diesem Fall der quantenmechanische Mittelwert des Kommutators für den Grundzustand.

Die GF (6.69) und (6.71) hängen gleichfalls mit dem inelastischen Neutronenstreuquerschnitt entsprechend (6.66) zusammen. Für die GF (6.69) ist außerdem die Beziehung (6.64) erfüllt.

ALBEN [361] transformiert die ungemittelte GF (671) in eine gemischte $(\boldsymbol{r}_i, \boldsymbol{q})$-Darstellung

$$\tilde{G}_{i\boldsymbol{q}}(t) = \frac{1}{N} \sum_j e^{i\boldsymbol{q}\boldsymbol{r}_j}\, G_{ij}(t) \,, \tag{6.72}$$

für die mit dem HAMILTON-Operator (6.68) die Bewegungsgleichung

$$i\hbar \frac{\partial}{\partial t} \tilde{G}_{i\boldsymbol{q}}(t) = IS\,[z_i \tilde{G}_{i\boldsymbol{q}}(t) - \sum_{j(\neq i)} \tilde{G}_{j\boldsymbol{q}}(t)] \tag{6.73}$$

in der Zeitdarstellung folgt. Dabei wurden die unter 5. in der Einleitung von Kapitel 6.3. genannten Strukturmodelle verwendet. Für das Austauschintegral nahm ALBEN die einfache Funktion (6.107) an. Die Zahl der nächsten Nachbarn z_i ist gleich der Zahl der Spins in der Kugel mit dem Radius r_0 um r_i. Aus (6.71) und (6.72) ergibt sich die Anfangsbedingung

$$\tilde{G}_{i\boldsymbol{q}}(0) = -ie^{i\boldsymbol{q}\boldsymbol{r}_i} \,. \tag{6.74}$$

Die Bewegungsgleichung (6.73) wurde numerisch integriert. Der inelastische Neutronenstreuquerschnitt läßt sich in der Form

$$S(\boldsymbol{q}, E) = -\lim_{\lambda \to 0} \frac{S}{\pi\hbar} \int_0^\infty dt \sum_i e^{i\boldsymbol{q}\boldsymbol{r}_i} \tilde{G}_{i\boldsymbol{q}}(t)\, e^{\frac{i}{\hbar}Et} e^{-\lambda t} \tag{6.75}$$

darstellen, wobei $e^{-\lambda t}$ ein Konvergenzfaktor ist. Die konkreten Ortskoordinaten der amorphen Strukturmodelle nach FINNEY I und BENNETT gehen in die Gleichungen (6.72) bis (6.75) explizit ein.

6.3.2. Näherung des kohärenten Potentials (CPA)

Die CPA wurde zuerst zur Beschreibung von Elektronen in ungeordneten kristallinen Legierungen entwickelt und später auf die Behandlung von Phononen und Spinanregungen in diesen Systemen erweitert. Eine zusammenfassende Darstellung findet man in [315], s. auch [351]. Die CPA wurde erstmalig von Tahir-Kheli auf einen amorphen Heisenberg-Ferromagneten für eine spezielle Verteilung der Austauschintegrale angewendet. In den bisherigen Untersuchungen wurde durchweg das stochastische Gittermodell benutzt. Deshalb ist der Formalismus dem für ungeordnete kristalline Legierungen für das „bond"-Problem sehr ähnlich.[11]) Man hat lediglich anstelle einiger weniger diskreter Austauschintegrale eine kontinuierliche Verteilung zu betrachten.

Wir lehnen uns im weiteren eng an die Arbeit von Schreiber in [332] an, s. auch [365]. Der Grundgedanke der CPA besteht darin, das ungeordnete System mit Hilfe einer GF G_{ij}^c und einem kohärenten Austauschintegral I_{ij}^c zu beschreiben, wobei beide Größen translationsinvariant sind. Die Fluktuationen der Austauschintegrale führt zu einer Energieabhängigkeit des komplexen kohärenten Austauschintegrals. Seine $\boldsymbol{q}$-Abhängigkeit ist allein durch die Gittersymmetrie bestimmt. I_{ij}^c und das ursprüngliche Austauschintegral haben eine übereinstimmende Reichweite, die wir im weiteren auf die nächsten Nachbarn beschränken wollen. Zur Bestimmung von G^c und I^c benötigt man zwei Gleichungen. Ohne Einschränkung der Allgemeinheit können wir als erste Gleichung die Beziehung

$$\frac{E}{\sigma} G_{ij}^c = \delta_{ij} + \sum_l \mathrm{I}_{il}^c \left(G_{ij}^c - G_{lj}^c\right) \tag{6.74}$$

zwischen G_{ij}^c und I_{ij}^c fordern ($\sigma = \langle \overline{S^z} \rangle / S$). Aus der Translationsinvarianz folgt daraus in bekannter Weise nach Fourier-Transformation

$$G^c(\boldsymbol{q}, E) = \frac{1}{E/\sigma - \mathrm{I}^c(E)\, \gamma_{\boldsymbol{q}}}, \quad \gamma_{\boldsymbol{q}} = \sum_{j(nn\, i)} \left(1 - \mathrm{e}^{i\boldsymbol{q}(\boldsymbol{r}_i - \boldsymbol{r}_j)}\right), \tag{6.75}$$

wobei die Summe nur über die nächsten Nachbarn von i läuft. Im Ortsraum erhält man daraus

$$G_{ij}^c(E) = \frac{1}{N} \sum_{\boldsymbol{q}} G^c(\boldsymbol{q}, E)\, \mathrm{e}^{i\boldsymbol{q}(\boldsymbol{r}_i - \boldsymbol{r}_j)}. \tag{6.76}$$

[11]) Das „bond"-Problem wurde in [363] nach einer von Edwards und Jones [364] für das „site"-Problem (ungeordnete kristalline Legierung aus magnetischen und nichtmagnetischen Atomen) entwickelten Methode behandelt. Es folgte ebenfalls eine Abflachung der reduzierten Magnetisierung.

Wir formen jetzt (6.63) durch Addition und Subtraktion des gleichen Ausdrucks identisch um:

$$\frac{E}{\sigma} G_{ij} = \delta_{ij} + \sum_l \mathrm{I}^c_{il}(G_{ij} - G_{lj}) + \sum_l (\mathrm{I}_{il} - \mathrm{I}^c_{il})(G_{ij} - G_{lj}). \tag{6.77}$$

Diese Gleichung kann man kompakter in Matrixform schreiben:

$$\frac{E}{\sigma} \boldsymbol{G} = \boldsymbol{I} + \boldsymbol{H}^c \boldsymbol{G} + (\boldsymbol{H} - \boldsymbol{H}^c)\, \boldsymbol{G} \tag{6.78}$$

mit

$$\boldsymbol{H}^{(c)}_{ij} = \sum_l \mathrm{I}^{(c)}_{il}\, \delta_{ij} - \mathrm{I}^{(c)}_{ij}, \qquad \boldsymbol{I} = \delta_{ij}. \tag{6.79}$$

Gleichung (6.74) lautet in Matrixform

$$\frac{E}{\sigma} \boldsymbol{G}^c = \boldsymbol{I} + \boldsymbol{H}^c \boldsymbol{G}^c. \tag{6.80}$$

Multiplikation der Gleichung (6.78) von links mit $\boldsymbol{G}^c$ ergibt unter Berücksichtigung von (6.80) die DYSON-Gleichung

$$\boldsymbol{G} = \boldsymbol{G}^c + \boldsymbol{G}^c \boldsymbol{h} \boldsymbol{G} \qquad \text{mit} \qquad \boldsymbol{h} = \boldsymbol{H} - \boldsymbol{H}^c. \tag{6.81}$$

Wir definieren jetzt die T-Matrix durch die Gleichung

$$\boldsymbol{h}\boldsymbol{G} = \boldsymbol{T}\boldsymbol{G}^c \tag{6.82}$$

und können damit (6.81) die Form

$$\boldsymbol{G} = \boldsymbol{G}^c + \boldsymbol{G}^c \boldsymbol{T} \boldsymbol{G}^c \tag{6.83}$$

geben. Multiplikation dieser Gleichung mit der Matrix $\boldsymbol{h}$ von links und Beachtung von (6.82) ergibt

$$\boldsymbol{T}\boldsymbol{G}^c = \boldsymbol{h}\boldsymbol{G}^c + \boldsymbol{h}\boldsymbol{G}^c \boldsymbol{T}\boldsymbol{G}^c \qquad \text{bzw.} \qquad \boldsymbol{T} = \boldsymbol{h} + \boldsymbol{h}\boldsymbol{G}^c \boldsymbol{T} \tag{6.84}$$

als Bestimmungsgleichung für die $\boldsymbol{T}$-Matrix. Aus (6.83) folgt für die strukturgemittelte GF

$$\langle \boldsymbol{G} \rangle = \boldsymbol{G}^c \tag{6.85}$$

unter der Voraussetzung

$$\langle \boldsymbol{T} \rangle = 0. \tag{6.86}$$

Aus dieser Forderung wird das kohärente Austauschintegral I^c_{ij} bestimmt. Könnte man (6.86) exakt erfüllen, so würde man ein translationsinvariantes effektives Medium beschreiben, dessen GF streng der des strukturgemittelten Systems entspräche. Man sieht jedoch an (6.84), daß dies wegen des Terms $\boldsymbol{h}\boldsymbol{G}^c\boldsymbol{T}$ nicht möglich ist, und man muß daher zur Erfüllung von (6.86) Näherungen verwenden. Die einfachste Näherung für amorphe und ungeordnete

HEISENBERG-Ferromagnete besteht darin, daß man nur den Beitrag t_{ij} eines herausgegriffenen Spinpaares zur $\boldsymbol{T}$-Matrix berücksichtigt (Paar-CPA)[1]). Wir erhalten dann mit (6.84) anstelle von (6.86) die wesentlich einfachere Bedingung [332]

$$\langle t_{ij} \rangle = \left\langle \frac{I_{ij} - I_{ij}^c}{1 - 2\,(I_{ij} - I_{ij}^c)\,(G_0 - G_1)} \right\rangle = 0\,, \tag{6.87}$$

wobei $G_0 = G_{ii}^c$ und $G_1 = G_{ij}^c$ (i und j nächste Nachbarn) bedeuten. Für kubische Gitter gilt der Zusammenhang [366]

$$G_1 = \frac{1}{z I^c}\left[1 + \left(z\,I^c - \frac{E}{\sigma}\right) G_0\right].$$

Damit erhält man schließlich die Bedingung [332]

$$\left\langle \frac{I_{ij} - I^c(E)}{\alpha(E)\,I^c(E) + I_{ij}} \right\rangle = 0 \quad \text{mit} \quad \alpha(E) = \frac{z}{2}\left(1 - \frac{E}{\sigma} G_0\right)^{-1} - 1\,, \tag{6.88}$$

aus der man bei bekannter Verteilung der I_{ij} das kohärente Austauschintegral $I^c(E)$ bestimmen kann. Mit (6.85) kann man aus Gleichung (6.88) — sie stellt neben (6.74) die zweite Gleichung zur Bestimmung von G^c und I^c dar — die genäherte strukturgemittelte GF berechnen.

Ein Vergleich mit Computerrechnungen für ungeordnete kristalline HEISENBERG-Ferromagnete, die von ALBEN u. a. [367] nach der am Ende des Abschnitts 6.3.1. diskutierten Methode durchgeführt wurden, zeigte, daß die Paar-CPA befriedigende Resultate für $S(\boldsymbol{q}, E)$ liefert (vgl. auch [368]). Die CPA ist einer Entwicklung nach $\frac{1}{z}$ (z = mittlere Zahl der nächsten Nachbarn) äquivalent. Durch Vergleich mit der Momentenmethode konnte TAHIR-KHELI [365] zeigen, daß die Zustandsdichte bis zur Ordnung $\frac{1}{z}$ von der CPA richtig geliefert wird (s. auch [369]).

Wir geben jetzt einige Resultate wieder, die mit Hilfe der Paar-CPA unter Verwendung des stochastischen Gittermodells für amorphe HEISENBERG-Ferromagnete erhalten wurden. TAHIR-KHELI [358] benutzte die spezielle Verteilungsfunktion

$$P(I) = c\,\delta(I - I_0) + (1 - c)\,\delta(I) \tag{6.89}$$

der Austauschintegrale zwischen nächsten Nachbarn für das sc-Gitter und zeigte, daß die reduzierte Magnetisierung mit wachsenden Strukturfluktuationen (abnehmendem c) immer stärker abgeflacht wird (Abb. 6.8, vgl.

[1]) Für Elektronen in ungeordneten Legierungen besteht die einfachste Näherung in der Einteilchen-CPA.

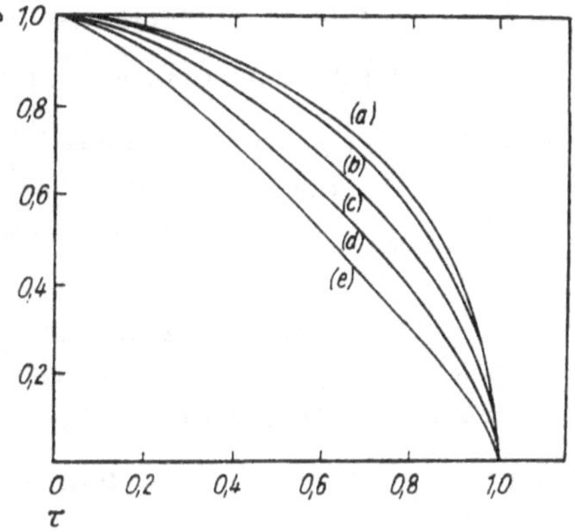

Abb. 6.8. Reduzierte Magnetisierung σ in Abhängigkeit von der reduzierten Temperatur $\tau = T/T_C$ für $S = 1/2$ und $c = 1$ (a); 0,8 (b); 0,5 (c); 0,4 (d) und 0,35 (e) nach [358]; Bedeutung von c siehe (6.89)

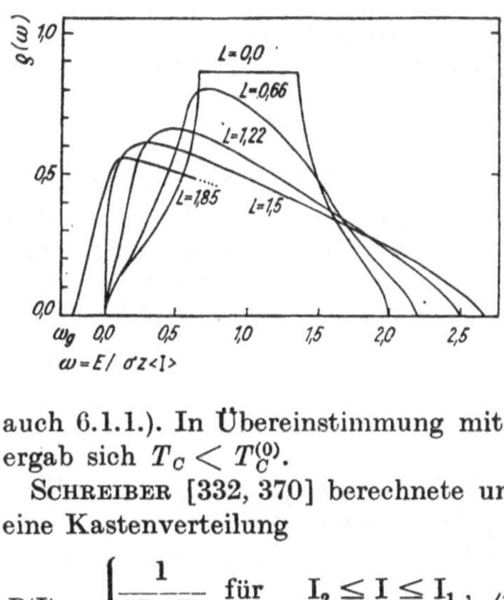

Abb. 6.9. Zustandsdichte $\varrho(E)$ für eine Kastenverteilung (s. (6.90)) für $\langle \mathrm{I} \rangle = \mathrm{const}$ (nach [332])

auch 6.1.1.). In Übereinstimmung mit den Ergebnissen in 6.1.2. und 6.2.2. ergab sich $T_C < T_C^{(0)}$.

SCHREIBER [332, 370] berechnete unter anderem die Zustandsdichte für eine Kastenverteilung

$$P(\mathrm{I}) = \begin{cases} \dfrac{1}{2L\,\langle \mathrm{I} \rangle} & \text{für} \quad \mathrm{I}_2 \leqq \mathrm{I} \leqq \mathrm{I}_1\,, \\ 0 & \text{sonst} \end{cases} \quad \left(\mathrm{I}_{1,2} = \langle \mathrm{I} \rangle\,(1 \pm L)\right) \tag{6.90}$$

der Austauschintegrale (zwischen nächsten Nachbarn) für das *sc*-Gitter und $S = \frac{1}{2}$ (s. Abb. 6.9). Die Strukturfluktuationen nehmen mit wachsendem L zu. Die damit verknüpfte Änderung der Zustandsdichte $\varrho(E)$ zeigt genau das in Abschnitt 6.2.2. ganz allgemein begründete Verhalten.

Sind im System mit bestimmter Wahrscheinlichkeit verschwindende Austauschintegrale enthalten („bond"-Problem), so gibt es eine kritische Konzentration c_k für die positiven Austauschintegrale, unterhalb der kein

Ferromagnetismus mehr möglich ist. Ihr Wert beträgt in Übereinstimmung mit JONES und YATES [363] $c_k = \frac{2}{z}$ [332, 365]. Damit ist er deutlich kleiner als der mit der gröberen Constant-Coupling-Näherung (6.1.2.) erhaltene. Der Wert für c_k ist in der Paar-CPA ebenso wie in der Constant-Coupling-Näherung unabhängig von der konkreten Verteilung der positiven Austauschintegrale.

SCHREIBER zeigte in [332], daß die strukturgemittelten GF, die man aus der CPA und der Störungstheorie von MONTGOMERY u. a. [352] erhält, bei kleinen Strukturfluktuationen übereinstimmen. Aus der Störungstheorie folgt eine relative Änderung der CURIE-Temperatur $\frac{\Delta T_C}{T_C^{(0)}} = -A\Delta^2$ mit dem Wert $A = \frac{2}{z}$ (vgl. 6.1.2.), der in dieser Näherung vom atomaren Spin unabhängig ist. Dies könnte eine Folge der verwendeten TJABLIKOW-Näherung sein. Wir messen daher den A-Werten, die sich aus der Hochtemperaturentwicklung ergaben (Abb. 6.6) ein größeres Gewicht bei. Speziell für $S \approx 1$ ist die Übereinstimmung recht gut.

Abschließend sei noch bemerkt, daß in [332] auch für gemischte Ferromagnete, die mit gewisser Wahrscheinlichkeit auch negative Austauschintegrale enthalten, die mögliche Existenz lokalisierter Magnonenzustände betrachtet wurde. In [371] wurde ein HEISENBERG-Ferromagnet innerhalb des stochastischen Gittermodells mit anisotropem Austausch untersucht.

6.3.3. Flüssigkeitsnäherung

KANEYOSHI [359, 360] transformierte die Bewegungsgleichung der GF (6.69) oder (6.63) in eine $(\boldsymbol{q}, \boldsymbol{q}')$-Darstellung, indem er sie von links mit $e^{i\boldsymbol{q}\boldsymbol{r}_i}$ und von rechts mit $e^{i\boldsymbol{q}'\boldsymbol{r}_j}$ multiplizierte und über i und j absummierte (zweiseitige FOURIER-Transformation). Für die GF ergibt sich

$$G_{\boldsymbol{q}\boldsymbol{q}'}(E) = \frac{1}{N}\sum_{i,j} e^{-i\boldsymbol{q}\boldsymbol{r}_i}\, G_{ij}(E)\, e^{i\boldsymbol{q}'\boldsymbol{r}_j}\,. \tag{6.91}$$

Die Bewegungsgleichung (6.63) geht dann in

$$\begin{aligned}\frac{E}{\sigma} G_{\boldsymbol{q}\boldsymbol{q}'}(E) &= \varrho(\boldsymbol{q} - \boldsymbol{q}') \\ &\quad + \frac{V}{N}\int \frac{d^3k}{(2\pi)^3}\, \varrho(\boldsymbol{q} - \boldsymbol{k})\, [\mathrm{I}(\boldsymbol{q} - \boldsymbol{k}) - \mathrm{I}(\boldsymbol{k})]\, G_{\boldsymbol{k}\boldsymbol{q}'}(E)\end{aligned} \tag{6.92}$$

über mit

$$\varrho(\boldsymbol{q}) = \sum_i \mathrm{e}^{-i\boldsymbol{q}\boldsymbol{r}_i}, \quad \mathrm{I}_{lm} = \frac{V}{N}\int \frac{\mathrm{d}^3q}{(2\pi)^3}\,\mathrm{I}(\boldsymbol{q})\,\mathrm{e}^{-i\boldsymbol{q}(\boldsymbol{r}_l-\boldsymbol{r}_m)}, \quad \sigma = 2\langle\overline{S^z}\rangle \tag{6.93}$$

und

$$\mathrm{I}(\boldsymbol{q}) = \int \mathrm{d}^3r\,\mathrm{I}(r)\,\mathrm{e}^{-i\boldsymbol{q}\boldsymbol{r}} = \mathrm{I}(q) \tag{6.94a}$$

bzw. [372]

$$\begin{gathered}\mathrm{I}(\boldsymbol{q}) + \frac{V}{N}\int\frac{\mathrm{d}^3k}{(2\pi)^3}\,\mathcal{J}(\boldsymbol{q}-\boldsymbol{k})\,\mathrm{I}(\boldsymbol{k}) = \mathrm{I}_0(q)\,,\\ \mathrm{I}_0(\boldsymbol{k}) \equiv \frac{1}{N}\sum_{l,m}\mathrm{I}_{lm}\,\mathrm{e}^{i\boldsymbol{k}(\boldsymbol{r}_l-\boldsymbol{r}_m)}\end{gathered} \tag{6.94b}$$

als Bestimmungsgleichung für $\mathrm{I}(\boldsymbol{q})$.

Führt man

$$\varrho_a(\boldsymbol{q}) = \varrho(\boldsymbol{q}) - \langle\varrho(\boldsymbol{q})\rangle \tag{6.95}$$

ein, so findet man mit (6.93) für die Strukturmittelwerte

$$\langle\varrho(\boldsymbol{q}-\boldsymbol{q}')\rangle = (2\pi)^3\frac{V}{N}\,\delta(\boldsymbol{q}-\boldsymbol{q}') \tag{6.96}$$

und

$$\langle\varrho_a(\boldsymbol{q}-\boldsymbol{k})\,\varrho_a(\boldsymbol{k}-\boldsymbol{q}')\rangle = (2\pi)^3\frac{N}{V}\,\delta(\boldsymbol{q}-\boldsymbol{q}')\,\mathcal{J}(\boldsymbol{q}-\boldsymbol{k})\,, \tag{6.97}$$

wobei δ die DIRACsche δ-Funktion und $\mathcal{J}(\boldsymbol{q}-\boldsymbol{k})$ der Strukturfaktor (2.16), (2.10) sind. Die Strukturmittelung der Bewegungsgleichung (6.92) ergibt

$$\begin{aligned}\left[\frac{E}{\sigma} - \varepsilon(\boldsymbol{q})\right]\langle G_{\boldsymbol{q}\boldsymbol{q}'}(E)\rangle &= \frac{(2\pi)^3}{V}\,\delta(\boldsymbol{q}-\boldsymbol{q}')\\ &\quad+\frac{V}{N}\int\frac{\mathrm{d}^3k}{(2\pi)^3}\,[\mathrm{I}(\boldsymbol{q}-\boldsymbol{k}) - \mathrm{I}(\boldsymbol{k})]\,\langle\varrho_a(\boldsymbol{q}-\boldsymbol{k})\,G_{\boldsymbol{k}\boldsymbol{q}'}(E)\rangle\end{aligned} \tag{6.98}$$

mit

$$\varepsilon(\boldsymbol{q}) = [\mathrm{I}(0) - \mathrm{I}(\boldsymbol{q})]\,. \tag{6.99}$$

Der Faktor $c^{(2)} \equiv \langle\varrho_a(\boldsymbol{q}-\boldsymbol{k})\,G_{\boldsymbol{k}\boldsymbol{q}'}(E)\rangle$ bewirkt, daß die Gleichung (6.98) nicht abgeschlossen ist, und führt auf eine Strukturhierarchie. Multipliziert man Gleichung (6.92) mit $\varrho_a(\boldsymbol{q}-\boldsymbol{k})$ und mittelt über die Struktur, so tritt in ihr die nächsthöhere Funktion $c^{(3)} \equiv \langle\varrho_a(\boldsymbol{q}-\boldsymbol{k})\,\varrho_a(\boldsymbol{k}-\boldsymbol{k}_1)\,G_{\boldsymbol{k}_1\boldsymbol{q}'}(E)\rangle$ auf usw. Die einfachste nichttriviale Näherung, welche die reale Struktur über den Strukturfaktor $\mathcal{J}(\boldsymbol{q})$ zu erfassen gestattet, folgt, wenn man

$$c^{(3)} \approx \langle \varrho_a(\boldsymbol{q} - \boldsymbol{k})\, \varrho_a(\boldsymbol{k} - \boldsymbol{k}_1)\rangle \langle G_{\boldsymbol{k}_1\boldsymbol{q}'}(E)\rangle$$
$$= (2\pi)^3 \frac{N}{V} \delta(\boldsymbol{q} - \boldsymbol{k}_1)\, \mathcal{J}(\boldsymbol{q} - \boldsymbol{k}) \langle G_{\boldsymbol{k}_1\boldsymbol{q}'}(E)\rangle \tag{6.100}$$

setzt [359, 360]. Die Einteilchen-GF ist dann durch

$$\langle G_{\boldsymbol{q}\boldsymbol{q}'}(E)\rangle = \frac{(2\pi)^3}{V} \delta(\boldsymbol{q} - \boldsymbol{q}') \frac{1 + \dfrac{V}{N} \displaystyle\int \frac{\mathrm{d}^3k}{(2\pi)^3} \frac{\mathcal{J}(\boldsymbol{k} - \boldsymbol{q})}{E/\sigma - \varepsilon(\boldsymbol{k})} [\mathrm{I}(\boldsymbol{k} - \boldsymbol{q}) - \mathrm{I}(\boldsymbol{k})]}{E/\sigma - \tilde{E}(\boldsymbol{q}, E)}$$

mit (6.101)

$$\tilde{E}(\boldsymbol{p}, E) \equiv \varepsilon(\boldsymbol{q}) + \frac{V}{N} \int \frac{\mathrm{d}^3k}{(2\pi)^3} \frac{\mathcal{J}(\boldsymbol{k} - \boldsymbol{q})}{E/\sigma - \varepsilon(\boldsymbol{k})} [\mathrm{I}(\boldsymbol{k} - \boldsymbol{q}) - \mathrm{I}(\boldsymbol{k})]\, [\mathrm{I}(\boldsymbol{q} - \boldsymbol{k}) - \mathrm{I}(\boldsymbol{q})]$$

gegeben, wobei die Lösung von

$$E/\sigma = \tilde{E}(\boldsymbol{q}, E) \tag{6.102}$$

die Pole liefert, welche die Energie der magnetischen Anregungen (langwellige Magnonen und Magnon-Rotonen (s. u.)) darstellen.

Eine Entwicklung von (6.102) nach kleinen q zeigt, daß $\mathrm{Re}(E) \sim q^2$ und $\mathrm{Im}\,(E) \sim q^4$ ist, d. h., langwellige Spinwellen haben eine große Lebensdauer [359, 360]. Gleichung (6.102) läßt sich näherungsweise durch Iteration für beliebige q lösen, indem man beim 1. Schritt für E/σ auf der rechten Seite $\varepsilon(\boldsymbol{q})$ aus (6.99) einsetzt. Dieses Vorgehen entspricht einer SCHRÖDINGERschen Störungsrechnung. Man erhält in 1. Ordnung bei Berücksichtigung der offensichtlichen Identität

$$[\mathrm{I}(\boldsymbol{q} - \boldsymbol{k}) - \mathrm{I}(\boldsymbol{k})]\, [\mathrm{I}(\boldsymbol{q} - \boldsymbol{k}) - \mathrm{I}(\boldsymbol{q})]$$
$$= [\mathrm{I}(\boldsymbol{q} - \boldsymbol{k}) - \mathrm{I}(\boldsymbol{k})]^2 + [\mathrm{I}(\boldsymbol{q} - \boldsymbol{k}) - \mathrm{I}(\boldsymbol{k})]\, [\mathrm{I}(\boldsymbol{k}) - \mathrm{I}(\boldsymbol{q})]$$

den Ausdruck

$$\frac{E}{\sigma} = \tilde{\varepsilon}(\boldsymbol{q}) + \frac{V}{N} \int \frac{\mathrm{d}^3k}{(2\pi)^3} \mathcal{J}(\boldsymbol{q} - \boldsymbol{k}) \frac{[\mathrm{I}(\boldsymbol{q} - \boldsymbol{k}) - \mathrm{I}(\boldsymbol{k})]^2}{\mathrm{I}(\boldsymbol{k}) - \mathrm{I}(\boldsymbol{q})} \tag{6.103}$$

mit

$$\tilde{\varepsilon}(\boldsymbol{q}) = \varepsilon(\boldsymbol{q}) + \frac{V}{N} \int \frac{\mathrm{d}^3k}{(2\pi)^3} \mathcal{J}(\boldsymbol{q} - \boldsymbol{k})\, [\mathrm{I}(\boldsymbol{q} - \boldsymbol{k}) - \mathrm{I}(\boldsymbol{k})]. \tag{6.104}$$

Durch Einsetzen von (6.94a) und Beachtung von (2.17) kann man dafür mit der radialen Verteilungsfunktion $g(\boldsymbol{r})$ auch

$$\tilde{\varepsilon}(\boldsymbol{q}) = \frac{N}{V} \int \mathrm{d}^3r\, \mathrm{I}(r)\, g(r)\, (1 - \mathrm{e}^{-i\boldsymbol{q}\boldsymbol{r}}) \tag{6.105}$$

schreiben, d. h., $E = \sigma\tilde{\varepsilon}(\boldsymbol{q})$ ist gerade die Energie der Spinwellen, die aus dem strukturgemittelten HAMILTON-Operator in (6.32) oder für den korrespondierenden Kristall im Sinne des Kapitels 6.2. folgt. Der Zusatzterm in (6.103) muß daher für beliebiges $\mathrm{I}(r)$ allein eine Folge der Strukturfluktuationen sein. Nach 6.2.2. und 6.3.2. muß er für kleine q negativ sein und zu einer Verringerung der Stiffnesskonstanten D führen. Tatsächlich erhält man durch Entwickeln des Zusatzterms nach kleinen q

$$\Delta D = -\frac{V}{N} \int \frac{\mathrm{d}^3k}{(2\pi)^3}\, \mathcal{I}(\boldsymbol{k}) \left[\frac{\partial \mathrm{I}(\boldsymbol{k})}{\partial \boldsymbol{k}}\right]^2 \Big/ [\mathrm{I}(0) - \mathrm{I}(\boldsymbol{k})] \leqq 0\,, \tag{6.106}$$

da stets $\mathcal{I}(\boldsymbol{k}) \geqq 0$ und $\mathrm{I}(0) - \mathrm{I}(\boldsymbol{k}) \geqq 0$ ist [372]. Dieses Ergebnis wurde somit innerhalb der Flüssigkeitsnäherung in niedrigster Ordnung (6.103) erhalten.

Die Integralgleichung (6.94b) ergibt ein anderes günstigeres $\mathrm{I}(\boldsymbol{q})$ als (6.94a), da in sie unmittelbar Strukturgrößen eingehen. Löst man sie iterativ, so kann man sofort $\mathrm{I}_0(q)$ (korrespondierender Kristall) als nullte Näherung verwenden.

6.3.4. Computerexperimente

Einige neue Einsichten brachte ein von ALBEN [361] durchgeführtes Computerexperiment. Er verwendete die Ortskoordinaten für 996 bzw. 890 Spins (Atome), die sich im Zentrum einer DSP-Struktur nach FINNEY I (2.3.5.) bzw. BENNETT (2.3.2.) befinden, und löste die Bewegungsgleichung (6.73) für die GF durch numerische Integration bezüglich der Zeit. Daraus berechnete er nach (6.75) den inelastischen Neutronenstreuquerschnitt $S(\boldsymbol{q}, \boldsymbol{E})$, wobei er nur den Beitrag von 400 Spins betrachtete, die sich im Zentrum der kleinen Cluster von ca. 900 Spins befinden, um den Einfluß der Oberfläche möglichst klein zu halten. Für das Austauschintegral nahm er die Abstandsabhängigkeit

$$\mathrm{I}(|\boldsymbol{r}_i - \boldsymbol{r}_j|) = \begin{cases} \mathrm{I}_0 & |\boldsymbol{r}_i - \boldsymbol{r}_j| < r_0\,, \\ & \text{für} \\ 0 & |\boldsymbol{r}_i - \boldsymbol{r}_j| > r_0 \end{cases} \tag{6.107}$$

an, wobei $r_0 = 1{,}25\, d_0$ ($d_0 = 2{,}5$ Å ist der angenommene Atomdurchmesser) gewählt wurde. Dafür ergab sich die mittlere Zahl der nächsten Nachbarn $z \approx 11$.

In Abbildung 6.10 ist der berechnete inelastische Neutronenstreuquerschnitt $S(\boldsymbol{q}, \boldsymbol{E})$ für zwei verschiedene Richtungen von $\boldsymbol{q}$ dargestellt. Folgende wichtige Resultate wurden gewonnen:

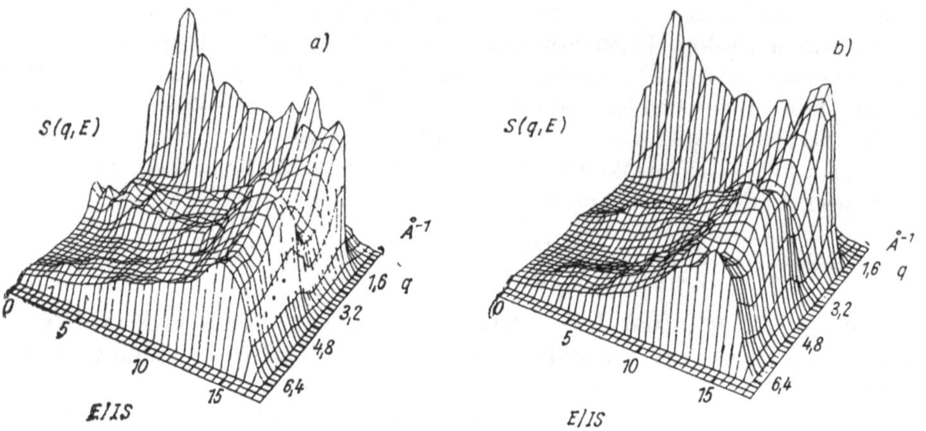

Abb. 6.10. Inelastischer Neutronenstreuquerschnitt $S(\boldsymbol{q}, E)$; a) $\boldsymbol{q}$ liegt in der Richtung, in welcher der Strukturfaktor $\mathcal{J}(\boldsymbol{q})$ einen hohen Peak besitzt (vgl. 2.3.7.); b) $\boldsymbol{q}$ liegt in der Richtung, in welcher $\mathcal{J}(\boldsymbol{q})$ für $q \approx 3$ Å^{-1} nahezu Null wird, nach ALBEN [361]

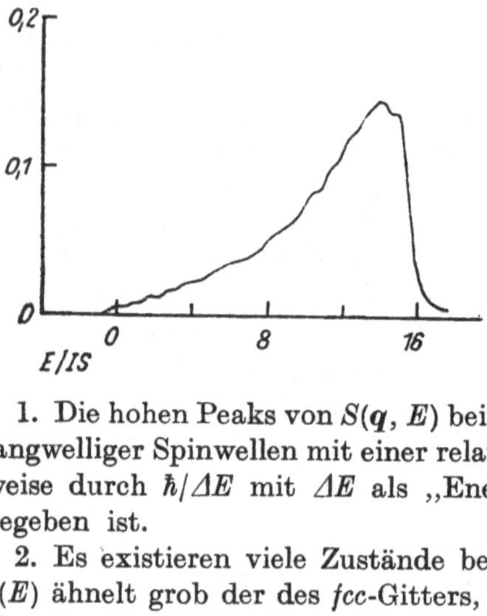

Abb. 6.11. Spinwellenzustandsdichte für das 996-DSP-Strukturmodell (s. Text) (nach [361])

1. Die hohen Peaks von $S(\boldsymbol{q}, E)$ bei kleinen q und E bestätigen die Existenz langwelliger Spinwellen mit einer relativ großen Lebensdauer, die näherungsweise durch $\hbar/\Delta E$ mit ΔE als „Energie"-Breite der Peaks bei festem $\boldsymbol{q}$ gegeben ist.

2. Es existieren viele Zustände bei hohen Energien. Die Zustandsdichte $\varrho(E)$ ähnelt grob der des *fcc*-Gitters, wobei jedoch infolge der strukturellen Unordnung die VAN-HOVE-Singularitäten nicht auftreten (s. Abb. 6.11).

3. Ein Vergleich der Abbildungen 6.10a und 6.10b zeigt, daß der inelastische Neutronenstreuquerschnitt $S(\boldsymbol{q}, E)$ ebenso von der $\boldsymbol{q}$-Richtung abhängt wie auch der elastische Streuquerschnitt (= Strukturfaktor $\mathcal{J}(\boldsymbol{q})$, s. 2.3.7.). Letzterer hat für das untersuchte Strukturmodell bei $q = q_1 \approx 3$ Å^{-1} für die in Abbildung 6.10a untersuchte $\boldsymbol{q}$-Richtung einen deutlich ausgeprägten

Peak. In diesem Fall treten energetisch tiefliegende Spinwellenzustände auf, die den rotonenähnlichen Anregungen (s. 3.3.2. und 6.4.1.) zugeschrieben werden [361]. Bei $q_2 \approx 2q_1 \approx 5{,}7\ \text{Å}^{-1}$ tritt ein weiterer schwacher Peak auf. In Abbildung 6.10b ist $S(\boldsymbol{q}, E)$ für eine $\boldsymbol{q}$-Richtung dargestellt, in welcher der Strukturfaktor $\mathcal{J}(\boldsymbol{q})$ nahezu Null ist. Die rotonenähnlichen Anregungen sind hier weniger ausgeprägt. Das Verhalten des über alle $\boldsymbol{q}$-Richtungen gemittelten inelastischen Neutronenstreuquerschnittes sollte zwischen diesen beiden Fällen liegen. Aufgrund der speziellen Wahl des Austauschintegrals (6.107) und der übereinstimmenden Lage des Peaks des Stukturfaktors und der inelastischen Neutronenstreuung bei q_1 kann man schließen, daß die rotonenähnlichen Anregungen vorwiegend einen Struktureffekt widerspiegeln (s. auch nächstes Kapitel).

Krey [374] benutzte die Methode der Kettenbrüche und berechnete ebenfalls numerisch den inelastischen Neutronenstreuquerschnitt $S(\boldsymbol{q}, E)$ für ein relaxiertes Bennett-Strukturmodell (s. 2.3.6.) mit dem gleichen Austauschintegral (6.107) und $r_0 = 1{,}25\ d_0$. Seine Ergebnisse stimmen im wesentlichen mit denen von Alben überein.

6.4. Einige ungewöhnliche Eigenschaften

6.4.1. Rotonenähnliche Anregungen

In den Abschnitten 3.3.2. und 6.3.4. sind bereits die rotonenähnlichen Anregungen erwähnt worden. Sie wurden mittels inelastischer Neutronenstreuung sowohl bei amorphen ferromagnetischen Co_4P- [112] als auch bei $Fe_{75}P_{15}C_{10}$-Legierungen [375] gefunden.

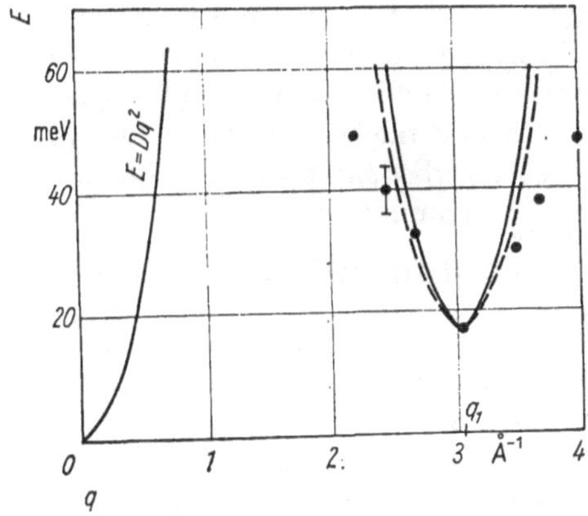

Abb. 6.12. Dispersionsbeziehung der magnetischen Anregungen (Magnonen) $E = E(q)$ für eine amorphe ferromagnetische $Fe_{75}P_{15}C_{10}$-Legierung, gemessen mittels inelastischer Neutronenstreuung [375]. Bei kleinen q-Werten treten langwellige Spinwellen mit der Stiffnesskonstanten $D \approx 120\ \text{meV} \cdot \text{Å}^2$ und in der Umgebung von $q_1 \approx 3{,}05\ \text{Å}^{-1}$ rotonenähnliche Anregungen oberhalb des Energiegaps $E_g \approx 17$ meV auf

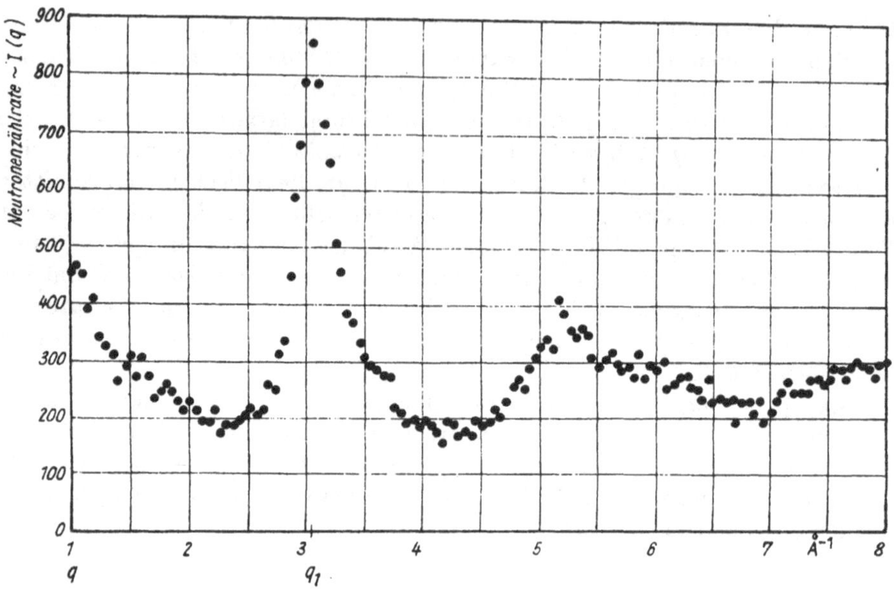

Abb. 6.13. Elastischer Neutronenstreuquerschnitt $\left(\sim \mathcal{J}(q)\right)$ für amorphes ferromagnetisches $Fe_{75}P_{15}C_{10}$ [375]. Er weist bei $q_1 \approx 3{,}05$ Å^{-1} einen ausgeprägten Peak auf

Abbildung 6.12 zeigt die Energie E in Abhängigkeit vom Betrag des Wellenzahlvektors q (beide werden von den Neutronen auf das Spinsystem übertragen) für amorphes $Fe_{75}P_{15}C_{10}$. Die Kurven $E = E(q)$ stellen die Dispersionsbeziehung für die auftretenden magnetischen Anregungen dar. In Abbildung 6.13 ist der elastische Neutronenstreuquerschnitt (er ist dem über alle $\boldsymbol{q}$-Richtungen gemittelten Strukturfaktor $\mathcal{J}(q)$ direkt proportional) für die gleiche Probe angegeben. Auffällig ist, daß $E(q)$ bei dem gleichen Wert $q = q_1$ ein ausgeprägtes Minimum aufweist, bei dem der Strukturfaktor ein Maximum besitzt. Bei Co_4P findet man die gleiche Übereinstimmung [112].

Das Energieminimum bei q_1 kann man folgendermaßen verstehen [373]: Ein scharfer Peak des Strukturfaktors (bei q_1) bedeutet, daß im System eine relativ weitreichende quasiperiodische Struktur mit der räumlichen Periode $\sim \frac{2\pi}{q_1}$ vorhanden sein muß (vgl. 2.3.7. und [60]). Bei strenger Periodizität würde bekanntlich $\mathcal{J}(\boldsymbol{q}) \sim \delta(\boldsymbol{q} - \boldsymbol{q}_1)$ folgen. Im letzten Fall kann der (Magnonen-) Impuls $\hbar\boldsymbol{q}_1$ vollständig ohne Energieaufnahme auf den kristallinen Festkörper übertragen werden, und das magnetische System muß nur den Restimpuls (Quasiimpuls) $\hbar(\boldsymbol{q} - \boldsymbol{q}_1)$ bei gleichzeitiger Energieübertragung $E = E(\boldsymbol{q} - \boldsymbol{q}_1)$ aufnehmen. Dieser Sachverhalt führt zu der Möglichkeit, die erlaubten $\boldsymbol{q}$-Werte auf die erste BRILLOUIN-Zone in bekannter Weise zu reduzieren. Ist die Struktur nur näherungsweise periodisch (quasiperiodisch), so kann der Festkörper ebenfalls in 1. Näherung den Impuls $\hbar \boldsymbol{q}_1$ ohne gleichzeitige Energieübertragung aufnehmen. Allerdings hat die Abweichung von der strengen Periodizität, die wir als Verstimmung bezeichnen wollen, zur Folge, daß der Impuls $\hbar \boldsymbol{q}_1$ nicht vollständig vom gesamten Festkörper (ohne Energieübertragung) aufgenommen werden kann, da gleichzeitig Strukturen mit $\boldsymbol{q} \neq \boldsymbol{q}_1$ mit der Wahrscheinlichkeit $\sim \mathcal{J}(\boldsymbol{q})$ auftreten. Daher muß der restliche nicht passende Impuls auf das magnetische System bei gleichzeitiger Energieübertragung übergehen. Das führt zur Entstehung einer Wolke von langwelligen „Kompensationsmagnonen". Ein Maß für die Verstimmung ist die Breite des Peaks von $\mathcal{J}(q)$ bei q_1, die wir mit $2\Delta q$ bezeichnen wollen (s. Abb. 6.13). Grob kann man sagen, daß die Kompensationsmagnonen im Mittel mindestens den Restimpuls $\pm \hbar \Delta q$ und die zu diesem gehörende Energie $\approx D(\Delta q)^2$ aufnehmen müssen. Das führt zu der Gapenergie $E_g \approx D(\Delta q)^2$ bei q_1. Oberhalb des Gaps können dann weitere Magnonen hinzukommen. Man beachte, daß die Dispersionsbeziehung oberhalb des Gaps genähert wieder durch $E \approx E_g + D(\boldsymbol{q} - \boldsymbol{q}_1)^2$ mit der gleichen Stiffnesskonstanten $D \approx 120$ meV Å^{-2} wie für die langwelligen Spinwellen gegeben ist. Diese Magnonen zusammen mit ihrer Kompensationswolke sind relativ langlebige Quasiteilchen, die wir als Magnon-Rotonen oder magnetische Rotonen bezeichnen. Ganz analog wird man auf das Phonon-Roton geführt [373].

Tabelle 6.1

	Δq in Å^{-1}	D in meV · Å^2	E_g in meV	E_g in meV exp.
$Fe_{75}P_{15}C_{10}$	0,38	120	25	19 [375]
Co_4P	0,31	185	26	34 [112]

Dieses physikalische Bild erklärt auf zwanglose Weise, warum das rotonenähnliche Energieminimum gerade bei jenem q_1 liegen muß, bei dem der Strukturfaktor einen scharfen Peak aufweist.

Für $2\Delta q$ kann man die Halbwertsbreite des Peaks von $\mathcal{J}(q)$ bei q_1 wählen. Genauer bestimmen wir Δq aus der Bedingung

$$\frac{\mathcal{J}(|\boldsymbol{q}_1 + \Delta \boldsymbol{q}|)}{\mathcal{J}(q_1)} = e^{-1} . \tag{6.108}$$

In Tabelle 6.1 sind die Δq-Werte, die man mit dieser Definition aus den experimentellen $\mathcal{J}(q)$-Kurven erhält, angegeben. Für $Fe_{75}P_{15}C_{10}$ wurden sie aus Abbildung 6.13, für Co_4P aus [118] entnommen. Die Unsicherheit der Δq-

Werte ist offensichtlich zur Zeit noch recht groß. Man erhält unter anderem für Co_4P aus den RÖNTGEN-Streudaten kleinere Δq-Werte als aus den Neutronenstreudaten, die hier verwendet wurden. Aus der Beziehung $\Delta R \Delta q = 2\pi$ kann man die räumliche Ausdehnung ΔR der Kompensationsmagnonen-Wolke bestimmen. Nimmt man $\Delta q \approx 0{,}3$ Å^{-1} an, so ergibt sich $\Delta R \approx 20$ Å, woraus bei einem mittleren Abstand $r_1 = 2{,}5$ Å zwischen nächsten Nachbarn $\Delta R \approx 8\,r_1$ folgt, d. h., die Magnonenwolke ist nicht sehr stark lokalisiert, und man kann sie daher in guter Näherung als eine Superposition von delokalisierten Spinwellen (im Intervall $q_1 - \Delta q < q < q_1 + \Delta q$) betrachten. Nach dem obigen physikalischen Bild ist die Zahl der zur Kompensation der Verstimmung notwendigen Magnonen („Kompensationsmagnonen") in der Nähe von q proportional zu $\mathcal{I}(q)$. Beschreibt man den Strukturfaktor in der Umgebung von q_1 genähert durch eine GAUSS-Verteilung und normiert diese auf Eins, so gibt die Funktion

$$f(|\boldsymbol{q} - \boldsymbol{q}_1|) = \frac{1}{\pi^{3/2}} \frac{1}{(\Delta q)^3} \mathrm{e}^{-\frac{(\boldsymbol{q} - \boldsymbol{q}_1)^2}{(\Delta q)^2}} \tag{6.109}$$

die Wahrscheinlichkeit an, mit der im Intervall $\boldsymbol{q}$, $\boldsymbol{q} + \mathrm{d}^3q$ Spinwellen der Energie $D(\boldsymbol{q} - \boldsymbol{q}_1)^2$ auftreten müssen, um die Verstimmung (Abweichung von der Periodizität) zu kompensieren. D ist dabei die Stiffnesskonstante für langwellige Spinwellen. Für die Gesamtenergie der „Kompensationsspinwellen" erhält man damit

$$D \int \mathrm{d}^3q\, f(|\boldsymbol{q} - \boldsymbol{q}_1|)\, (\boldsymbol{q} - \boldsymbol{q}_1)^2 = \frac{3}{2} D(\Delta q)^2 \approx E_g\,, \tag{6.110}$$

die mit der Gapenergie E_g bei q_1 übereinstimmen muß. Verwendet man die aus den experimentellen $\mathcal{I}(q)$-Kurven nach (6.105) bestimmten Δq-Werte, so findet man aus (6.110) und (6.109) die in Tabelle 6.1 angegebenen Gapenergien E_g.

6.4.2. Amorphonen [372]

Die Kompensationsmagnonen-Wolken treten infolge von Abweichungen von der strengen Periodizität auf (s. 6.4.1.). Sie sind für den amorphen Zustand spezifisch.

Es liegt die Vermutung nahe, daß es sich hierbei um zusätzliche Zustände handelt, die nicht nur als Wolke ein Magnon mit dem Impuls $\boldsymbol{q} \approx \boldsymbol{q}_1$ begleiten, um zusammen das Magnon-Roton zu bilden, sondern daß diese Kompensationsmagnonen-Zustände auch selbständig existieren.

Tatsächlich treten in der Einteilchen-GF (6.101) neben den Polen (6.102) noch weitere Pole $E/\sigma = \varepsilon(\boldsymbol{k})$ im Zähler auf, über die integriert wird (eigentlich summiert, wenn man nicht zur Integraldarstellung übergeht).

Aus (6.101) folgt (wir setzen im weiteren $\sigma = 1$)

$$\langle G_{\boldsymbol{qq}}(E)\rangle_{\boldsymbol{q}=\boldsymbol{q}'} \equiv \langle G_{\boldsymbol{q}}(E)\rangle = \frac{1 + \dfrac{V}{N}\displaystyle\int \frac{\mathrm{d}^3k}{(2\pi)^3}\, \mathcal{J}(\boldsymbol{k})\, P\, \frac{\mathrm{I}(\boldsymbol{k}) - \mathrm{I}(\boldsymbol{q}+\boldsymbol{k})}{\tilde{E}(\boldsymbol{q}) - \varepsilon(\boldsymbol{k})}}{E - \tilde{E}(\boldsymbol{q})} + \frac{V}{N}\int \frac{\mathrm{d}^3k}{(2\pi)^3}\, \frac{\mathcal{J}(\boldsymbol{k})}{E - \varepsilon(\boldsymbol{q}+\boldsymbol{k})}\, P\, \frac{\mathrm{I}(\boldsymbol{k}) - \mathrm{I}(\boldsymbol{q}+\boldsymbol{k})}{\varepsilon(\boldsymbol{q}+\boldsymbol{k}) - \tilde{E}(\boldsymbol{q})}. \qquad (6.111)$$

Der erste Summand liefert die bekannten langwelligen Magnonen für $q \approx 0$ und die Magnon-Rotonen für $\boldsymbol{q} \approx \boldsymbol{q}_1$. Der zweite Summand liefert ein (Quasi-) Kontinuum von zusätzlichen Anregungen (Magnon-Amorphonen) mit der Energie $E = \varepsilon(\boldsymbol{q} + \boldsymbol{k})$, wobei der Wellenzahlvektor $\boldsymbol{k}$ mit der Wahrscheinlichkeit $\sim \mathcal{J}(k)\,\mathrm{d}^3k$ auftritt. Dabei ist $E = \varepsilon(\boldsymbol{q} + \boldsymbol{k})$ die gewöhnliche Magnonen- bzw. Magnon-Rotonen-Energie für den Wellenzahlvektor $\boldsymbol{q} + \boldsymbol{k}$.

Wir erhalten für den Amorphonen-Zweig eine bessere Näherung, wenn wir $\varepsilon(\boldsymbol{q} + \boldsymbol{k})$ durch $\tilde{E}(\boldsymbol{q} + \boldsymbol{k})$ ersetzen. Für beliebige $\boldsymbol{q}$-Werte folgen niederenergetische Amorphonen mit großer Lebensdauer, wenn nur $\boldsymbol{q} \approx -\boldsymbol{k}$ und $\mathcal{J}(-\boldsymbol{k}) \neq 0$ erfüllt ist. Mit besonders großer Wahrscheinlichkeit treten (niederenergetische) Amorphonen mit $\boldsymbol{q}$-Werten auf, für die $\mathcal{J}(-\boldsymbol{q}) \approx \mathcal{T}(\boldsymbol{q})$ große Werte annimmt (s. 6.111).

Mittels inelastischer Neutronen-Streuung fand man in [112] neben den beiden Streupeaks für die Magnon-Rotonen einen zusätzlichen mittleren inelastischen Streupeak um $q \approx q_1$ (bei q_1 hat $\mathcal{J}(q)$ den ersten stark ausgeprägten Peak), dessen Ursache unklar blieb. Seine mittlere Breite stimmt gut mit der von $\mathcal{J}(q)$ bei q_1 überein (vgl. 6.111). Er kann also zwanglos als Amorphonen-Beitrag gedeutet werden. Wir betonen jedoch, daß die Amorphonen für alle $\boldsymbol{q}$ auftreten, wenn nur der Strukturfaktor von Null verschieden ist. Häufig machen sie sich daher lediglich als eine „diffuse" Streuung bemerkbar.

Ganz analoge Betrachtungen gelten auch für den Kleinwinkelbereich ($q \approx 0$). Der in [114][1]) gefundene „quasielastische" Zentralpeak um $E = 0$ für kleine q kann ebenfalls als Amorphonen-Beitrag infolge der Kleinwinkelanteile von $\mathcal{J}(q)$ gedeutet werden.

Die Amorphonen stellen einen neuen Typ von Elementaranregungen dar. Sie besitzen die Energie $E = \tilde{E}(\boldsymbol{q} + \boldsymbol{k})$ (vgl. (6.102)), wobei der Wellenzahlvektor $\boldsymbol{k}$ mit einer Wahrscheinlichkeit $\sim \mathcal{J}(\boldsymbol{k})\,\mathrm{d}^3k$ auftritt. Die Amorphonen können daher im Unterschied zu den Elementaranregungen in Kristallen

[1]) Siehe auch J. J. Rhyne, J. W. Lynn, F. E. Luborsky, J. L. Walter, J. Appl. Phys. **50** (1979) 1583.

nur durch einen gemischten Zustand beschrieben werden. $\boldsymbol{q}$ und $\boldsymbol{k}$ durchlaufen unabhängig voneinander den gesamten (nichtreduzierten) reziproken Raum.

Vermutlich sind die Amorphonen und Rotonen für die Inkonsistenz der Magnetisierung bei tiefen Temperaturen (s. S. 78) verantwortlich.

Zu ganz analogen Resultaten gelangt man auch für akustische Phononen in amorphen Systemen, in denen demnach bei $q \approx 0$ langwellige Phononen, bei $\boldsymbol{q} \approx \boldsymbol{q}_1$ Phonon-Rotonen (s. 6.4.1.) und für beliebige $\boldsymbol{q}$ Phonon-Amorphonen auftreten. Letztere sind sehr wahrscheinlich (in voller Analogie zum magnetischen Problem) für den Super-DEBYE-Beitrag zur spezifischen Wärmekapazität verantwortlich.

6.4.3. Tieftemperaturverhalten der Magnetisierung

Wir geben noch einen anderen Versuch zur Erklärung des Tieftemperaturverhaltens der Magnetisierung amorpher Ferromagnete wieder [372]. ISJUMOW und MEDWEDEW [378] (s. auch [165]) untersuchten ausführlich die Eigenschaften kristalliner Ferromagnete mit wenigen magnetischen Verunreinigungen. Enthält die ferromagnetische Matrix, beschrieben durch das Austauschintegral I zwischen den z nächsten Nachbarn und den Spin S, wenige Verunreinigungen mit den entsprechenden Werten I′ (zwischen Verunreinigung und Matrix) bzw. S', so existieren in der Nähe der Verunreinigungsatome quasilokale s-Zustände der Energie

$$E_S \approx 2z\,\mathrm{I}'S\,, \tag{6.112}$$

wenn die Bedingung

$$\nu = \mathrm{I}'S'/\mathrm{I}S \ll 1 \tag{6.113}$$

erfüllt ist [378]. Die Verunreinigungen führen im Falle (6.113) zu einer Änderung der Zustandsdichte bei kleinen Energien, die man für $E < E_S$ in der Form

$$\varrho(E) = \left\{1 + c \cdot \frac{3}{2}\left[\left(\frac{S'}{S} - 1\right) + 2\,\frac{1-\nu}{1-\Lambda\,(1-\nu)}\right]\right\}\varrho_0(E) \tag{6.114}$$

schreiben kann. Dabei sind $\varrho_0(E)$ die Zustandsdichte der Matrix und c die Konzentration der Verunreinigungen. Λ ist ein dimensionsloser geometrieabhängiger Parameter. Für ein sc-Gitter gilt $\Lambda \approx 0{,}21$. Für die Magnetisierung bei tiefen Temperaturen folgt

$$\frac{M}{N\mu_B g} = (1-c)\,S + cS' - \left\{1 + c\cdot\frac{3}{2}\left[\left(\frac{S'}{S}-1\right) + 2\frac{1-\nu}{1-\Lambda\,(1-\nu)}\right]\right\} B_0 T^{3/2}, \tag{6.115}$$

wobei B_0 der Koeffizient für die Matrix ist (vgl. auch (3.6)). Setzt man für einen amorphen Ferromagneten $S = S'$ und nimmt an, daß einige Spins (mit der Konzentration c) infolge der Strukturfluktuationen sehr schwach mit dem restlichen System gekoppelt sind ($\nu \approx 0$: magnetische Löcher), so erhält man aus (6.115) näherungsweise

$$\sigma \approx 1 - \left[1 + \frac{3c}{1-\Lambda}\right] B_0 T^{3/2}. \tag{6.116}$$

Die magnetischen Löcher (vgl. 6.2.2.) führen demnach auch zu einem $T^{3/2}$-Gesetz. Wenige magnetische Löcher können zu einer bedeutenden Erhöhung des Koeffizienten B beitragen (vgl. 3.3.2.). Die Beziehung (6.116) zeigt, daß bereits 6% solcher Löcher zu einer Erhöhung von B_0 um 20% führen. „Verunreinigungen" in so geringer Konzentration kann man noch genähert als isoliert betrachten, so daß der Zugang von Isjumow und Medwedew zu sinnvollen Resultaten führen sollte.

Die Anwesenheit von einigen Prozent sehr schwach austauschgekoppelter Spins in amorphen Ferromagneten könnte zur Diskrepanz zwischen dem Koeffizienten B aus Magnetisierungs- und B_{sw} aus Spinwellenmessungen (s. 3.3.2.) beitragen. Gleichzeitig stünde sie mit der Deutung des Widerstandsminimums über den Kondo-Effekt (s. 3.8.2.) im Einklang. Wir schließen daraus, daß die magnetischen Löcher tatsächlich existieren. Sie bestimmen eine Reihe von Eigenschaften der amorphen Ferromagnete wesentlich mit. Ihre Entstehung wird in amorphen Legierungen, die nichtmagnetische Atome enthalten, begünstigt.

6.5. Bandmodell

Die Resultate in Kapitel 3.2. zeigen, daß das atomare magnetische Moment nicht immer gut lokalisiert und auch nicht für alle magnetischen Atome gleich sein muß. Daher ist eine Behandlung der amorphen Ferromagnete mit Hilfe des Hubbard-Modells (3.2) sehr wünschenswert. Die ersten Versuche in dieser Richtung stammen von Richter u. a. [379] sowie Kishore [380].

Zur Berechnung der magnetischen Größen benötigt man die Einteilchen-GF (vgl. 6.3.1.)

$$G_{ij}^{\sigma}(t) = \langle\langle c_{i\sigma}^{+}(t);\, c_{j\sigma}(0)\rangle\rangle\,. \tag{6.117}$$

$\hat{c}_i^+$ bzw. $\hat{c}_i^+$ sind Erzeugungs- bzw. Vernichtungsoperatoren von Elektronen am Ort i mit der z-Komponente des Spins $\sigma = \pm \frac{1}{2}$. Für das HUBBARD-Modell (3.2) folgt zusammen mit den Vertauschungsrelationen der FERMI-Operatoren $\hat{c}^+$, $\hat{c}$ die Bewegungsgleichung (in Energiedarstellung)

$$(E - \varepsilon_i)\, G_{ij}^\sigma = \delta_{ij} + \sum_{l(\neq i)} t_{il}\, G_{lj}^\sigma + U_i \langle n_{i-\sigma}\, c_{i\sigma};\, c_{j\sigma}^+\rangle\,. \tag{6.118}$$

Der letzte Summand enthält wiederum eine höhere GF. Die einfachste Näherung, die zum Abbruch der Wechselwirkungshierarchie führt, stellt die HARTREE-FOCK-Näherung dar:

$$\langle\langle n_{i-\sigma}\, c_{i\sigma};\, c_{j\sigma}^+\rangle\rangle \approx \bar{n}_{i-\sigma}\, \langle\langle c_{i\sigma};\, c_{j\sigma}^+\rangle\rangle\,. \tag{6.119}$$

Sie liefert die bekannte STONER-Theorie (Bandmodell) des Ferromagnetismus. Aus der GF (6.117) kann zum Beispiel der quantenstatistische Mittelwert der Elektronen mit dem Spin σ gemäß

$$\bar{n}_{i\sigma} = -\frac{1}{\pi} \int \mathrm{d}E\, \frac{\mathrm{Im} G_{ii}^\sigma(E)}{\mathrm{e}^{\beta(E-\mu)} + 1} \tag{6.120}$$

(vgl. (6.64)) berechnet werden. μ ist hier das chemische Potential. Die Magnetisierung des Atoms i erhält man aus dem Ausdruck $\mu_B g(\bar{n}_{i\uparrow} - \bar{n}_{i\downarrow})$.

Das Hoppingintegral t_{ij} wird besonders empfindlich von der Struktur abhängen. Aber auch die Atomniveaus ε_i werden von der Umgebung beeinflußt. Wir berücksichtigen dies in der vereinfachten Form

$$\varepsilon_i = A \sum_{j(nn\, i)} (t_{ij} - t_0) \tag{6.121}$$

(A reell und $|A| > 1$). Setzt man in (6.119) $\bar{n}_{i-\sigma} \approx \langle \bar{n}_{i-\sigma}\rangle = \langle \bar{n}_{-\sigma}\rangle$ (vgl. auch 6.3.1.) und nimmt für die Hoppingintegrale eine LORENTZ-Verteilung

$$P(t_{ij}) = \frac{1}{\pi}\, \frac{\Delta}{(t_{ij} - t_0)^2 + \Delta^2} = \frac{1}{\pi}\, \frac{\Delta}{(t_{ij} - t_0 + i\Delta)\,(t_{ij} - t_0 - i\Delta)} \tag{6.122}$$

mit $t_0 = \langle t_{ij}\rangle$ an, so kann die Strukturmittelung der GF exakt durchgeführt werden. Setzt man die t_{ij} in die komplexe Ebene fort, so sind die Pole der strukturgemittelten GF durch die Pole $t_{ij} = t_0 \pm i\Delta$ der Verteilungsfunktion (6.122) gegeben, und man kann die Integration entlang der reellen Achse durch Schließen des Integrationsweges im Unendlichen sehr einfach ausführen. Es folgt, daß man in der entsprechenden bekannten kristallinen GF lediglich die translationsinvarianten Größen in der Form

$$t_{ij} \to t_0 - i\Delta \cdot v\,, \quad \varepsilon \to \varepsilon_0 - i\, Az\, \Delta \cdot v \tag{6.123}$$

mit $v = \operatorname{sgn}(\Delta) \cdot \operatorname{sgn} \operatorname{Im}(E)$ zu ersetzen hat. Für die strukturgemittelte GF erhält man damit in der $\boldsymbol{q}$-Darstellung

$$\left.\begin{aligned} \langle G_{\boldsymbol{q}}^{\sigma}(E)\rangle &= \frac{1}{E - \varepsilon^{\sigma} + i\, Az\, \Delta \cdot v - (t_0 - i\, \Delta \cdot v)\, \gamma_{\boldsymbol{q}}} \\ \text{mit} & \\ \varepsilon^{\sigma} = \varepsilon_0 + U\langle \bar{n}_{-\sigma}\rangle\,, &\quad \gamma_{\boldsymbol{q}} = \sum_{j(nn\, i)} \mathrm{e}^{i\boldsymbol{q}(\boldsymbol{r}_i - \boldsymbol{r}_j)}\,. \end{aligned}\right\} \tag{6.124}$$

Die Idee einer exakten Strukturmittelung der GF für eine LORENTZ-Verteilung stammt von LLOYD [381] und wurde von ihm zur Behandlung der Unordnung der Atomniveaus ε_i (diagonale Unordnung) beim ANDERSON-Modell verwendet. In [382] wurde dieser Gedanke bei einer analogen Kopplung zwischen diagonaler (ε_i) und nichtdiagonaler (t_{ij}) Unordnung wie in (6.121) auf die Behandlung nichtdiagonaler Unordnung erweitert.

Wir geben nun einige Resultate wieder, die innerhalb der obigen Näherungen erhalten wurden. Sie hängen von dem verwendeten Kristall ab, dessen Eigenschaften über $\gamma_{\boldsymbol{q}}$ in die GF $\langle G_{\boldsymbol{q}}^{\sigma}(E)\rangle$ eingehen.[1]) Zur Berechnung der magnetischen Größen benötigt man nur die Zustandsdichte $\varrho_{\sigma}(E) \sim \operatorname{Im} G_{\boldsymbol{q}}^{\sigma}(E)$.

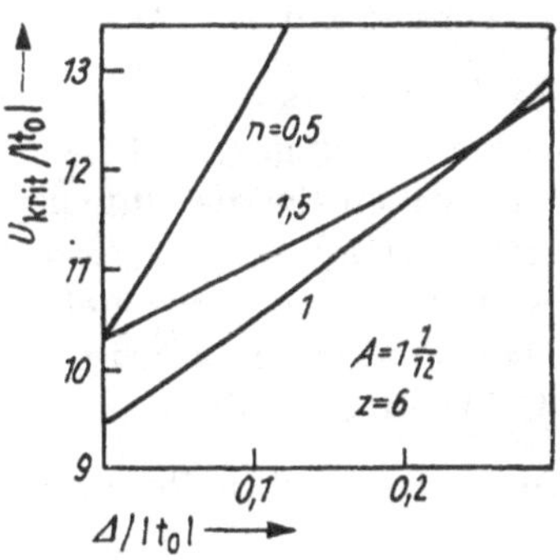

Abb. 6.14. STONER-Kriterium für verschiedene Elektronenkonzentrationen n pro Atom. Ferromagnetismus ist nur oberhalb der jeweiligen Kurve stabil (unterhalb existiert nur Paramagnetismus; weitere Bezeichnungen s. Text) (nach [379])

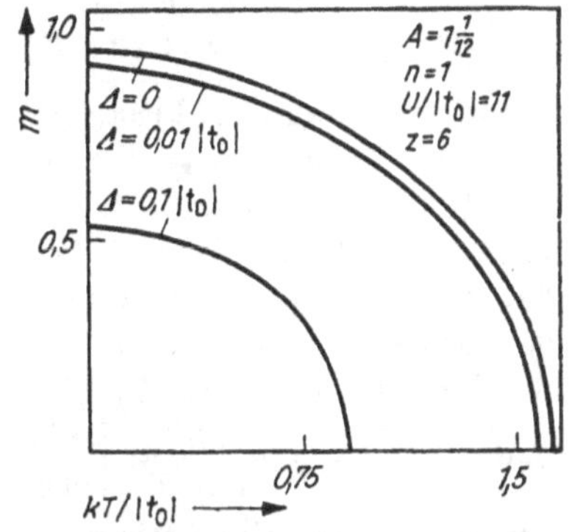

Abb. 6.15. Temperaturabhängigkeit der Magnetisierung für verschiedene Unordnungsparameter Δ (weitere Bezeichnungen s. Text) (nach [379])

[1]) Wir erinnern daran, daß auch diesem Zugang das stochastische Gittermodell zugrunde liegt.

In [379] wurden für eine Modellzustandsdichte (Halb- oder HUBBARD-Ellipse) für den Kristall die Zustandsdichte, das STONER-Kriterium für das Auftreten von Ferromagnetismus sowie die Temperaturabhängigkeit der Magnetisierung, die CURIE-Temperatur und die Magnetisierung bei $T = 0$ in Abhängigkeit von den Strukturfluktuationen, für die Δ in (6.122) ein Maß ist, berechnet.

In Abbildung 6.14 ist das STONER-Kriterium und in Abbildung 6.15 die Temperaturabhängigkeit der Magnetisierung wiedergegeben. Beide Abbildungen zeigen, daß wachsende Unordnung der Hoppingintegrale den Ferromagnetismus abschwächen oder seine Entstehung verhindern. Im STONER-Kriterium drückt sich das in einem Anwachsen der kritischen Korrelationsenergie U_{krit} mit zunehmendem Δ aus, bei der Magnetisierung in ihrer Abnahme im gesamten Temperaturbereich. Das wesentliche Resultat besteht darin, daß allein die Strukturfluktuationen (Δt_{ij}) zu einer Abnahme des mittleren atomaren Moments $\frac{\bar{\mu}}{\mu_B} = 2m$ $(T = 0)$ und der CURIE-Temperatur führen. Eine Verfeinerung fanden diese Rechnungen durch Verwendung einer Modell-Zustandsdichte für kristallines Ni anstelle der HUBBARD-Ellipse als Ausgangspunkt. Zusätzlich wurden Fluktuationen der Korrelationsenergie gemäß $U_i = B \sum_j (t_{ij} - t_0) + U_0$ berücksichtigt [383]. Die scharfen Peaks der kristallinen Zustandsdichte in der Nähe der FERMI-Energie werden infolge der Strukturfluktuationen erwartungsgemäß flacher und breiter. Die Resultate stimmen qualitativ mit denen für die einfachere HUBBARD-Ellipse überein. Lediglich für kleine Strukturfluktuationen wurde der Ferromagnetismus zunächst etwas stabiler wegen einer Verschiebung der FERMI-Energie in das Peakmaximum. Neben dem STONER-Kriterium wurden auch $\bar{\mu}(\Delta)$ und $T_C(\Delta)$ berechnet. Beide Größen fallen mit zunehmendem Δ. Dabei gilt $\left|\frac{\Delta\bar{\mu}}{\mu_0}\right| \leqq \left|\frac{\Delta T_C}{T_C^{(0)}}\right|$, d. h., $\bar{\mu}$ wird durch die Strukturfluktuationen in Übereinstimmung mit den Abbildungen 3.11 und 3.12 stärker reduziert als T_C.

In [384] wurde im Rahmen des LLOYD-Modells eine Näherung diskutiert, die im Gegensatz zur HARTREE-FOCK-Näherung für starke Korrelationen ($U_i = \infty$) geeignet ist. Für ein DSP-Strukturmodell und das stochastische Gittermodell wurde der Einfluß nichtdiagonaler Unordnung (t_{ij}-Fluktuationen) auf die Zustandsdichte und die Stabilität des Ferromagnetismus in HARTREE-FOCK-Näherung mit Hilfe der Momentenmethode untersucht [385]. Die oben diskutierten Tendenzen wurden sowohl für das DSP- als auch für das stochastische Gittermodell bestätigt. Eine ausführliche Darlegung der Rechnungen für das amorphe HUBBARD-Modell findet man in [386].

KISHORE u. a. [380, 387, 388] untersuchten ebenfalls den HUBBARD-Operator innerhalb des stochastischen Gittermodells, wobei sie aber nur diagonale Unordnung ($\Delta\varepsilon_i$- und ΔU_i-Fluktuationen) im Rahmen des LLOYD-Modells berücksichtigten. Berechnet wurden die Zustandsdichte in HARTREE-FOCK-Näherung [387] und die dynamische Suszeptibilität $\chi(\boldsymbol{q}, E)$ in RPA [388].

6.6. Kritische Eigenschaften

Das Verhalten der magnetischen Größen (Magnetisierung, Suszeptibilität, spezifische Wärmekapazität) im kritischen Bereich, d. h. für $T \approx T_C$ wird durch alle bis jetzt betrachteten Näherungen schlecht wiedergegeben. Das liegt an der näherungsweisen Behandlung des magnetischen Wechselwirkungsproblems und nicht an der des Strukturproblems.

Die MFN, Constant-Coupling- und TJABLIKOW-Näherung liefern durchweg sowohl für den kristallinen als auch für den amorphen Fall die gleichen kritischen Exponenten $\beta = \frac{1}{2}$ und $\gamma = 1$ (zu den Definitionen und experimentellen Ergebnissen s. 3.4.). Die statischen und dynamischen Ähnlichkeitsgesetze (scaling laws) ermöglichen eine wesentlich genauere Beschreibung des kritischen Verhaltens [119, 120]. Ihre Gültigkeit für Phasenübergänge zweiter Art folgt aus der Eigenschaft, daß die Korrelationslänge ξ (für die Spins) bei Annäherung an T_C unbegrenzt wächst.

Aus den statischen Ähnlichkeitsgesetzen ergeben sich die Beziehungen (3.11) sowie Verknüpfungen zwischen den kritischen Exponenten (z. B. (3.10)). Eine im Prinzip strenge Behandlung von Phasenübergängen 2. Art ermöglicht die WILSON-Theorie mit Hilfe der sogenannten Renormalisierungsgruppe, die wir hier jedoch nicht darlegen können (s. z. B. [389]). Aus ihr folgt, daß die Existenz eines stabilen Fixpunktes die Möglichkeit eines scharfen Phasenübergangs 2. Art anzeigt. Die statischen und dynamischen kritischen Exponenten können für Dimensionen des Systems $d \geqq 4$ exakt und für $d < 4$ durch eine Entwicklung nach $\varepsilon = 4 - d$ berechnet werden. Alle bis jetzt getroffenen Aussagen gelten sowohl für kristalline als auch für ungeordnete kristalline und amorphe Systeme.

Wir geben im weiteren einige Ergebnisse wieder, die mit Hilfe der WILSON-Theorie für das statische kritische Verhalten ungeordneter kristalliner und amorpher ISING- und HEISENBERG-Ferromagnete gefunden wurden (s. z. B. [374]).

1. Für ungeordnete magnetische Kristalle mit einer magnetischen Komponente und nichtmagnetischen Verunreinigungen folgt die Existenz eines scharfen Phasenübergangs 2. Art. Ist der kritische Exponent der spezifischen Wärmekapazität α — definiert durch $C_H \sim |T - T_C|^{-\alpha}$ — für den reinen magnetischen Kristall *negativ*, so existiert für den Kristall mit Verunreinigungen ein scharfer Phasenübergang, und das kritische Verhalten ändert sich infolge der Verunreinigungen nicht, d. h., alle kritischen Exponenten und die Ähnlichkeitsfunktionen (3.11) werden durch die Verunreinigungen nicht geändert. Dieser Fall ist beim dreidimensionalen HEISENBERG-Modell verwirklicht. Ist α dagegen für den reinen magnetischen Kristall *positiv*, so existiert ebenfalls ein scharfer Phasenübergang, aber das kritische Verhalten ändert sich beim Einbau von nichtmagnetischen Verunreinigungen. Dieser Fall ist für das dreidimensionale ISING-Modell ($\alpha \approx 0{,}12$) verwirklicht [390]. Es handelt sich hierbei um exakte Aussagen [389—393], die auch für fluktuierende Austauschintegrale und speziell für das stochastische Gittermodell gültig sind.

2. Für den Fall, daß eine stochastische magnetische Anisotropie hinzukommt, konnte die Existenz eines stabilen Fixpunktes mit Hilfe einer Entwicklung nach ε für das dreidimensionale HEISENBERG- und das XY-Modell nicht nachgewiesen werden [394], d. h., das Auftreten eines scharfen Phasenübergangs 2. Art ist hier fraglich. Sollte er jedoch existieren, so muß sich das kritische Verhalten auch für das HEISENBERG-Modell vom kristallinen Fall unterscheiden [394, 395].

Nimmt man an, daß tatsächlich kein scharfer Phasenübergang 2. Art auftritt, so könnten die experimentellen Resultate bedingt folgendermaßen interpretiert werden: In einigen amorphen Ferrimagneten ist eine große stochastische magnetische Anisotropie vorhanden. Diese und auftretende negative Austauschkopplungen könnten dann die Ursache dafür sein, daß in diesen Systemen kein scharfer Phasenübergang 2. Art möglich ist, sondern ein spinglasähnliches Verhalten folgt. In den meisten amorphen Ferromagneten dagegen treten nur eine kleine stochastische magnetische Anisotropie und fast ausschießlich positive Austauschkopplungen auf. Somit wäre in diesen Systemen ein nahezu scharfer Phasenübergang 2. Art denkbar, bei dem sich aber das kritische Verhalten, insbesondere die kritischen Exponenten, vom kristallinen Fall unterscheiden können (vgl. 3.4.). Offensichtlich bedürfen diese Fragen jedoch einer weiteren Untersuchung.

KREY [390] betrachtete unlängst auch das dynamische kritische Verhalten ungeordneter kristalliner und amorpher HEISENBERG- und XY-Ferromagnete. Tritt eine stochastische magnetische Anisotropie auf, so ändern sich die dynamischen kritischen Koeffizienten ebenfalls.

6.7. Amorphe Antiferromagnete

Wir betrachten im folgenden amorphe Systeme mit negativer Austauschkopplung. Die Existenz einer amorphen antiferromagnetischen Phase in solchen Systemen ist aus topologischen Gründen sehr unwahrscheinlich (ihre Unmöglichkeit ist jedoch nicht bewiesen; zu den experimentellen Ergebnissen s. Kapitel 5.2.).

1. In den ersten Arbeiten wurde angenommen, daß man den amorphen Antiferromagnet aus zwei sich durchdringenden einfach kubischen Gittern, die wir mit A und B bezeichnen wollen, aufbauen kann. Die stochastisch fluktuierenden negativen Austauschintegrale $I_{ij} < 0$ sollen nur für nächste Nachbarn ungleich Null sein. In diesem einfachen Modell gehören die nächsten Nachbarn der Spins vom Untergitter A zum Untergitter B und umgekehrt. Im Grundzustand sind alle nächsten Nachbarn eines beliebigen Zentralspins zu diesem antiparallel orientiert. Innerhalb des ISING-Modells erhält man dann für die Untergittermagnetisierungen $M_A = -M_B$. M_A, die freie Energie, Entropie, innere Energie und spezifische Wärmekapazität zeigen identisch den gleichen Temperaturverlauf wie für den korrespondierenden amorphen Ferromagneten ($I_{ij} \to -I_{ij} > 0$) [332]. Insbesondere gilt auch $T_C = T_N$ (T_N = NÉEL-Temperatur). Letzteres folgt auch innerhalb der CPA bei Verwendung der TJABLIKOW-Entkopplung [358]. Die Suszeptibilität muß sich jedoch vom ferromagnetischen Fall unterscheiden. In [396] wurde die Suszeptibilität $\chi_{||}$ (äußeres Magnetfeld H in Richtung von M_A bzw. M_B) und $\chi_\perp$ (H senkrecht zu M_A und M_B) in Molekularfeldfeldnäherung berechnet. Die Fluktuationen der Austauschintegrale führten zu einer deutlichen Änderung der $\chi_{||,\perp}(T)$-Kurven. SIMPSON [397] wies auf die Wichtigkeit von möglichen isolierten Spins hin, die als paramagnetische Verunreinigungen das Tieftemperaturverhalten von χ bestimmen, da sie bei $T \to 0$ einen unendlich großen Beitrag zu χ liefern (CURIE-Gesetz).

In Constant-Coupling-Näherung folgte für das HEISENBERG-Modell, daß die NÉEL-Temperatur T_N für $z > 8$ etwas weniger durch die Fluktuationen der Austauschintegrale reduziert wird als T_C für den korrespondierenden Ferromagneten [330, 332].

Mit Hilfe einer Störungstheorie, die auf der OGUCHI-Näherung basiert, konnte für das HEISENBERG-Modell gezeigt werden, daß die Reduktion der Untergittermagnetisierung $M_A = |M_B|$, die auch in Kristallen als Folge der quantenmechanischen Nullpunktsfluktuationen auftritt, durch die stochastischen Fluktuationen der negativen Austauschintegrale zusätzlich vergrößert wird. Für $S = \frac{1}{2}$ ergab sich [332, 398] bei $T = 0$

$$\overline{\langle S^z \rangle}_A = |\overline{\langle S^z \rangle}_B| = \frac{1}{2}\left\{1 - \frac{1}{2}\frac{z}{(z-1)^2}\left[1 + \Delta^2\left(1 + \frac{3}{2(z-1)}\right)\right]\right\}, \qquad (6.125)$$

wobei $\Delta^2 = \langle(\Delta I_{ij})^2\rangle / \langle I\rangle^2$ bedeutet.[1]) Auf diese Möglichkeit wurde vorher von EGAMI und SIMPSON [399] hingewiesen.

2. Bis jetzt haben wir keine positionelle Unordnung berücksichtigt. Wir haben sogar die unrealistische Annahme gemacht, daß zwei definierte Untergitter A und B eingeführt werden können, wobei A-Spins stets nur B-Spins als nächste Nachbarn haben und umgekehrt. Als erste haben offenbar SATO und ANDERSON [400] darauf hingewiesen, daß die positionelle Unordnung in amorphen Systemen zu einem großen Misfit („Nichtpassen")führt, der eine antiferromagnetische Phase möglicherweise ausschließt (s. auch [401]). Zur Erklärung des Begriffes „Misfit" betrachten wir ein ungeordnetes kristallines ISING-Modell mit nichtmagnetischen Verunreinigungen für ein *fcc*- und *bcc*-Gitter. SATO und KIKUCHI [402] berechneten die kritische Konzentration der magnetischen Atome c_k, bei der die magnetisch geordnete Phase zusammenbricht, wobei sie nur eine Austauschwechselwirkung zwischen nächsten Nachbarn berücksichtigten. Innerhalb der sogenannten Tetrahedron-Näherung (das ist eine verbesserte Effektiv-Feld-Näherung) erhielten sie für das *fcc*-Gitter (bei Wechselwirkung zwischen nächsten Nachbarn) $c_k = 0{,}1564$ im ferromagnetischen Fall ($I \geqq 0$) und $c_k = 0{,}445$ im antiferromagnetischen Fall ($I \leqq 0$). Dagegen stimmen für das *bcc*-Gitter beide kritischen Konzentrationen überein. Die Ursache für dieses unterschiedliche Verhalten der beiden Gittertypen besteht in folgendem: Das *bcc*-Gitter kann man aus zwei einfachen kubischen Gittern A und B aufbauen, wobei stets jeder A-Spin nur B-Spins als nächste Nachbarn hat. (Nur dieser Fall wurde im Punkt 1 betrachtet. Wegen $T_N = T_C$ erhalten wir auch übereinstimmende kritische Konzentrationen für den ferro- und antiferromagnetischen Fall.) Das *fcc*-Gitter kann aus vier verschiedenen, einander durchdringenden Untergittern A, B, C, D aufgebaut werden. Es zeigt sich dabei, daß ein nach oben gerichteter Spin niemals nur nach unten gerichtete Spins als nächste Nachbarn haben kann, sondern daß zwangsläufig auch einige nach oben gerichtete Spins darunter sind (*Misfit*). Da auch für sie die Austauschwechselwirkung negativ ist, führt das zu einem Energiezuwachs, d. h., der Antiferromagnetismus wird weniger stabil (vgl. auch [401]). Er bricht daher auch bereits bei der relativ hohen Konzentration $c_k = 0{,}445$ der magnetischen Atome zusammen. Man beachte, daß bei positiver Austauschkopplung alle Spins parallel orientiert sind und daher unabhängig vom Gittertyp und auch im amorphen Fall kein Misfit auftreten kann. So ist die ferromagnetische Phase für das *fcc*-Gitter wesentlich stabiler und verschwindet erst bei $c_k = 0{,}1564$. Die Nahordnung der amorphen Metalle ist einer *fcc*-Struktur ähnlich (s. 2.2. und

[1]) Für $\Delta^2 = 0$ folgt die Nullpunktsreduktion der Untergittermagnetisierung für den Kristall.

2.3.); es kommen jedoch noch weitere Fluktuationen der Abstände und Austauschintegrale hinzu.

Wir müssen daraus schließen, daß in amorphen Systemen mit negativer Austauschwechselwirkung stets ein beträchtlicher Misfit vorhanden ist, der die Entstehung einer antiferromagnetischen Phase erschwert oder gar verhindert. Beim HEISENBERG-Modell bewirken die Fluktuationen der Austauschintegrale auch ohne Misfit bereits eine Verringerung der Untergittermagnetisierung bei $T = 0$ (s. (6.125)). Falls einige Austauschintegrale in einem gewissen Abstandsbereich positiv sind — das ist bei einer mittleren Schwankung des Abstands von etwa 0,5 Å nicht so unwahrscheinlich — wird der Antiferromagnetismus abermals erheblich abgeschwächt.

Aus diesen Betrachtungen folgt, daß die Existenz einer antiferromagnetischen Phase in amorphen Metallen aus topologischen Gründen sehr unwahrscheinlich ist. Die konkrete amorphe Struktur, sogar ihre „Feinstruktur", würde sich stark auf die Stabilität des Antiferromagnetismus auswirken (vgl. auch die interessante Diskussion in [401]).

Um den Begriff „Misfit" noch transparenter zu machen, geben wir eine mögliche quantitative Definition dieser Größe, die in [403] für einen ISING-Antiferromagneten eingeführt wurde.

Sind alle Austauschintegrale negativ, so würde bei $T = 0$ ein amorpher ISING-Antiferromagnet ohne Misfit die Grundzustandsenergie

$$E_{\text{id}} = -\sum_{i,j} |I_{ij}| (S_m^z)^2 \tag{6.126}$$

annehmen. S_m^z ist der maximale Eigenwert für den Spinoperator $\hat{S}_i^z$. Tritt Misfit auf, so muß nach der obigen Diskussion die Grundzustandsenergie E_{gr} höher liegen. Man kann daher die Größe

$$m = 1 - \frac{E_{\text{gr}}}{E_{\text{id}}} \tag{6.127}$$

als ein Maß für den Misfit betrachten. Man beachte, daß stets $E_{\text{id}} < 0$ und $E_{\text{gr}} \leqq 0$ gilt. Der so definierte Parameter m wird Null bei verschwindendem Misfit ($E_{\text{gr}} = E_{\text{id}}$). Wir betonen jedoch, daß man aus m, welches für $T = 0$ definiert ist, nicht ohne weiteres auf die Existenz (oder Nichtexistenz) einer antiferromagnetischen Phase bei $T > 0$ schließen kann. Die Definition (6.127) ist in gleicher Weise für amorphe und kristalline Systeme brauchbar.

In [404] wurde für eine zweidimensionale DSP-Struktur von starren Scheiben („2-dimensionalen Kugeln") mit dem Durchmesser d_0 der Grundzustand des ISING-Modells untersucht. Abbildung 6.16 zeigt die nach einem (durch die Einführung periodischer Randbedingungen) modifizierten FINNEY-II-Algorithmus (2.3.5.) erhaltene Anordnung der Scheiben zusammen mit

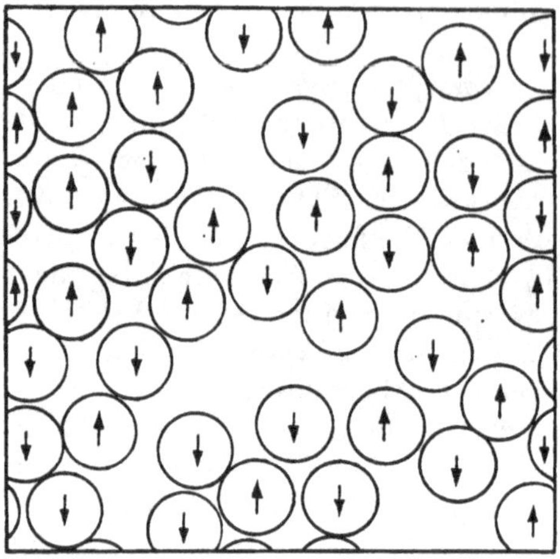

Abb. 6.16. Grundzustand eines zweidimensionalen DSP-Ising-Modells mit 40 Spins ($S = \frac{1}{2}$, vgl. Text; [404]). Die Pfeile zeigen die Spinrichtung an

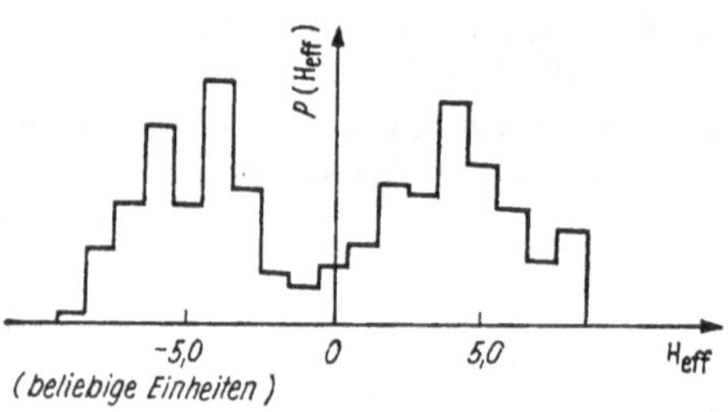

Abb 6.17. Wahrscheinlichkeitsverteilung der inneren Felder für den Grundzustand in Abbildung 6.16 [404]

der Spinkonfiguration im Grundzustand. Das angenommene Austauschintegral wächst von $I(d_0) = -I_0 < 0$ linear mit r bis $I(1{,}36\,d_0) = 0$ und ist für $r > 1{,}36\,d_0$ identisch Null. Die Wahrscheinlichkeitsverteilung der im Grundzustand auftretenden inneren Felder ist in Abbildung 6.17 wiedergegeben. Man sieht, daß eine große Streuung der inneren Felder vorhanden ist und auch sehr kleine Felder mit einer endlichen Häufigkeit auftreten. Eine ähnliche Verteilung wurde von Simpson bereits 1970 [397] aufgrund qualitativer Überlegungen vorgeschlagen. Für den Misfitparameter m (6.127) folgte für das Beispiel in Abbildung 6.16 $m = 0{,}42 \pm 0{,}05$ [404]. (Zum Vergleich: für ein *bcc*-Gitter erhält man bei Austauschkopplung zwischen nächsten Nachbarn $m = 0$, für ein *fcc*-Gitter und für ein zweidimensionales Dreiecksgitter $m = 0{,}67$.) Der Misfit könnte für eine dreidimensionale DSP-Struktur jedoch höher liegen. Bei hinreichend großem Misfit ist kein antiferromagnetischer Zustand mehr möglich. In diesem Fall stellt sich wahrscheinlich ein spinglasähnlicher Zustand ein.

Abschließend bemerken wir noch, daß man auch bei Existenz einer antiferromagnetischen Phase in einem amorphen System selbstverständlich keine magnetischen Untergitter und daher auch keine Untergittermagnetisierungen einführen kann. Die strukturgemittelte magnetische radiale Verteilungsfunktion $\langle \overline{S_i^z}\,\overline{S_j^z} \rangle$, die als Spezialfall auch den Spinglas-Ordnungsparameter $\langle (\overline{S_i^z})^2 \rangle$ enthält, ist auch für amorphe Systeme eine sinnvolle Größe. $\langle \overline{S_i^z}\,\overline{S_j^z} \rangle$ ist für amorphe Antiferromagnete eine um den Wert Null oszillierende Funktion des Abstandes $r_{ij} = |\boldsymbol{r}_i - \boldsymbol{r}_j|$ und geht für $r_{ij} \to \infty$ nach Null. Sie wurde in [404] für den in Abb. 6.16 dargestellten Grundzustand berechnet. Tritt keine antiferromagnetische Phase (bzw. Spinglas-Zustand) auf, so gilt bereits für den quantenstatistischen Mittelwert $\overline{S_i^z} = 0$ (paramagnetischer Zustand).

Die magnetische radiale Verteilungsfunktion ist selbstverständlich auch für amorphe Ferromagnete eine geeignete Größe. In diesem Fall ist $\langle \overline{S_i^z}\,\overline{S_j^z} \rangle$ für beliebige Abstände positiv und strebt für $r_{ij} \to \infty$ gegen den endlichen Grenzwert $\langle \overline{S^z} \rangle^2$.

Eine vollständige Beschreibung der magnetischen Struktur amorpher Ferro-, Ferri- und Antiferromagnete sowie Spingläser hätte man erst bei Kenntnis sämtlicher magnetischer Korrelationsfunktionen

$$\langle (\overline{\boldsymbol{S}}_i)^{n_i} (\overline{\boldsymbol{S}}_j)^{n_j} \dots (\overline{\boldsymbol{S}}_l)^{n_l} \rangle ,$$

wobei die Exponenten $n_i, n_j, \dots$ natürliche Zahlen sind.

6.8. Spingläser

In diesem Kapitel geben wir kurz einige theoretische Untersuchungen über kristalline Spingläser wieder und diskutieren ihren möglichen Zusammenhang sowohl mit gemischten als auch mit amorphen Ferro- und Antiferrosowie Ferrimagneten.

Edwards und Anderson [405] betrachteten den klassischen Heisenberg-Operator

$$\hat{\boldsymbol{H}} = -\sum_{i,j} \mathrm{I}_{ij}\, \boldsymbol{S}_i\, \boldsymbol{S}_j - \mu_B g H \sum_i S_i^z \tag{6.128}$$

($\boldsymbol{S}_i$ ist ein einfacher Vektor) für den Fall, daß sich die Spins auf Gitterplätzen befinden und die Austauschintegrale I_{ij} stochastische Größen sind, die einer Gauss-Verteilung

$$P(\mathrm{I}_{ij}) = \frac{1}{\sqrt{\pi}} \frac{1}{\Delta_{ij}} \exp\left\{-\left(\frac{\mathrm{I}_{ij}}{\Delta_{ij}}\right)^2\right\} \tag{6.129}$$

genügen (EA-Modell).

Die strukturgemittelte freie Energie (6.24)

$$F(T, H) = -\frac{1}{\beta}\langle \ln Z \rangle \quad \text{mit} \quad Z = \mathrm{Sp}\, \mathrm{e}^{-\beta \hat{H}} \tag{6.130}$$

wurde unter Benutzung der Identität

$$\ln Z = \lim_{n \to 0} \frac{1}{n}(Z^n - 1) \tag{6.131}$$

berechnet. Dazu wurde die Strukturmittelung für die rechte Seite von (6.131), d. h. für Z^n, durchgeführt und danach der Grenzübergang $n \to 0$ vollzogen (EA-Trick). Ob die Vertauschung der Operationen Grenzübergang $n \to 0$ und Strukturmittelung in jedem Falle möglich ist, muß man jedoch bezweifeln. KOSTERLITZ u. a. [406] erhielten bei unendlicher Reichweite der Austauschintegrale für das EA-Modell mit und ohne Verwendung des EA-Tricks übereinstimmende, THOULESS u.a. [407] dagegen für das EA-Modell in Molekularfeldnäherung und mit einer Tieftemperaturentwicklung unterschiedliche Resultate.

Die weitere Behandlung des EA-Modells innerhalb einer MFN in [405] ergab eine Spitze für χ ($H = 0$) bei einer bestimmten Temperatur, die mit der Einfriertemperatur T_f identifiziert wurde (vgl. 5.3.). Auch der sogenannte Spinglas-Parameter

$$q(T) = \langle (\overline{S_i})^2 \rangle$$

wurde bestimmt, der für $T < T_f$, d. h. in der Spinglas-Phase, ungleich Null wird und für $T > T_f$, d. h. in der paramagnetischen Phase, verschwindet. $\langle \overline{S_i} \rangle$ ist bei allen Temperaturen Null.

BINDER und SCHRÖDER [408] wählten anstelle des Operators (6.128) das ISING-Modell $\left(S = \frac{1}{2}\right)$ mit Austauschwechselwirkung nur zwischen nächsten Nachbarn und führten Monte-Carlo-Rechnungen für ein ebenes $N \times N$-Spinsystem mit $N = 64$ durch. Ihre Resultate für die spezifische Wärmekapazität C und die Suszeptibilität χ sind in Abbildung 6.18 wiedergegeben. $\chi(T)$ stimmt mit dem experimentellen Verlauf in Abbildung 5.5 qualitativ gut überein. Darüber hinaus wurden auch dynamische Eigenschaften betrachtet (s. auch [409, 410]).

In mehreren Arbeiten wird seit 1976 die mögliche Existenz einer Spinglas-Phase in gemischten Ferromagneten, d. h. in ISING- oder HEISENBERG-Systemen mit vorwiegend positiven und wenigen negativen Austauschintegralen, und in gemischten Antiferromagneten mit vorwiegend negativen und

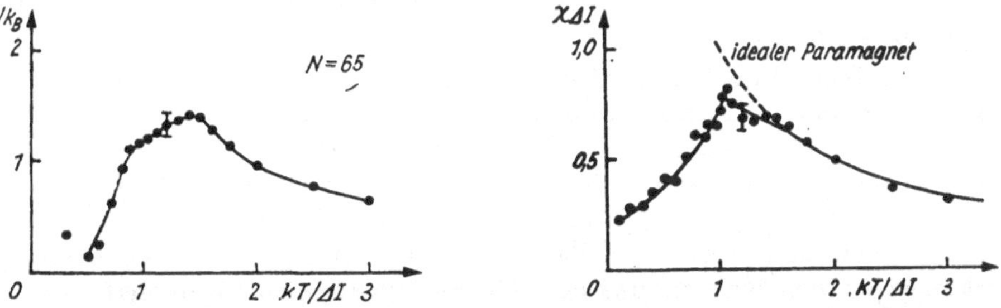

Abb. 6.18. Temperaturabhängigkeit der spezifischen Wärmekapazität C und der Suszeptibilität χ. ΔI ist die mittlere Schwankungsbreite der Austauschintegrale (s. Text; nach [408])

wenigen positiven Austauschintegralen untersucht [411—414]. Dabei wird angenommen, daß sich die Spins auf Gitterplätzen befinden. Es handelt sich daher um ungeordnete kristalline Magnete mit gemischter Austauschkopplung („mixed-bond"-Problem). Das magnetische Wechselwirkungsproblem wurde mit Hilfe der BETHE-PEIERLS-WEISS-Näherung [411—413] bzw. der Hochtemperaturentwicklung [414] behandelt. Hinweise auf die Existenz eines Spinglas-Zustandes gibt bereits die in Constant-Coupling-Näherung berechnete Suszeptibilität [334] und das Verhalten der CURIE-Temperatur gemischter Ferromagnete in CPA [332] für eine breite Kastenverteilung der Austauschintegrale. Bei einer kritischen Breite dieser Verteilung, d. h., wenn bereits ausreichend viele negative Austauschintegrale auftreten, gibt es keinen Phasenübergang vom Ferro- zum Paramagnetismus mehr. Das äußert sich dadurch, daß die CURIE-Temperatur sprunghaft von endlichen reellen Werten zu komplexen Werten übergeht. Es konnte gezeigt werden, daß bereits relativ wenige Austauschintegrale mit entgegengesetztem Vorzeichen zum Übergang von der ferro- bzw. antiferromagnetischen Phase in die Spin-

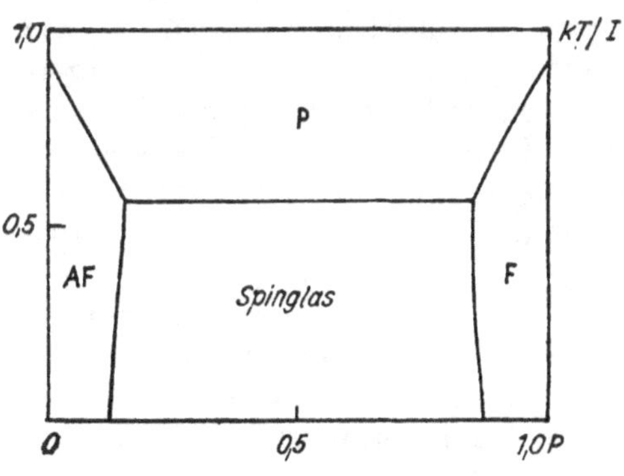

Abb. 6.19. Phasendiagramm eines zweidimensionalen ISING-Modells für $z = 3$ und $S = \frac{1}{2}$ mit stochastisch verteilten positiven Austauschintegralen $I_A = I$ der Konzentration p und negativen Austauschintegralen $I_B = -I$ der Konzentration $(1-p)$, berechnet in BETHE-PEIERLS-WEISS-Näherung. Die Symbole bedeuten: AF — antiferromagnetisch, F — ferromagnetisch, P — paramagnetisch (nach [415])

glas-Phase führen. Abbildung 6.19 zeigt ein Phasendiagramm, das in [415] angegeben wurde.

Da das ISING-Modell ohne Misfit seine thermodynamischen Eigenschaften (außer χ) bei der Transformation $I_{ij} \rightarrow - I_{ij}$ nicht ändert (vgl. 6.7.), ist das Phasendiagramm bezüglich $p = \frac{1}{2}$ symmetrisch. Diese Symmetrie ist beim HEISENBERG-Modell nicht mehr vorhanden. Im *fcc*-Gitter tritt ein relativ großer Misfit auf (vgl. 6.7.). Daher muß in diesem Fall der Bereich der antiferromagnetischen Phase im Vergleich zur ferromagnetischen wesentlich schmaler werden. Das HEISENBERG-Modell ändert seine Eigenschaften noch empfindlicher, wenn entgegengesetzte Austauschintegrale vorhanden sind.

Diese Überlegungen galten für kristalline Systeme. Auch in amorphen Systemen muß man neben entgegengesetzten Austauschintegralen im Falle überwiegend negativer Austauschkopplung zusätzlich mit einem beträchtlichen Misfit rechnen, so daß der antiferromagnetische Bereich extrem klein wird oder überhaupt verschwindet. Aus diesen Betrachtungen folgt:

1. Eine antiferromagnetische Phase ist in amorphen Systemen sehr unwahrscheinlich;

2. Der Spinglas-Zustand kann in amorphen magnetischen Systemen verbreitet auftreten.

6.9. Schlußbemerkungen

Bei der theoretischen Untersuchung amorpher Ferromagnete hat man gleichzeitig das magnetische Wechselwirkungsproblem („Wechselwirkungshierarchie“) und das Strukturproblem („Strukturhierarchie“) zu lösen. Beide können nicht streng behandelt werden, so daß man geeignete Modelle und Näherungen einführen muß. Das magnetische System wird überwiegend durch das HEISENBERG-Modell, aber auch durch das ISING- und HUBBARD-Modell beschrieben. Alle Näherungsverfahren zur Behandlung des Wechselwirkungsproblems, die für magnetische Kristalle entwickelt wurden, können unter gewissen Voraussetzungen auch auf amorphe Ferromagnete erweitert werden. Das betrifft die Molekularfeld-, Constant-Coupling-, Spinwellen- und TJABLIKOW-Näherung beim amorphen HEISENBERG-Modell sowie die HARTREE-FOCK- und andere Näherungen beim amorphen HUBBARD-Modell. Die amorphe Struktur wird am häufigsten genähert mit Hilfe des stochastischen Gittermodells (s. Einleitung zu Teil 6), seltener innerhalb der „Flüssigkeitsnäherung“ durch den Strukturfaktor (6.3.2.) und erst seit kurzem durch realistische DSP-Modelle beschrieben. Als Methode zur Strukturbehandlung erwies sich die CPA (6.3.2.), die für das stochastische Gittermodell der CPA für ungeordnete kristalline Ferromagnete sehr ähnlich ist, als geeignet. Neue Einsichten brachten Computerrechnungen (6.3.4.). Eine Reihe von exakten Ergebnissen, die zum qualitativen Verständnis der Eigenschaften amorpher Ferromagnete beitragen, folgen aus allgemeinen Ungleichungen der Gleichgewichtsstatistik (6.2.).

Bewährt hat sich das Konzept der Strukturfluktuationen, die für amorphe Ferromagnete charakteristisch sind. Diese führen beim HEISENBERG-Modell mit Gewißheit zu einer Verringerung der CURIE-Temperatur und zu einer Abflachung der reduzierten Magnetisierung (6.1. bis 6.3.). Sie verringern die Stiffnesskonstante und vergrößern die Zustandsdichte bei kleinen Energien. Die kritische Konzentration der positiven Austauschintegrale, bei welcher der Ferromagnetismus zusammenbricht, ist von ihrer konkreten Verteilung unabhängig. Über den Einfluß einer stochastischen magnetischen Anisotropie auf die magnetischen Eigenschaften liegen einige Resultate vor (6.1.1.).

Für die Entstehung des rotonenähnlichen Verhaltens (6.4.1.) und der Diskrepanzen beim Tieftemperaturverhalten der spontanen Magnetisierung (6.4.2. und 6.4.3.) gibt es erste Deutungsversuche. Über das kritische Verhalten (6.6.) und den amorphen Antiferromagnetismus (6.7.) liegen noch wenig gesicherte Ergebnisse vor. Besonders muß der Zusammenhang amorpher Magnete mit negativen und gemischten Austauschkopplungen mit den Spingläsern (5.3. und 6.8.) weiter untersucht werden.

Eine engere Verflechtung zwischen Theorie und Experiment wäre erstrebenswert.

Literaturverzeichnis

Bibliographische Angaben zu den im Literaturverzeichnis verwendeten Abkürzungen:

AM I:
Amorphous Magnetism, Proceedings of the International Symposium on Amorphous Magnetism, August 17—18, 1972, Detroit. Michigan. Ed. H. O. Hooper, A. M. De Graaf (Plenum Press, New York, London 1973).

AM II:
Amorphous Magnetism II, Ed. R. A. Levy, R. Hasegawa (Plenum Press, New York, London 1977).

AIP Conf. Proc. **18**:
AIP Conference Proceedings Number 18, Magnetism and Magnetic Materials — 1973, 19th Annual Conference on Magnetism and Magnetic Materials, November 13—16, 1973. Ed. C. D. Graham Jr., J. J. Rhyne (American Institute of Physics, New York 1974), Teile 1 and 2.

AIP Conf. Proc. **24**:
AIP Conference Proceedings Number 24, Magnetism and Magnetic Materials — 1974, 20th Annual Conference — San Francisco. Ed. C. D. Graham Jr., G. H. Lander, J. J. Rhyne (American Institute of Physics, New York 1975).

AIP Conf. Proc. **29**:
AIP Conference Proceedings Number 29, Magnetism and Magnetic Materials — 1975, 21th Annual Conference — Philadelphia. Ed. J. J. Becker, G. H. Lander, J. J. Rhyne (American Institute of Physics, New York 1976).

AIP Conf. Proc. **34**:
AIP Conference Proceedings Number 34, Magnetism and Magnetic Materials — 1976, Joint MMM-Intermag Conference, Pittsburgh. Ed. J. J. Becker, G. H. Lander (American Institute of Physics, New York 1976).

[1] A. I. Gubanow (А. И. Губанов), ФТТ **2** (1960) 502.
[2] C. W. B. Grigson, D. B. Dove, G. R. Stilwell, Nature **204** (1964) 173.
[3] B. G. Bagley, D. Turnbull, Bull. Am. Phys. Soc., Ser. II **10** (1965) 1101.
[4] S. Mader, A. S. Nowick, Appl. Phys. Lett. **7** (1965) 57.
[5] B. Elschner, H. Gärtner, Z. Angew. Phys. **20** (1966) 342.
[6] W. Felsch, Z. Phys. **195** (1966) 201.
[7] J. G. Wright, IEEE Trans. Magn. **MAG-12** (1976) 95.
[8] W. Felsch, Z. Phys. **219** (1969) 280.
[9] W. Felsch, Z. Angew. Phys. **30** (1970) 275.

[10] H. Nosé, in: Магнитные Пленки (Minsk 1974), S. 126.
[11] P. J. Grundy, S. S. Nandra, A. Ali, IEEE Trans. Magn. **MAG-11** (1975) 1329.
[12] J. Orehotsky, K. Schröder, J. Appl. Phys. **43** (1972) 2413.
[13] K. Lee, N. Heiman, AIP Conf. Proc. **24** (1974) 108.
[14] P. Duwez, Progr. Sol. State Chem. **3** (1966) 377.
[15] K. Yamauchi, Y. Nakagawa, Japan. J. Appl. Phys. **10** (1971) 1730.
[16] R. Pond, Jr., R. Maddin, Trans. Met. Soc. AIME **245** (1969) 2475.
[17] H. S. Chen, C. E. Miller, Rev. Sci. Instr. **41** (1970) 1237.
[18] T. Mizoguchi, K. Yamauchi, H. Miyajima, AM I (1973) 325.
[19] C. C. Tsuei, G. Longworth, S. C. H. Lin, Phys. Rev. **170** (1968) 603.
[20] H. Jones, Rep. Progr. Phys. **36** (1973) 1427.
[21] A. Brenner, D. E. Couch, E. K. Williams, J. Res. Nat. Bur. Stand. **44** (1950) 109.
[22] G. S. Cargill III, R. W. Cochrane, AM I (1973) 313.
[23] G. S. Cargill III, R. W. Cochrane, J. de Physique **35** (1974) C4—269.
[24] D. Pan, D. Turnbull, AIP Conf. Proc. **18** (1974) 646.
[25] D. Pan, D. Turnbull, J. Appl. Phys. **45** (1974) 1406.
[26] I. B. Puchalska, J. F. Sadoc, J. Appl. Phys. **47** (1976) 333.
[27] G. S. Cargill III, R. J. Gambino, J. J. Cuomo, IEEE Trans. Magn. **MAG-10** (1974) 803.
[28] A. Brenner, G. Riddell, J. Res. Nat. Bur. Stand. **39** (1947) 385.
[29] A. W. Simpson, D. R. Brambley, phys. stat. sol (b) **43** (1971) 291.
[30] R. D. Fisher, D. E. Koopman, J. Electrochem. Soc. **111** (1964) 263.
[31] J. J. Cuomo, R. J. Gambino, J. Vac. Sci. Technol. **12** (1975) 79.
[32] N. Imamura, Y. Mimura, T. Kobayashi, IEEE Trans. Magn. **MAG-12** (1976) 55.
[33] J. J. Rhyne, S. J. Pickart, H. A. Alperin, AM I (1973) 373.
[34] J. J. Hauser, Phys. Rev. **B12** (1975) 5160.
[35] J. J. Rhyne, Proceedings of the Conference on Cryst. Electr. Field Effects in Metals and Alloys, Montreal 1974, S. 154.
[36] J. L. Walter, D. G. Legrand, F. E. Luborsky, Mat. Sci. Engin. **29** (1977) 161.
[37] G. S. Cargill III, in: Solid State Physics, Bd. 30, Ed. H. Ehrenreich, F. Seitz, D. Turnbull (Academic Press, New York, San Francisco, London 1975), S. 227.
[38] G. S. Cargill, AIP Conf. Proc. **24** (1975) 138.
[39] S. Fujime, Japan. J. Appl. Phys. **5** (1966) 59, 643, 739, 778, 1029 und **6** (1967) 305.
[40] P. K. Leung, J. G. Wright, Phil. Mag. **30** (1974) 185.
[41] P. K. Leung, J. G. Wright, Phil. Mag. **30** (1974) 995.
[42] T. Ichikawa, phys. stat. sol. (a) **19** (1973) 707.
[43] J. Dixmier, J. Blétry, J. F. Sadoc, J. de Physique **36** (1975) C2—65.
[44] J. Blétry, J. F. Sadoc, J. Phys. **F5** (1975) L110.

[45] Y. Waseda, S. Tamaki, Z. Physik **B23** (1976) 315.
[46] G. C. Chi, G. S. Cargill III, AIP Conf. Proc. **29** (1976) 147.
[47] Y. Waseda, T. Masumoto, Z. Physik **B22** (1975) 121.
[48] J. J. Rhyne, S. J. Pickart, H. A. Alperin, AIP Conf. Proc. 18 (1974) 563.
[49] S. S. Nandra, P. J. Grundy, J. Phys. **F7** (1977) 207.
[50] D. C. Cronemeyer, AIP Conf. Proc. **18** (1974) 85.
[51] C. H. Bennett, J. Appl. Phys. **43** (1972) 2727.
[52] D. J. Adams, A. J. Matheson, J. Chem. Phys. **56** (1972) 1989.
[53] J. F. Sadoc, J. Dixmier, A. Guinier, J. Non-Cryst. Solids **12** (1973) 46.
[54] T. Ichikawa, phys. stat. sol. (a) **29** (1975) 293.
[55] J. D. Bernal, Nature **183** (1959) 141.
[56] J. L. Finney, Proc. Roy. Soc. **A319** (1970) 479.
[57] J. L. Finney, J. de Physique **36** (1975) C2—1.
[58] L. von Heimendahl, J. Phys. **F5** (1975) L141.
[59] D. Henderson, M. H. Brodsky, P. Chaudhari, Appl. Phys. Lett. **25** (1974) 641.
[60] R. Alben, G. S. Cargill III, J. Wenzel, Phys. Rev. **B13** (1976) 835.
[61] J. D. Bernal, Proc. Roy. Soc. **A280** (1964) 299.
[62] D. E. Polk, Scr. Met. **4** (1970) 117.
[63] T. Fukunaga, T. Ichikawa, K. Suzuki, AM II (1977) 521.
[64] G. S. Cargill III, S. Kirkpatrick, AIP Conf. Proc. **31** (1976) 339.
[65] W. Y. Ching, C. C. Lin, AM II (1977) 469.
[66] C. C. Tsuei, P. Duwez, J. Appl. Phys. **37** (1966) 435.
[67] H. König, Naturwiss. **33** (1946) 71.
[68] S. Kobe, A. R. Ferchmin, J. Mat. Sci. **12** (1977) 1713.
[69] F. J. Litterst, J. de Physique Lettres **36** (1975) L-197.
[70] K. H. Bennemann, in: Proceedings of the Winterkolloquium on the Properties of Amorphous Metals at Schlechting, Ed. G. Bergmann (KFA Jülich 1973) S. 151; J. de Physique **35** (1974) C4—305.
[71] W. Felsch, Z. Angew. Phys. **29** (1970) 217.
[72] K. Tamura, H. Endo, Phys. Lett. **29A** (1969) 52.
[73] T. Mizoguchi, K. Yamauchi, H. Miyajima, in: Proc. Int. Conf. Magnetism, ICM — 73 (Nauka, Moskau 1974) Bd. II, S. 54.
[74] H. Miyajima, T. Mizoguchi, Bussei **14** (1973) 423.
[75] T. Mizoguchi, AIP Conf. Proc. **34** (1976) 286.
[76] K. Yamauchi, T. Mizoguchi, J. Phys. Soc. Japan **39** (1975) 541.
[77] F. E. Luborski, J. Magn. Magn. Mat. **7** (1978) 143.
[78] D. Pearson, W. Sucksmith, J. E. Thompson, Phil. Mag. **3** (1958) 1174.
[79] Y. Shimada, H. Kojima, J. Appl. Phys. **47** (1976) 4156.
[80] T. Kanabe, Kanematsu, J. Phys. Soc. Japan **24** (1968) 1396.
[81] J. Durand, M. Yung, AM II (1977) 275.
[82] H. S. Chen, phys. stat. sol. (a) **17** (1973) 516.
[83] J. Durand, AM II (1977) 305.
[84] J. Durand, IEEE Trans. Magn. **MAG-12** (1976) 945.
[85] J. Logan, phys. stat. sol. (a) **32** (1975) 361.

[86] R. C. O'HANDLEY, R. HASEGAWA, R. RAY, C. P. CHOU, Appl. Phys. Lett. **29** (1976) 330.
[87] J. J. BECKER, F. E. LUBORSKY, J. L. WALTER, IEEE Trans. Magn. **MAG-13** (1977) 988.
[88] J. S. KOUVEL, in: Magnetism and Metallurgy, Ed. A. E. BERKOWITZ, E. KNELLER (Academic Press, New York 1969), S. 523.
[89] T. MASUMOTO, K. WATANABE, M. MITERA, S. OHNUMA, AM II (1977) 369.
[90] R. HASEGAWA, J. A. DERMON, Phys. Lett. **42A** (1973) 407.
[91] E. M. GYORGY, H. J. LEAMY, R. C. SHERWOOD, H. S. CHEN, AIP Conf. Proc. **29** (1976) 198.
[92] H. WIESNER, J. SCHNEIDER, phys. stat. sol (a) **26** (1974) 71.
[93] A. BERRADA, M. F. LAPIERRE, B. LOEGEL, P. PANISSOD, C. ROBERT, J. BEILLE, Physica **86—88B** (1977) 790.
[94] P. A. BATES, J. POPPLEWELL, S. W. CHARLES, J. Phys. **D3** (1970) L15; S. W. CHARLES, J. POPPLEWELL, P. A. BATES, J. Phys. **F3** (1973) 664.
[95] S. J. POON, J. DURAND, Phys. Rev. **B16** (1977) 316.
[96] B. BOUCHER, IEEE Trans. Magn. **MAG-13** (1977) 1601; J. de Physique Lettres **37** (1976) L345.
[97] A. W. SIMPSON, D. R. BRAMBLEY, phys. stat. sol. (b) **49** (1972) 685.
[98] H. WATANABE, T. MASUMOTO, H. KAMEDA, N. KAZAMA, H. YAMAUCHI, Physica **86—88B** (1977) 801.
[99] T. E. SHARON, C. C. TSUEI, Phys. Rev. **B5** (1972) 1047.
[100] H. WIESNER, J. SCHNEIDER, phys. stat. sol. (a) **29** (1975) 503.
[101] J. SCHNEIDER, H. WIESNER, phys. stat. sol. (a) **29** (1975) 151.
[102] G. SURAN, H. DAVER, J. C. BRUYERE, AIP Conf. Proc. **29** (1976) 162.
[103] G. MARCHAL, P. MANGIN, M. PIECUCH, C. JANOT, J. HUBSCH, J. Phys. **F7** (1977) L165.
[104] C. C. TSUEI, AM I (1973) 299 (s. a. Diskussion S. 305).
[105] N. KAZAMA, T. MASUMOTO, H. WATANABE, J. Phys. Soc. Japan **37** (1974) 1171.
[106] R. W. COCHRANE, G. S. CARGILL III, Phys. Rev. Lett. **32** (1974) 476.
[107] J. R. MCCOLL, D. MURPHY, G. S. CARGILL III, T. MIZUGUCHI, AIP Conf. Proc. **29** (1976) 172.
[108] J. D. AXE, G. SHIRANE, T. MIZUGUCHI, K. YAMAUCHI, Phys. Rev. **B15** (1977) 2763.
[109] G. SURAN, H. DAVER, J. SZTERN, AIP Conf. Proc. **34** (1976) 310.
[110] H. A. ALPERIN, J. J. RHYNE, S. J. PICKART, Proc. Int. Conf. Magnetism, ICM-73 (Nauka, Moskau 1974) Bd. IV, S. 358.
[111] H. A. MOOK, D. PAN, J. D. AXE, L. PASSELL, AIP Conf. Proc. **24** (1975) 112.
[112] H. A. MOOK, N. WAKABAYASHI, D. PAN, Phys. Rev. Lett. **34** (1975) 1029.
[113] Y. AJIRO, K. TAMURA, H. ENDO, Phys. Lett. **35A** (1971) 275.
[114] J. D. AXE, L. PASSELL, C. C. TSUEI, AIP Conf. Proc. **24** (1975) 119.

[115] J. W. Lynn, G. Shirane, R. J. Birgenau, H. S. Chen, AIP Conf. Proc. **34** (1976) 313.

[116] N. Kazama, M. Kameda, T. Masumoto, AIP Conf. Proc. **34** (1976) 307.

[117] G. Suran, H. Daver, J. Sztern, Physica **86—88B** (1977) 810.

[118] J. Blétry, J. F. Sadoc, Phys. Rev. Lett. **33** (1974) 172.

[119] L. P. Kadanoff, W. Götze, D. Hamblen, R. Hecht, E. A. S. Lewis, V. V. Palciauskas, M. Rayl, J. Swift, D. Aspnes, J. Kane, Rev. Mod. Phys. **39** (1967) 395.

[120] H. E. Stanley, Introduction to Phase Transitions and Critical Phenomena (Clarendon Press, Oxford 1971).

[121] T. Mizoguchi, N. Ueda, K. Yamauchi, H. Miyajima, J. Phys. Soc. Japan **34** (1973) 1691.

[122] K. Yamada, Y. Ishikawa, Y. Endoh, T. Masumoto, Sol. State Comm. **16** (1975) 1335.

[123] N. Kazama, H. Watanabe, J. Phys. Soc. Japan **39** (1975) 1411.

[124] R. Malmhäll, G. Bäckström, K. V. Rao, S. M. Bhagat, M. Meichle, M. B. Salomon, J. Appl. Phys. **49** (1978) 1727.

[125] E. Figueroa, L. Lundgren, O. Beckman, S. M. Bhagat, Sol. State Comm. **20** (1976) 961.

[126] P. S. Preston, S. S. Hanna, J. Heberle, Phys. Rev. **128** (1962) 2207.

[127] J. E. Noaks, N. E. Tornberg, A. J. Arrot, J. Appl. Phys. **37** (1966) 1264.

[128] M. F. Collins, V. J. Minkiewicz, R. Nathans, L. Passell, G. Shirane, Phys. Rev. **179** (1969) 417.

[129] J. S. Kouvel, J. B. Comly, Phys. Rev. Lett. **20** (1968) 1237.

[130] C. J. Glinka, V. J. Minkiewicz, AIP Conf. Proc. **24** (1974) 283.

[131] M. N. Oeschizeauch, G. Develey, J. de Physique **32** (1971) 319.

[132] M. H. Lee, H. E. Stanley, J. de Physique **32** (1971) C1—352.

[133] S. Milosevic, H. E. Stanley, Phys. Rev. **B6** (1972) 986; **B5** (1972) 2536. K. Binder, K. Müller-Krumbhaar, Phys. Rev. **B7** (1973) 3297.

[134] L. J. Schowalter, M. B. Salomon, C. C. Tsuei, R. A. Craven, Sol. State Comm. **24** (1977) 525.

[135] P. Chaudhari, J. J. Cuomo, R. J. Gambino, IBM J. Res. Develop. **17** (1973) 66.

[136] T. Egami, P. J. Flanders, AIP Conf. Proc. **29** (1976) 220.

[137] H. J. Leamy, S. D. Ferris, G. Norman, D. C. Joy, R. C. Sherwood, E. M. Gyorgy, H. S. Chen, Appl. Phys. Lett. **26** (1975) 259.

[138] R. C. O'Handley, AIP Conf. Proc. **29** (1976) 206.

[139] H. S. Chen, S. D. Ferris, E. M. Gyorgy, H. J. Leamy, R. C. Sherwood, Appl. Phys. Lett. **26** (1975) 405.

[140] B. S. Berry, W. C. Pritchet, Phys. Rev. Lett. **34** (1975) 1022.

[141] F. E. Luborsky, J. J. Becker, R. O. McCary, IEEE Trans. Magn. **MAG-11** (1975) 1644.

[142] H. Fujimori, T. Masumoto, Trans. Japan. Inst. Metals **17** (1976) 175.

[143] H. Fujimori, H. Morita, Y. Obi, S. Ohta, AM II (1977) 393.

[144] F. E. Luborsky, AIP Conf. Proc. **29** (1976) 209.

[145] F. E. Luborsky, J. L. Walter, Mater. Sci. Eng. **28** (1977) 77.
[146] F. E. Luborsky, J. L. Walter, IEEE Trans. Magn. **MAG-13** (1977) 953.
[147] R. Hasegawa, AIP Conf. Proc. **29** (1976) 216.
[148] R. Hasegawa, R. C. O'Handley, L. I. Mendelsohn, AIP Conf. Proc. **34** (1976) 298.
[149] P. Allia, G. P. Soardo, F. Vinai, Sol. State Comm. **24** (1977) 517.
[150] C. L. Chien, R. Hasegawa, J. Appl. Phys. **47** (1976) 2234.
[151] A. M. van Diepen, F. J. A. Den Broeder, J. Appl. Phys. **48** (1977) 3165.
[152] F. E. Luborsky, J. J. Becker, R. O. Mc Cary, in: Rapidly Quenched Metals, Proceedings of the Second International Conference on Rapidly Quenched Metals. Ed. N. J. Grant, B. C. Giessen (MIT Press, Cambridge, Mass. 1976), S. 467.
[153] R. Hasegawa, R. C. O'Handley, L. E. Tanner, R. Ray, S. Kavesh, Appl. Phys. Lett. **29** (1976) 219.
[154] R. C. O'Handley, AM II (1977) 379.
[155] H. A. Brooks, J. Appl. Phys. **47** (1976) 344.
[156] H. A. Brooks, H. S. Chen, AIP Conf. Proc. **29** (1976) 208.
[157] K. I. Arai, N. Tsuya, M. Yamada, H. Shirae, H. Fujimori, H. Saito, T. Masumoto, in: Rapidly Quenched Metals, Proceedings of the Second International Conference on Rapidly Quenched Metals. Ed. N. J. Grant, B. C. Giessen (MIT Press, Cambridge, Mass. 1976), S. 489.
[158] P. J. Flanders, F. E. Luborsky, unveröffentlicht.
[159] R. C. O'Handley, Sol. State Comm. **21** (1977) 1119.
[160] R. C. O'Handley, Sol. State Comm. **22** (1977) 485.
[161] H. Fujimori, M. Kikuchi, Y. Obi, T. Masumoto, Sci. Repts. Res. Inst. Tohoku Univ. **A26** (1976) 36.
[162] A. W. Simpson, W. G. Clements, IEEE Trans. Magn. **MAG-13** (1975) 1338.
[163] T. Jagielinski K. I. Arai, T. Tsuya, S. Ohnuma, T. Masumoto, IEEE Trans. Magn. **MAG-13** (1977) 1553.
[164] K. Fukamichi, M. Kikuchi, S. Arakawa, T. Masumoto, Sol. State Comm. **23** (1977) 955.
[165] S. W. Wonsowski (С. В. Вонсовский), Магнетизм (Moskau 1971), S. 853.
[166] A. W. Simpson, Deutsches Patent 2126687, 7. 12. 1972.
[167] P. J. Flanders, C. D. Graham, jr., T. Egami, IEEE Trans. Magn. **MAG-11** (1975) 1323.
[168] T. Egami, P. J. Flanders, C. D. Graham, jr., AIP Conf. Proc. **24** (1975) 697.
[169] E. M. Gyorgy, H. J. Leamy, R. C. Sherwood, H. S. Chen, AIP Conf. Proc. **29** (1976) 198.
[170] F. E. Luborsky, AM II (1977) 345.
[171] F. E. Luborsky, Encyclopedia of Chemical Technology (J. Wiley and Sons, New York); in Vorbereitung.
[172] F. E. Luborsky, in: Ferromagnetic Materials, Ed. E. P. Wohlfarth (North-Holland, Amsterdam), Kap. XX; in Vorbereitung.

[173] L. A. Davis, R. Ray, C.-P. Chou, R. C. O'Handley, Scripta Met. **10** (1976) 541.
[174] D. E. Polk, H. S. Chen, J. Non-Cryst. Solids **15** (1974) 165.
[175] M. Kikuchi, H. Fujimori, Y. Obi, T. Masumoto, Japan. J. Appl. Phys. **14** (1975) 1077.
[176] E. Coleman, Mat. Sci. Engin. **23** (1976) 161.
[177] T. Masumoto, R. Maddin, Mat. Sci., Engin. **19** (1975) 1.
[178] W. G. Clemens, B. Cantor, in: Rapidly Quenched Metals, Proceedings of the Second International Conference on Rapidly Quenched Metals. Ed. N. J. Grant, B. C. Giessen (MIT Press, Cambridge, Mass. 1976).
[179] T. Masumoto, Y. Waseda, H. Kumura, A. Inoue, Sci. Repts. Res. Inst. Tohoku Univ. **A26** (1976) 21.
[180] F. E. Luborsky, Mat. Sci. Engin. **28** (1977) 139.
[181] B. S. Berry, W. C. Pritchet, AIP Conf. Proc. **34** (1976) 292.
[182] A. Ferro, G. Griffa, G. Montalenti, IEEE Trans. Magn. **MAG-2** (1966) 764.
[183] E. T. Ferguson, J. Appl. Phys. **29** (1958) 252.
[184] O. S. Lutes, R. P. Ulmer, J. Appl. Phys. **38** (1967) 1009.
[185] R. M. Bozorth, J. F. Dillinger, Physics **6** (1935) 285.
[186] M. Milkovic, F. E. Luborsky, D. Chen, R. E. Tomkins, IEEE Trans. Magn. **MAG-13** (1977) 1224.
[187] N. I. Marzwell, J. Magn. Magn. Mat. **5** (1977) 67.
[188] J. A. Rayne, R. A. Levy, AM II (1977) 319.
[189] W. Tech, N. Teoh, S. Arajs, AM II (1977) 327.
[190] G. Marchal, P. Mangin, C. Janot, Thin Solid Films **23** (1974) 17.
[191] R. Hasegawa, Phys. Rev. Lett. **28** (1972) 1376.
[192] S. C. H. Lin, J. Appl. Phys. **40** (1969) 2173.
[193] C. C. Tsuei, R. Hasegawa, Sol. State Comm. **7** (1969) 1581.
[194] R. Hasegawa, J. Appl. Phys. **43** (1972) 1231.
[195] R. Hasegawa, C. C. Tsuei, Phys. Rev. **B3** (1972) 214.
[196] J. Logan, M. Yung, J. Non-Cryst. Sol. **21** (1976) 151.
[197] R. W. Cochrane, R. Harris, J. O. Strøm-Olsen, M. J. Zuckermann, Phys. Rev. Lett. **35** (1975) 676.
[198] R. W. Cochrane, J. O. Strøm-Olsen, J. Phys. **F7** (1977) 1799.
[199] C. C. Tsuei, AM II (1977) 181.
[200] D. R. Hamann, Phys. Rev. **158** (1967) 570.
[201] R. Hasegawa, C. C. Tsuei, Phys. Rev. **B2** (1970) 1631.
[202] P. W. Anderson, B. I. Halperin, C. M. Varma, Phil. Mag. **25** (1972) 1.
[203] W. A. Phillips, J. Low Temp. Phys. **7** (1972) 351.
[204] R. W. Cochrane, J. O. Strøm-Olsen, Physica **86–88B** (1977) 779.
[205] S. C. H. Lin, J. Appl. Phys. **40** (1969) 2175.
[206] G. Bergmann, Z. Physik **B25** (1976) 258.
[207] R. Malmhäll, K. V. Rao, G. Bäckström, S. M. Bhagat, Physica **86–88B** (1977) 796.
[208] T. Masumoto, R. Maddin, Fizika **2** (1970) Suppl. 2, 40.1.

[209] T. Masumoto, K. Hashimoto, H. Fujimori, Sci. Repts. Res. Inst. Tohoku Unic. **A25** (1975) 232.
[210] M. Kikuchi, K. Fukamichi, T. Masumoto, Sci. Repts. Res. Inst. Tohoku Univ. **A26** (1977) 232.
[211] T. Ikeda, T. Yamashita, M. Takahashi, Japan. J. Appl. Phys. **16** (1977) 1465.
[212] T. Masumoto, R. Maddin, Mat. Sci. Engin. **19** (1975) 1.
[213] T. Masumoto, Sci. Repts. Res. Inst. Tohoku Univ. **A26** (1977) 246.
[214] M. Dutoit, H. S. Chen, Appl. Phys. Lett. **23** (1973) 357.
[215] J. J. Gilman, Phys. Today **28** (1975) Nr. 5, 46.
[216] T. Ogura, T. Masumoto, K. Fukushima, Scipta Met. **9** (1975) 109, 979.
[217] L. D. Davis, in: Rapidly Quenched Metals, Proceedings of the Second International Conference on Rapidly Quenched Metals. Ed. N. J. Grant, B. C. Giessen (MIT Press, Cambridge, Mass. 1976), S. 369.
[218] C. A. Pampillo, Mat. Sci. Engin. **19** (1975) 1.
[219] D. Weaire, M. F. Ashby, J. Logan, M. J. Weins, Acta Metallurg. **19** (1971) 779.
[220] M. Naka, K. Hashimoto, T. Masumoto, J. Japan. Inst. Met. **38** (1974) 835; Corrosion **32** (1976) 146.
[221] K. Hashimoto, M. Naka, T. Masumoto, Sci. Repts. Res. Inst. Tohoku Univ. **A26** (1976) 48.
[222] M. Naka, K. Hashimoto, T. Masumoto, Sci. Repts. Res. Inst. Tohoku Univ. **A26** (1977) 283.
[223] H. Kayano, T. Masumoto, S. Tamizawa, S. Yajima, Sci. Repts. Res. Inst. Tohoku Univ. **A26** (1977) 240.
[224] A. W. Simpson, J. M. Lucas, Proc. Brit. Ceram. Soc. **18** (1970) 117.
[225] P. Chaudhari, J. J. Cuomo, R. J. Gambino, Appl. Phys. Lett. **22** (1973) 337.
[226] J. J. Rhyne, S. J. Pickart, H. A. Alperin, Phys. Rev. Lett. **29** (1972) 1562.
[227] J. P. Rebouillat, A. Lienard, J. D. M. Coey, R. Arrese-Boggiano, J. Chappert, Physica **86—88B** (1977) 773.
[228] E. Arrese-Boggiano, J. Chappert, J. D. M. Coey, A. Lienard, J. P. Rebouillat, J. de Physique **12** (1976) C1—771.
[229] L. J. Tao, S. Kirkpatrick, R. J. Gambino, J. J. Cuomo, Sol. State Comm. **13** (1973) 1491.
[230] N. Heiman, K. Lee, R. I. Potter, AIP Conf. Proc. **29** (1976) 130.
[231] K. H. J. Buschow, Rep. Progr. Phys. **40** (1977) 1179.
[232] J. J. Rhyne, J. H. Schelleng, N. C. Koon, Phys. Rev. **B10** (1974) 4672.
[233] R. C. Taylor, J. Appl. Phys. **47** (1976) 1164.
[234] R. Hasegawa, B. E. Argyle, L. J. Tao, AIP Conf. Proc. **24** (1975) 110.
[235] B. E. Argyle, R. J. Gambino, K. Y. Ahn, AIP Conf. Proc. **24** (1975) 564.
[236] N. Heiman, K. Lee, Phys. Lett. **55A** (1975) 297.
[237] H. Jouve, J. P. Rebouillat, R. Meyer, AIP Conf. Proc. **29** (1976) 97.

[238] K. H. J. Buschow, M. Brouha, J. W. M. Biesterbos, A. G. Dirks, Physica **91B** (1977) 261.
[239] H. A. Alperin, J. R. Cullen, A. E. Clark, E. Callen, Physica **86–88B** (1977) 767.
[240] J. J. Rhyne, AIP Conf. Proc. **29** (1976) 182.
[241] E. Jäger, phys. stat. sol. (b) **80** (1977) K81.
[242] A. G. Dirks, J. W. M. Biesterbos, K. H. J. Buschow, Physica **86–88B** (1977) 761.
[243] H.-R. Müller, E. Jäger, M. Bitterlich, phys. stat. sol. (b) **80** (1977) K85
[244] H.-R. Müller, B. Knappe, R. Kosicik, P. Rosemann, D. Schmidt, A. Funke, phys. stat. sol. (a) **36** (1976) 617.
[245] J. J. Rhyne, D. L. Price, H. A. Mook, AIP Conf. Proc. **24** (1975) 121.
[246] S. J. Pickart, J. J. Rhyne, H. A. Alperin, AIP Conf. Proc. **24** (1975) 117.
[247] R. Hasegawa, J. Appl. Phys. **45** (1974) 3109.
[248] R. J. Gambino, J. Ziegler, J. J. Cuomo, Appl. Phys. Lett. **24** (1974) 99.
[249] T. Kobayashi, N. Imamura, Y. Mimura, AIP Conf. Proc. **24** (1975) 566.
[250] R. J. Gambino, P. Chaudhari, J. J. Cuomo, AIP Conf. Proc. **18** (1974) 578.
[251] R. Perthel, W. Keilig, R. Kosicik, U. Röpke, C.-G. D'Ambly, phys. stat. sol. (a) **40** (1977) K135.
[252] N. Heiman, A. Onton, D. F. Kyser, K. Lee, C. R. Guarnieri, AIP Conf. Proc. **24** (1975) 573.
[253] P. Chaudhari, D. C. Cronemeyer, AIP Conf. Proc. **29** (1976) 113.
[254] R. J. Kobliska, A. Gangulee, D. E. Cox, C. H. Bajorek, IEEE Trans. Magn. **MAG-13** (1977) 1767.
[255] S. Esho, S. Fujiwara, AIP Conf. Proc. **34** (1976) 331.
[256] A. G. Dirks, H. J. Leamy, J. Appl. Phys. **49** (1978) 1735.
[257] H. J. Leamy, A. G. Dirks, J. Phys. **D10** (1977) 195.
[258] A. Brunsch, J. Schneider, J. Appl. Phys. **48** (1977) 2641.
[259] I. Nagy, T. Tarnoczi, Z. Frait, Magn. Lett. **1** (1976) 7.
[260] C. T. Burilla, W. R. Bekebrede, A. B. Smith, AIP Conf. Proc. **34** (1976) 340.
[261] E. Callen, Y. J. Lin, J. R. Cullen, Phys. Rev. **B16** (1977) 263.
[262] R. Hasegawa, R. J. Gambino, J. J. Cuomo, J. F. Ziegler, J. Appl. Phys. **45** (1974) 4036.
[263] T. Tarnóczi, I. Nagy, Á. Kovács, Physica **86-88B** (1977) 1333.
[264] H. A. Alperin, J. R. Cullen, A. E. Clark, AIP Conf. Proc. **29** (1976) 186.
[265] H. T. Savage, A. E. Clark, S. J. Pickart, J. J. Rhyne. H. A. Alperin, IEEE Trans. Magn. **MAG-10** (1974) 807.
[266] A. E. Clark, Appl. Phys. Lett. **23** (1973) 642.
[267] R. P. Allen, S. D. Dahlgren, H. W. Arrowsmith, J. P. Heinrich, Report AFML-TR-74-87, Air Force Base, Ohio, May 1974.
[268] H. Miyajima, K. Sato, T. Matsuda, Japan Phys. Soc. Meeting 1976.
[269] I. Nagy, T. Tarnoczi, Z. Frait, Physica **86–88B** (1977) 764.

[270] J. W. Metzdorf, J. Magn. Magn. Mat. **4** (1977) 145.
[271] P. Chaudhari, J. J. Cuomo, R. J. Gambino, S. Kirkpatrick, L. J. Tao, AIP Conf. Proc. **24** (1975) 562.
[272] R. Hasegawa, J. Appl. Phys. **46** (1975) 5263.
[273] R. J. Kobliska, A. Gangulee, AIP Conf. Proc. **24** (1975) 567.
[274] R. J. Kobliska, R. Ruf, J. J. Cuomo, AIP Conf. Proc. **24** (1975) 570.
[275] C. H. Bajorek, R. J. Kobliska, IBM J. Res. Dev. **20** (1976) 271.
[276] J. Schneider, IBM J. Res. Dev. **19** (1975) 587.
[277] R. I. Potter, V. J. Minkiewicz, K. Lee, P. A. Albert, AIP Conf. Proc. **29** (1976) 76.
[278] R. Hasegawa, R. C. Taylor, J. Appl. Phys. **46** (1975) 3606.
[279] K. Lee, N. Heiman, J. Vac. Sci. Technol. **12** (1975) 121.
[280] M. H. Kryder, H. L. Hu, AIP Conf. Proc. **18** (1974) 213.
[281] A. H. Eschenfelder, Preprint, Bubble Conference Eindhoven, 1976.
[282] K. Lee, J. Vac. Sci. Technol. **10** (1973) 640.
[283] S. Matsushita, K. Sunago, Y. Sakurai, Japan. J. Appl. Phys. **15** (1976) 713.
[284] K. Sunago, S. Matsushita, Y. Sakurai, IEEE Trans. Magn. **MAG-12** (1976) 776.
[285] T. Shirakawa, K. Okamoto, K. Onishi, S. Matsushita, Y. Sakurai, IEEE Trans. Magn. **MAG-10** (1974) 795.
[286] S. Matsushita, K. Sunago, Y. Sakurai, Japan. J. Appl. Phys. **14** (1975) 1851.
[287] S. Matsushita, K. Sunago, Y. Sakurai, IEEE Trans. Magn. **MAG-11** (1975) 1109.
[288] N. Imamura, Y. Mimura, T. Kobayashi, J. Appl. Phys. **48** (1977) 2634.
[289] S. Matsushita, Y. Yamada, K. Sunago, Y. Sakurai, IEEE Trans. Magn. **MAG-13** (1977) 1382.
[290] T. Shirakawa, Y. Nakajima, K. Okamoto, S. Matsushita, AIP Conf. Proc. **34** (1976) 349.
[291] T. R. McGuire, R. C. Taylor, R. J. Gambino, AIP Conf. Proc. **34** (1976) 346.
[292] M. D. Merz, R. P. Allen, S. D. Dahlgren, J. Appl. Phys. **45** (1974) 4126.
[293] G. Urbain, E. Übelacker, Adv. Phys. **16** (1967) 429.
[294] Y. Nakagawa, J. Phys. Soc. Japan **11** (1956) 855.
[295] Y. Nakagawa, K. Yamauchi, T. Mizoguchi, in: Properties of Liquid Metals, Ed. S. Takeuchi (Taylor and Francis, London 1973), S. 307.
[296] E. Wachtel, G. Urbain, C. R. Hebd. Seanc. Acad. Sci. Paris **255** (1962) 2382.
[297] R. Kohlhaas, Archiv Eisenhüttenw. **36** (1965) 437.
[298] G. Busch, H. J. Güntherodt, Phys. Lett. **27A** (1968) 110.
[299] B. Kraeft, H. Alexander, Phys. Kondens. Mat. **16** (1973) 281.
[300] E. Wachtel, W. U. Kopp, Phys. Lett. **29A** (1969) 164.
[301] A. Menth, B. G. Bagley, Appl. Phys. Lett. **15** (1969) 67.
[302] Y. Nakagawa, Phys. Lett. **28A** (1969) 494.

[303] G. Busch, IEEE Trans. Magn. **MAG-5** (1969) 495.
[304] H. S. Chen, R. C. Sherwood, E. M. Gyorgy, IEEE Trans. Magn. **MAG-13** (1977) 1538.
[305] C. J. Schinkel, G. W. Rathenau, in: Physics of Non-Crystalline Solids, Ed. J. A. Prins (North-Holland, Amsterdam 1965), S. 215.
[306] T. Egami, O. A. Sacli, A. W. Simpson, A. L. Terry, F. A. Wedgwood, AM I (1973) 27 (s. a. Diskussion S. 44).
[307] H. O. Hooper, G. B. Beard, R. M. Catchings, R. R. Bukrey, M. Forrest, P. F. Kenealy, R. W. Kline, T. J. Moran Jr., J. G. O'Keefe, R. L. Thomas, R. A. Verhelst, AM I (1973) 47.
[308] R. A. Verhelst, R. W. Kline, A. M. de Graaf, H. O. Hooper, Phys. Rev. **B11** (1975) 4427.
[309] J. C. Scott, A. F. Garito, A. J. Heeger, P. Nannelli, H. D. Gillman, Phys. Rev. **B12** (1975) 356.
[310] B. R. Coles, wie von P. W. Anderson zitiert in: Mater. Res. Bull. **5** (1970) 549.
[311] V. Cannella, J. A. Mydosh, Phys. Rev. **B6** (1972) 4220.
[312] T. Mizoguchi, T. R. McGuire, R. J. Gambino, S. Kirkpatrick, Physica **86—88B** (1977) 783; Phys. Rev. Lett. **38** (1977) 89.
[313] K. H. Fischer, Physica **86—88B** (1977) 813.
[314] J. Mydosh, AIP Conf. Proc. **24** (1974) 131.
[315] R. J. Elliott, J. A. Krumhansl, P. L. Leath, Rev. Mod. Phys. **46** (1974) 465.
[316] J. S. Smart, Effective Field Theories of Magnetism (W. B. Saunders Comp., Philadelphia, London 1966).
[317] K. Handrich, phys. stat. sol. **32** (1969) K55.
[318] K. Handrich, S. Kobe, Acta Phys. Polon. **A38** (1970) 819.
[319] S. Kobe, K. Handrich (С. Кобе, К. Хандрих), ФТТ **13** (1971) 887.
[320] J. Slechta, phys. stat. sol. (b) **70** (1975) 531.
[321] T. Kaneyoshi, J. Phys. **C6** (1973) 3130.
[322] T. Kaneyoshi, J. Phys. **C8** (1975) 3415.
[323] T. Kaneyoshi, phys. stat. sol. (b) **71** (1975) K213.
[324] A. R. Ferchmin, Acta Phys. Polon. **A41** (1972) 955.
[325] B. W. Southern, J. Phys. **C9** (1976) 4011.
[326] J. D. Patterson, R. C. Weger, AIP Conf. Proc. **29** (1976) 154.
[327] R. Harris, M. Plischke, M. J. Zuckermann, Phys. Rev. Lett. **31** (1973) 160.
[328] R. Harris, D. Zobin, J. Phys. **F7** (1977) 337.
[329] R. Micnas, A. R. Ferchmin, in: Proceedings of the Seminar: Magnetic Thin Films Phenomena, Łódz, 1975, Zeszyty Naukowe Uniwers. Łódz, II 59 (1977) 9; R. Micnas, A. R. Ferchmin, S. Krompiewski, B. Szczepaniak, AM II (1977) 425.
[330] S. Kobe, K. Handrich, phys. stat. sol. (b) **54** (1972) 663.
[331] J. Schreiber, S. Kobe, K. Handrich, J. Richter, phys. stat. sol (b) **70** (1975) 673.

[332] K. Handrich, J. Schreiber, Dissertation TU Dresden, 1973.
[333] K. Handrich, phys. stat. sol. (b) **53** (1972) K17.
[334] K. Handrich, J. Hemmerling, N. Abdallah, phys. stat. sol. (b) **56** (1973) K1.
[335] K. Moorjani, S. K. Ghatak, J. Phys. **C10** (1977) 1027.
[336] I. Riess, Physica **74** (1974) 496.
[337] S. Kobe, Phys. Lett. **65A** (1978) 55.
[338] S. W. Tjablikow, Quantentheoretische Methoden des Magnetismus (Teubner, Leipzig 1968).
[339] K. Handrich, phys. stat. sol. (b) **44** (1971) K123.
[340] K. Handrich (К. Хандрих), ЖЭТФ **64** (1973) 1383.
[341] K. Handrich, Wiss. Z. Techn. Univ. Dresden **23** (1974) 1007.
[342] J. M. Kowalski, phys. stat. sol. (b) **53** (1972) K21.
[343] A. Heinrich, Dissertation TU Dresden, 1970.
[344] K. Handrich, phys. stat. sol. (b) **44** (1971) K17.
[345] K. Handrich, J. Hemmerling, N. Abdallah, Acta Phys. Polon. **A41** (1972) 663.
[346] C. Fan, B. M. McCoy, Phys. Rev. **182** (1969) 614.
[347] J. M. Kowalski, Wiss. Z. Techn. Univ. Dresden **23** (1974) 1018.
[348] H. Falk, G. A. Gehring, J. Phys. **C8** (1975) L298.
[349] J. Schreiber, K. Handrich (Ю. Шрайбер, К. Хандрих), Письма в ЖЗТФ **14** (1971) 57.
[350] K. Handrich, J. Schreiber (К. Хандрих, Ю. Шрайбер), Письма в ЖЗТФ **15** (1972) 414.
[351] K. Elk, W. Gasser, Greensche Funktionen (Akademie-Verlag, Berlin 1978).
[352] C. G. Montgomery, J. I. Krugler, R. M. Stubbs, Phys. Rev. Lett. **25** (1970) 669.
[353] R. M. Stubbs, C. G. Montgomery, AM I (1973) 413.
[354] R. M. Stubbs, Thesis, University Toledo, Ohio 1972 (Report NASA TN D-7208, 1973).
[355] J. E. Gubernatis, P. L. Taylor, AM I (1973) 405.
[356] J. E. Gubernatis, P. L. Taylor, Phys. Lett. **43A** (1973) 211.
[357] J. E. Gubernatis, P. L. Taylor, Phys. Rev. **B9** (1974) 3828.
[358] R. A. Tahir-Kheli, AM I (1973) 393.
[359] T. Kaneyoshi, J. Phys. **C5** (1972) 3504.
[360] T. Kaneyoshi, Preprint DPNU-14-77, Nagoya University, 1977.
[361] R. Alben, AIP Conf. Proc. **29** (1976) 136.
[362] D. N. Subarew (Д. Н. Зубарев), УФН **71** (1960) 71.
[363] R. C. Jones, G. J. Yates, J. Phys. **C8** (1975) 1705.
[364] S. F. Edwards, R. C. Jones, J. Phys. **C4** (1971) 2109.
[365] R. A. Tahir-Kheli, Phys. Rev. **B6** (1972) 2808, 2826, 2838.
[366] J. Callaway, T. Wolfram, Phys. Rev. **130** (1963) 2207.
[367] R. Alben, S. Kirkpatrick, D. Beeman, Phys. Rev. **B15** (1977) 346.
[368] A. Theumann, R. A. Tahir-Kheli, Phys. Rev. **B12** (1975) 1796.

[369] L. M. Roth, AIP Conf. Proc. **29** (1976) 150.
[370] J. Schreiber, phys. stat. sol. (b) **59** (1973) K119.
[371] E. W. Kusmin, G. A. Petrakowski (Е. В. Кузьмин, Г. А. Петраковский), ЖЭТФ **73** (1977) 740.
[372] K. Handrich (in Vorbereitung).
[373] K. Handrich, phys. stat. sol. (b) **92** (1979) K29.
[374] U. Krey, J. Magn. Magn. Mat. **6** (1977) 27.
[375] H. A. Mook, C. C. Tsuei, Phys. Rev. **B16** (1977) 2184.
[376] Y. Takahashi, H. Shimizu, Phys. Lett. **58A** (1976) 419.
[377] M. A. Continentino, N. Rivier, Physica **86–88B** (1977) 793.
[378] Ju. A. Isjumow, M. W. Medwedew (Ю. А. Изюмов, М. В. Медведев), Теория Магнитоупорядоченных Кристаллов с Примесями (Moskau 1970).
[379] J. Richter, K. Handrich, J. Schreiber, phys. stat. sol. (b) **68** (1975) K61.
[380] R. Kishore, Phys. Lett. **51A** (1975) 293.
[381] P. Lloyd, J. Phys. **C2** (1969) 1717.
[382] W. John, J. Schreiber, phys. stat. sol. (b) 78 (1976) 577.
[383] J. Richter, J. Schreiber, K. Handrich, phys. stat. sol. (b) **74** (1976) K125.
[384] J. Richter, phys. stat. sol. (b) **77** (1976) K43.
[385] J. Richter, S. Kobe, phys. stat. sol. (b) **85** (1978) 233.
[386] J. Richter, Dissertation TU Dresden, 1977.
[387] I. S. Tyagi, R. Kishore, S. K. Joshi, Sol. State Comm. **18** (1976) 1145.
[388] R. Kishore, Phys. Lett. **56A** (1976) 309.
[389] Shang-Keng Ma, Modern Theory of Critical Phenomena (Benjamin Inc. Reading, New York, Amsterdam 1976).
[390] U. Krey, Z. Physik **B26** (1977) 355; **B27** (1977) 325.
[391] G. Grinstein, A. Luther, Phys. Rev. **B13** (1976) 1329.
[392] U. Krey, Phys. Lett. **51A** (1975) 189.
[393] T. C. Lubensky, Phys. Rev. **B11** (1975) 3573.
[394] A. Aharony, Phys. Rev. **B12** (1975) 1038.
[395] M. J. Stephen, Phys. Lett. **55A** (1975) 273.
[396] S. Kobe, K. Handrich, phys. stat. sol. **42** (1970) K69.
[397] A. W. Simpson, phys. stat. sol. **40** (1970) 207.
[398] K. Handrich, phys. stat. sol. (b) **58** (1973) K93.
[399] T. Egami, A. W. Simpson, phys. stat. sol. (b) **53** (1972) K117.
[400] Vgl. die Diskussionen von H. Sato und P. W. Anderson zu [306], in AMI, S. 44.
[401] A. W. Simpson, Wiss. Z. Techn. Univ. Dresden **23** (1974) 1029.
[402] H. Sato, R. Kikuchi, AIP Conf. Proc. **18** (1974) 605.
[403] S. Kobe, K. Handrich, phys. stat. sol. (b) **73** (1976) K65.
[404] S. Kobe, AM II (1977) 529.
[405] S. F. Edwards, P. W. Anderson, J. Phys. **F5** (1975) 965.

[406] J. M. Kosterlitz, D. J. Thouless, R. C. Jones, Phys. Rev. Lett. **36** (1976) 1217.
[407] D. J. Thouless, P. W. Anderson, R. G. Palmer, Phil. Mag. **35** (1977) 593.
[408] K. Binder, K. Schröder, Sol. State Comm. **18** (1976) 1361.
[409] S. F. Edwards, P. W. Anderson, J. Phys. **F6** (1976) 1927.
[410] N. K. Jaggi, K. R. Rao, P. K. Iyengar, Sol. State Comm. **24** (1977) 309.
[411] F. Matsubara, M. Sakata, Progr. Theor. Phys. **55** (1976) 672.
[412] S. Katsura, Progr. Theor. Phys. **55** (1976) 1049; J. Phys. **C9** (1976) L619.
[413] S. Katsura, J. Phys. **C10** (1977) L157.
[414] F. Matsubara, S. Katsura, J. Phys. **C10** (1977) 4361.
[415] S. Katsura, S. Fujiki, J. Phys. **C12** (1979) 1087.

Weitere Übersichtsartikel und Konferenzberichte

(Erschienen nach Redaktionsschluß)

[416] F. Assmus, Siemens Forsch. — u. Entwickl. Ber. 7 (1978) 118.
[417] K. Binder, in: Festkörperprobleme XVII. Ed. J. Treusch (Vieweg, Braunschweig 1977) S. 55.
[418] R. W. Cochrane, R. Harris, M. J. Zuckermann, Phys. Rep. **48** (1978) 1.
[419] C. de Dominicis, Preprint, Conf. on Critical Dynamics, Geneva, 2. 4. 1979.
[420] J. Gilman, in: 1976 Crystal Growth and Materials. Ed. E. Kaldis, H. J. Scheel (North-Holland, Amsterdam 1977) Kap. II. 1, S. 727.
[421] A. A. Glaser, R. I. Tagirow (А. А. Глазер, Р. И. Тагиров), Изв. Акад. Наук СССР, сер. физ. **42** (1978) 1600.
[422] C. D. Graham, jr., T. Egami, Ann. Rev. Mater. Sci. 8 (1978) 423.
[423] J. J. Rhyne, in: Handbook on the Physics and Chemistry of Rare Earths. Ed. K. A. Gschneider, jr., L. Eyring (North-Holland, Amsterdam 1979) Kap. 16, S. 259.
[424] H. Warlimont, Z. Metallkunde **69** (1978) 212.
[425] S. W. Wonsowski, E. A. Turow (С. В. Вонсовский, Е. А. Туров), Изв. Акад. Наук СССР, сер. физ. **42** (1978) 1570.
[426] Ill-Condensed Matter. Ed. R. Balian, R. Maynard, G. Toulouse (North-Holland, Amsterdam 1979).
[427] Metallic Glasses. Ed. J. J. Gilman, H. J. Leamy (American Society for Metals, Metals Park, Ohio 1978).
[428] Rapidly Quenched Metals III. Ed. B. Cantor (The Metals Society, London 1978) Band 1 und 2.
[429] IEEE Trans. Magn. **MAG-14** (1978) Nr. 5 und **MAG-15** (1979) Nr. 11.
[430] J. Appl. Phys. **49** (1978) Nr. 3II, **50** (1979) Nr. 3II und 11.
[431] J. Magn. Magn. Mat. **10** (1979) Nr. 2—3.
[432] J. Non-Cryst. Sol. **31** (1978) Nr. 1—2.
[433] J. de Physique **40** (1979) C2 und C5.
[434] Sci. Repts. Res. Inst. Tohoku Univ. **A**, Suppl. Juni 1978 und **A27** (1979) Nr. 2.

Anhang

Umrechnungstabelle einiger verwendeter physikalischer Einheiten in das SI-System

Physikalische Größe	SI-Einheit	Umrechnung
Länge	1 m	1 Å = 10^{-10} m
Kraft	1 N = 1 kgm/s^2	1 kp = 9,80665 N
Druck	1 Pa = 1 N/m^2	1 atm = 1,01325 · 10^5 Pa
		1 kp/mm^2 = 9,80665 · 10^6 Pa
		1 Torr = 133,3224 Pa
Energie	1 J	1 erg = 10^{-7} J
		1 eV = 1,60219 · 10^{-19} J
		1 cal = 4,1868 J
Magnetische Induktion B	1 T = 1 Vs/m^2	1 G = 10^{-4} T
Magnetische Feldstärke H	1 A/m	1 Oe = 79,5775 A/m
		(4π Oe = 10^3 A/m)

Abkürzungsverzeichnis

(Die Seitenzahlen beziehen sich auf die Einführung des jeweiligen Begriffes)

CC	Constant-Coupling-Näherung 190
CPA	coherent potential approximation (Näherung des kohärenten Potentials) 198
DSP	dichte stochastische Packung 41
EA-Modell	Edwards-Anderson-Modell 223
FMR	ferromagnetische Resonanz 142
GF	Greensche Funktion 192
HTE	Hochtemperaturentwicklung 190
MFN	Molekularfeldnäherung 169
RPA	random phase approximation 217
SE	Seltene Erden 70
SE – ÜM	Seltene Erden – Übergangsmetall 125
ÜM	Übergangsmetall 52
ÜM – GB	Übergangsmetall – Glasbildner 55
ÜM – SE	Übergangsmetall – Seltene Erden 37

Sachverzeichnis

FSC
www.fsc.org
MIX
Papier | Fördert gute Waldnutzung
FSC® C083411

Zeitfracht Medien GmbH
Ferdinand-Jühlke-Straße 7
99095 Erfurt, Deutschland
produktsicherheit@kolibri360.de